稿　约

《人类学研究》是一本由浙江大学社会科学研究院主办的、立足于中国经验而追求深度学术问题的专业出版物，目的是为中国以及海外中国经验研究者提供一个学术交流平台，促进中国人类学及世界人类学发展。

《人类学研究》注重发表建立在经验或实证研究基础上的学术探索，即通过具体的民族志加以人类学理论提升。当然，我们也欣赏呈现清晰学术发展脉络和指明未来研究方向的学术史力作。这样的作品可以是全局性的，也可以是针对某项研究的或某个问题的，同样要求富有深透性理论关怀。

我们希望著者在每篇文章中充分梳理前人已有的研究，告诉读者前人已解决了哪些问题，哪些问题还没有解决或解决得不够好；与其他学科相比，论文的人类学视角是什么，它相比其他学科带来了怎样的启示，以及在论文的结尾能够凸显出何种诠释新意与新论。

为此，我们推崇在某个领域长年投入辛勤劳动的敬业学者的稳健之作，我们也乐于介绍青年才俊的新锐作品，然而，认真的学术积累是获得研究的意义和价值的共同前提。这不仅指其个人的学术造诣，也包括其师承、流派一代代人的递进性探索。我们只有尊重前人的成果，不浪费前人的劳动，才能深拓精进，显现出人类学学科的对话品性和反思特征。

《人类学研究》现每年出版两本，每本选入六七篇文章，每篇文章篇幅在三万字上下，个别稿件可达四五万言，目的在于使著者充分阐述自己的观点。《人类学研究》主要发表立足于人类学领域的优秀文章，对于别开生面的新兴领域和交叉学科之作，只要选题意义重大，且有带动未来某个领域发展方向的潜力之作，也会积极采用。我们以刊登人类学家的作品为主，适当登载具有人类学问题意识和带有人类学方法论色彩的社会史、民俗学、社会学等领域的优秀论文。以下为投稿体例。

一、稿件一般使用中文。作者可以通过电子邮件投稿，也可将打印稿一式三份邮寄到相应联系人住址。

国内联系人

张猷猷

地址：浙江省杭州市西湖区玉古路浙江大学求是村 11 幢 506 号

邮编：310013

电邮：zyy123828@163.com

国外联系人

方静文（Fang Jingwen）

地址：Harvard-Yenching Institute, Vanserg Hall, Suite 20, 25, Francis Avenue, MA 02138

电邮：shamrock410@126.com

二、稿件的第一页应包括以下信息：

（1）文章标题；（2）作者姓名、单位以及通信作者的通信地址和电子邮件地址。

稿件的第二页应提供以下信息：

（1）文章标题；（2）200 字以内的中文摘要；（3）3—5 个中文关键词；（4）文章的英文标题、作者姓名的汉语拼音（或英文）和作者单位的英文名称；（5）200 字以内的英文摘要。

三、文章正文中的标题、表格、图等编号必须连续。

一级标题用一、二、三等编号，二级标题用（一）、（二）、（三）等，三级标题用 1、2、3 等，四级标题用（1）、（2）、（3）等。一级标题居中，二级及以下标题左对齐。前三级标题独占一行，不用标点符号，四级及以下与正文连排。

四、每张图必须达到出版质量，行文中标明每张图的大体位置。

五、注释和参考文献应在引用文句右上角处，用阿拉伯数字加圆圈（如①②③）标出，并在文末标明该注释引自何文。体例如下：

①杨必胜、潘家懿、陈建民：《广东海丰方言研究》，北京：语文出版社，1996 年，第 2 页。

②孙衣言："会匪纪略"，载马允伦编：《太平天国时期温州历史资料汇编》，上海：上海社会科学院出版社，2002 年，第 128 页。

③ Soothill, William Edward, *A Mission in China*, London: Turbull and Spears, 1907, pp. 43-44, 69-70.

《人类学研究》编辑部

启真馆 出品

人類學研究

第十一卷

庄孔韶　主编

ZHEJIANG UNIVERSITY PRESS
浙江大学出版社

浙江大学社会科学研究院资助

国内联系人　张猷猷

通信地址　浙江省杭州市西湖区玉古路浙大求是村 11 幢 506 号

邮　　编　310013

电子邮箱　zyy123828@163.com

国外联系人　方静文（Fang Jingwen）

通信地址　Harvard-Yenching Institute，Vanserg Hall，Suite 20,25 Francis Avenue，MA 02138

电子邮箱　shamrock410@126.com

目　录

身体、生活与意义

历史、行动与意义

失序与重建*

——乡村慢性病人的生活世界

方静文

摘要：随着生活方式和环境的改变，当今世界长期慢性病流行趋势日益严峻，不仅成为城乡居民的主要死因之一，而且严重影响病人的日常生活。

慢性病痛是一种活生生的病痛经验，它的无法治愈性使其一旦发生，就成为病人生活的一部分，因而不可避免地在其生活世界中制造失序甚至摧毁其生活世界。但是，人无法长期面对混乱和失序。所幸，生活世界的失序并非是不可逆的，长期慢性病人可以通过为病痛经验赋予意义来重建生活秩序。

病痛叙述是病人讲述的关于病痛经历的故事，也是赋予病痛经历意义的过程。这一过程往往是病人与家人、医务人员等主体在互动基础上的同构，它体现病人的个体经历、地方的社会文化状况以及人类的普遍价值并同时受到这些因素的影响和形塑。借助于结果导向的技术控制和意义导向的阐释这两种主要的寻求意义赋予的途径，病人在病痛叙述中将意义赋予自己的病痛经验，其中既有积极应对，也包含迫不得已的妥协，被病痛侵入所中断和扰乱的生活世界的秩序最终得以重建。

本文坚持人类学的生物-文化整体论和医学人类学的意义中心或阐释主义方法论，记录了浙江某地一个村落的长期慢性病人的病痛叙述，并结合现象学关于生活世界的概念，对其病痛经验进行了考察和分析。疼痛是无法分享的，但是病痛经验可以。本文得出的结论是：结果导向的技术控制和意义导向的阐释是意义赋予的两种主要途径，共存于长期慢性病人疾病判断和认知、病痛解释、求医问药和预后的全过程。面对慢性病难以治愈的特质和资源的限制，长期慢性病人在寻求治疗和技术控制的同时，也寻

* 本文的部分内容曾经以“体验与存在——一个村落长期慢性病人的病痛叙述”为题发表于《广西民族大学学报》（哲学社会科学版），2011年第4期。

求意义阐释，借助于地方文化中的解释模式、家庭本位的支持体系、善终期待等发现病痛经验的意义，最终实现生活世界的秩序重建。

关键词： 慢性病；病痛经验；病痛叙述；秩序重建

一、研究背景与田野点介绍

（一）研究背景

20世纪中叶以来，随着世界经济的发展和医疗保健水平的提高，人口死亡率下降，老龄化进程加快，人类预期寿命显著延长，再加上环境和人们生活方式的深刻变化，人类的疾病谱和死因谱已经发生了重大变化：一些传统的烈性传染病得到了有效控制，而慢性病在疾病谱和死因谱中的位置逐渐凸显，其患病率、发病率和死亡率逐年上升，成为21世纪危害人类健康的主要问题（张书岭，周刚，2008；陈娜萦，蒙晓宇，王海涛，2000；伍小兰，2008）。

何谓慢性病？慢性病的全称是慢性非传染性疾病（noninfectious chronic disease），一般认为是生活方式、行为方式、职业、环境和心理等方面不利于健康的因素长期累积的结果。慢性病一般病因复杂、发病隐匿、潜伏期长，而且一旦发病，会反复迁延，难以治愈。常见的慢性病有心脑血管疾病、呼吸系统疾病、肿瘤、糖尿病、肥胖、精神疾病、口腔疾病等[1]（王文绢，2004；张安玉，2005）。

目前，无论是发达国家还是发展中国家，无论是城市还是乡村，慢性病的流行形势都日益严峻。2005年10月，世界卫生组织发布题为《预防慢性病：一项至关重要的投资》的报告，指出：在全球范围内，慢性病已成为主要的死因，由慢性病造成的死亡约占所有死亡的60%。其中，慢性病对于低收入国家和中等收入国家的影响在逐步加大，80%的慢性病死亡发生在这些国家，慢性病还使这些国家陷于更加贫困的境地（WHO，

---

[1] 国际疾病系统分类法（ICD-10）标准将慢性病分为：

（1）精神和行为障碍：老年性痴呆、精神分裂症、神经衰弱、神经症（焦虑、强迫、抑郁）等。

（2）呼吸系统疾病：慢性支气管炎、肺气肿、慢性阻塞性肺部疾病等。

（3）循环系统疾病：高血压、动脉粥样硬化、冠心病、心肌梗死等。

（4）消化系统疾病：慢性胃炎、消化性胃溃疡、胰腺炎、胆石症等。

（5）内分泌、营养代谢疾病：血脂紊乱、痛风、糖尿病、肥胖、营养缺乏等。

（6）肌肉骨骼系统和结缔组织疾病：骨关节病、骨质疏松症等。

2005)。中国也不例外，据次年5月中国疾病预防控制中心发布的《中国慢性病报告》(2006)显示:“1991—2000年中国慢性病死亡占总死亡的比例呈持续上升趋势，已经由1991年的73.8%上升至2000年的80.9%，死亡人数将近600万。慢性病已成为我国城乡居民死亡的主要原因，城市和农村慢性病死亡的比例高达85.3%和79.5%。”需要指出的是，虽然就慢性病的患病率而言，城市高于乡村，但就死亡率而言，两者却相差无几，这表明乡村地区人口患慢性病后的治疗不如城镇地区，慢性病致死率更高(伍小兰，2008)。

慢性病具有极大的危害:

首先，它严重影响城乡居民的身体健康，成为主要的致残、致死因素。

第二，慢性疾病损害劳动力的健康，高昂的治疗和护理费用等给家庭和社会造成了沉重的经济负担。

第三，长期慢性疾病严重影响患者的日常生活。

这第三点是长期慢性病与急性病相比最棘手的部分。对于慢性病人而言，身体完全恢复健康是不可能的，而只能带着病痛生活，这就意味着病人要承认和承受身体、心理、家庭、社会关系等各方面的改变和损失。这种生活方式的大范围变化会导致对健康的过分关注和活动减少，影响工作、家庭和社会交往，并且可能引发抑郁等心理病症(Kelley，Clifford，1997)。

鉴于此，近年来，慢性病已经引起了广泛的关注，但是回顾既往的相关研究，可以发现:在中国，慢性病主要被作为疾病和公共卫生问题看待，关于慢性病的研究多从医学和公共卫生的角度出发，调查特定慢性病(如高血压、糖尿病、癌症等)或者慢性病总的流行趋势;从生活方式、饮食、营养和高危行为等方面探讨慢性病的诱因和防治;对慢性病及其行为进行危险因素监测;鼓励和推广慢性病人的自我管理和护理;探索慢性病社区综合防治模式，等等(王文绢，2004；陈雅萍，何青芳，张洁，赵鸣，俞敏，2009)。

这些研究和努力对于提高人们对慢性病的认知和慢性病的防治起到了一定作用。但是由上述长期慢性病的特点和危害观之，长期慢性病远非简单的生物医学事实。从个人角度而言，长期慢性病带给病人的不仅仅是身体上的损害，更涉及其心理体验和家庭、邻里、社区内的社会关系的重组和生活方式的改变;而对于社会而言，长期慢性病也有可能带来劳动力身体素质下降、贫困等一系列社会问题。然而，在身心二分基础上建立起来的生物医学，坚信关于身体和疾病的客观知识是可以与主观经验相分离的，这一信条贯彻在其医学培训体系和医疗实践体系中的后果就是病人的主体经验往往被忽略。而以客观性和普遍性为指导、以人群为目标的公共卫生也难以顾及个体及其主观体验，所以，单依靠医学和公共卫生界的努力来应对长期慢性病是远远不够的。

作为研究人性与文化的学科，人类学坚持整体论立场，认为：人是生物和文化的综合体，关于人的研究，必须从生物–文化的双重角度加以考察，在科学主义方法论之外，尚有文化的力量可以运用（庄孔韶，2005）。医学人类学从人类学的整体论出发，发现病痛经历虽然是普遍存在的现象，但是，人们如何回应病痛经历，即对于病痛的认知、解释和应对方式在很大程度上受到其文化背景的影响，是有文化差异的，不同文化背景建构不同的病痛经验（Migliore，2001）。所以，医学人类学主张只有真正的医学“整体主义”才能作为理解和治疗慢性病痛的合理依据，在从生物学角度关注疾病的同时，也要关注慢性病人本身，关注其主体体验和病痛的文化意义（Zaner，2001）。正如医学之父希波克拉底所说：“知道是谁生了病，比知道他生了什么病更重要。”这对于了解病人对病痛的认知、解释模式和求医行为，对于更有针对性地防治慢性病，对于提高慢性病人的生活质量无疑具有重要意义。然而迄今为止，此方面的研究还明显不足。

多数急性病只是人生的插曲，但对于长期慢性病病人而言，病痛不再是插曲，而是主旋律，是生活的一部分。疼痛、服药和身体上的种种限制无不提醒他们病痛的存在；焦虑、失望、对家人的负疚、对死亡的恐惧等一系列情绪时刻占据他们的头脑；家庭、邻里之间既有社会关系的改变使他们手足无措……病痛带来的一系列损失和改变使他们的生活世界陷于难以控制的混乱和失序。

作为慢性病的直接体验者，长期慢性病人该如何自处？他们如何倾诉、解释和表达他们的病痛经验？病痛经验对于病人的生活世界造成了哪些影响？谁来决定求医问药的方式？他们是如何通过病痛叙述赋予病痛经验意义而重建生活秩序的？社会文化因素又是如何形塑其病痛叙述并体现于其重构生活世界秩序的努力之中的？带着这些问题，本文选择了浙江某地的一个小乡村——F村作为田野点，开始了田野调查工作。

田野工作分两个阶段进行，分别在2009年暑假和2010年寒假完成，累计田野时间两个月。田野过程中，使用的主要研究方法是：（1）记录病痛叙述;（2）访谈;（3）参与观察。病痛叙述的主体是F村的长期慢性病人，但是叙述过程中也有家属的参与。叙述者的年龄在40～60岁不等，对他们的病痛叙述的记录是本文最主要的资料来源。另外，为了了解当地的医疗保健状况，笔者对F村所在乡的社区卫生服务中心的负责人进行了访谈。参与观察方法的运用则贯穿整个田野工作。鉴于话题的敏感性和病痛叙述对于叙述者和倾听者之间熟悉度的要求，本研究选择了笔者所在的乡村作为田野点，意在利用乡村的熟人网络减少敏感性和保证病痛叙述的效果，这一优势确实十分明显。F村是笔者生于斯长于斯的地方，我的社区成员身份于我的研究是大有裨益的。首先，熟人身份使我能够很轻松地进入各户，开诚布公地展开话题，而不必经过陌生人最初进入一个社区时被观察、被询问和被怀疑的阶段。第二，我熟悉我的报道人的家庭状况及其与社区其他成员之间的关系，有利于收集资料时的提问和验证，提高了信息的完整性和信度。第三，语言方面几乎没有障碍，与报道人之间可以用母语交流，报道人用最熟悉的语言进行表达，无疑有助于增强叙述的效果。第四，得以参加各种社会活动，通过参与和倾听获得资料。当然，不便之处也是存在的，最大的困难就是最初进入田野时从社区成员到研究者的角色转换，如何以新的角色与社区成员相处，又如何实现“去熟悉化”以避免对重要的信息“熟视无睹”。

（二）田野点的慢性病及医疗卫生状况[1]

调查地点是位于浙江省西部山地丘陵区的一个小山村，距县城55公里，距省会180多公里，在本文中我们称其为F村。

F村是一个行政村，户籍资料显示: 2010年全村共有175户，农业人口582人。2008年人均纯收入5654元，外出务工收入是主要经济来源，农业经济主要是山核桃、茶叶、蚕桑等，其中山核桃和茶叶是村民最重要的农业收入来源。

F村是一个典型的汉人村落，属单姓村。近年来，在宗族方面有所投入，不仅将宗祠修缮一新，而且从迁移至另外一个乡的同姓分支中找回了曾在“文化大革命”中丢失的族谱。宗族下面又分为两个分支，当地称为“家”，两“家”各有一个公共活动场所，谓之“厅”。虽然祠堂、族谱兼

[1] 本部分资料主要由当地乡政府和乡社区卫生服务中心提供，也参考了F村所在的行政村的网站，根据人类学的匿名原则，网址隐去。

具，但是宗族在F村基本上是有名无实，以宗族为单位的活动并不多，仅见于祭祀以及建房、婚丧嫁娶等大事件中的相互帮工，日常生活中相互扶持很少见，最基本的生产生活单位或组织形式是核心家庭。

与F村相邻的三个村落均供奉“菩萨”，并设有固定的祭拜日期，如距F村两公里的Q村就有二月三关公庙会。但F村没有供奉此类神灵，除了祭祖之外，没有其他祭拜仪式，现在也没有如教堂、关公殿、菩萨殿之类的固定的宗教场所。近年来，有人开始信奉基督教，但是人数很少，且多是年老体弱或身染疾病者。总的来说，宗教信仰对大多数F村村民的生活影响甚微。

就疾病状况而言，在F村，以前较为常见的疾病逐渐减少乃至消失，如肺结核;而原来只是听说但比较少见的疾病却相继出现和增多，如白血病、恶性肿瘤、糖尿病等，且致死率相当高。下表显示的是F村2005年至2009年近5年间的死亡人数和死因情况:

编号	死亡原因
05-1	胃癌
05-2	慢性乙肝、肝硬化
05-3	心肌梗死、冠心病
05-4	肾肿瘤
06-1	自然死亡
06-2	脑梗塞、高血压
06-3	胃癌
06-4	肺癌
06-5	乳腺癌
06-6	胃癌
06-7	意外事故
06-8	胃癌
06-9	中风、高血压
06-10	尿毒症
07-1	胃癌
08-1	胃癌
08-2	尿毒症
08-3	肺、心衰、慢性高血压、中风（有长期风湿）
09-1	白血病
09-2	脑溢血

从表中可以看出:

（1）2005—2009 年 5 年间，F 村总死亡人数为 20 人，其中除一例自然死亡和一例意外事故身亡之外，其余均是慢性病致死或多少与慢性病相关。

（2）长期慢性病种类多样，但都属常见的慢性病，没有出现特定的“地方病”。

（3）恶性肿瘤在其中较为突出，成为主要死因之一。据从 F 村所属的乡社区卫生服务中心了解到的信息，恶性肿瘤在全乡范围内的发病率与高血压和各类结石等疾病相比并不算高，但因为初期难以发现和疾病本身的特征，致死率极高。

（4）“自然死亡”即寿终正寝或无疾而终依然为当地人包括医务人员所接受。在现代社会，一般人死亡都是生病但“医治无效”的结果，自然死亡一般不被医学界所认可。所以，经医院治疗过的病人一般都会有一些诊断，如高血压等，这位老人没有任何诊断，说明他没有接受过治疗。这是因为，在 F 村，60 岁及以上的人被视为老年人，老人患病一般不会积极治疗。这位“自然死亡”者即是该村一位老人，过世时已是 80 多岁高龄。

医疗资源状况方面，F 村所属的 M 乡被评为卫生强乡镇，现在全乡共设有 12 个村卫生室（从 2009 年起确定其中 8 个为定点卫生室），2 个卫生服务站和 1 个社区卫生服务中心，按照 20 分钟的就医圈构建和分布。F 村设有一个定点村卫生室（在建）。定点村卫生室要求医疗区的面积不小于 60 平方米，还必须配备有冰箱、空调和电脑。定点村卫生室的场所由村里负责投资建造，县里有配套资金，市里也有财政补贴。

从全乡范围看，新型农村合作医疗的参保率为 95.6%，但看病的刷卡率即利用率只占总数的 50%—60%。

2010 年 F 村参加新型农村合作医疗保险的指标显示: F 村共有农业人口 582 人，其中已参加城镇职工医保人数 56 人，实际参保人数应为 426 人，参保者筹资标准为 30 元 / 人。在一个自然结算年度内，参保人员发生的符合医保开支范围的住院及规定病种门诊医疗费基金承担比例为: 0—1 万元（含）为 40%；1 万元—2 万元（含）为 50%；2 万元—4 万元（含）为 60%；4 万元以上部分为 65%。在 F 村，参保者对农村新型合作医疗的印象是“报不了多少钱”，所以一般不会积极寻求医疗保险体系的支持。而且，绝大多数参保者对“符合医保开支范围”这一前提条件了解甚少，比如2010年之前，在县内外看病有5%的差额，也就是说，在县外看病有5%是不能报销的。

此外，M乡还在全县率先建立了农村最低生活保障制度，1997年12月，根据县人民政府指示，M乡开展建立农村最低生活保障制度试点，参照临近县的经验，对年人均收入450元以下的特困户进行调查摸底，确定最低生活保障对象，为其发放一定数量的保障金。

除了医疗卫生系统的乡村医生之外，还有一些略懂医术的人，或者懂得草药的人也会使用一些土方草药为病人治病，但是这种情况较少。医药之外的其他治疗方式则更是少之又少，相对较常见的一种是“收惊”。“收惊”原是道教的宗教仪式之一，也称为“招魂”、“叫魂”等，既可由宗教人士如道士等进行，也可由会这种仪式的社区成员或者亲属进行。在F村，“收惊”一般是为小孩做的一种治疗仪式，即小孩生病或晚上无缘由地哭闹等被认为是受到惊吓丢失了魂魄引起，治疗者通常是女性，一般是世代相传，几乎已经没有什么宗教色彩。

深入田野之后发现本研究在研究对象的选择和确定上存在一定困难。由于长期慢性病发病隐匿，以及对疾病非医学的自我识别和判断往往只能依靠生理症状的事实，轻微的或者没有明显症状的病痛往往被忽视，非但外人不知道，就连患者本人也常常缺乏意识。因此，一个社区中长期慢性病人的确切人数往往难以确定，寻找病痛叙述的对象也就存在一定困难。本研究所涉及的乡村地区由于医疗卫生资源的限制，这种情况更为突出。除了难以判断和识别的疾病，不严重或者不影响日常生活的疾病常不被认为是真正意义上的“生病”，因而不会被严肃对待或采取求医措施。因此，本文中涉及的个案基本上病情都相对严重，出现了行动不便的情况，有些甚至面临死亡的威胁，症状不明显或者较轻的个案如高血压等未被包括进来。

二、概念介绍与理论回顾

（一）概念介绍

在正式展开论述之前，为便于阅读和理解，有必要对本文将要涉及的几个关键概念加以介绍和区分。

1. 疾病与病痛的区分

医学人类学的一个重要公理是对病患（sickness）的两个方面——疾病

（disease）与病痛（illness）的二分。“疾病指的是生理和 / 或心理进程的功能障碍”，“病痛一词指代社会心理经验和感知到的疾病的意义”[1]。前者由受过专业训练的医生运用疾病分类学对健康问题进行分类诊断而得出，后者则是病人和家属对症状与残障的理解和反应。病痛是一种活生生的经验，它包括对病因的解释、初步的治疗，也包括家庭和社会关系网络中的人际交流和互动，所以病痛既是患者自己的主体感受，也受到家属和其他非专业人士以及地方社会文化的影响（Kleinman，1988）。[2]

二者的区别可以从以下几个方面来理解：

（1）从主体来看，疾病是医护人员的判断，而病痛是患者（通常也包括其家属）的观点；

（2）从关注点来看，疾病关注的是身体的症状，而病痛关注的是人及其体验；

（3）从特点来看，疾病通过生物医学中的疾病分类学来诊断，常被认为是客观的，可以衡量的，强调病理生理视角；而病痛则是患者对日常生活的主观体验，它不是孤立的，而是与更大的社会文化情境密不可分，强调社会文化视角。

疾病 - 病痛的区分一度招致批判，反对者认为其不过是身 - 心二分的延续和重复。疾病与病痛的区分同医学人类中经验主义和阐释主义或意义中心研究这两种研究取向相关，是根据研究过程中的不同侧重点的一种人为划分，事实上，疾病与病痛不应该也不可能完全分立。而本文中之所以依然坚持这种区分，目的不在于将二者割裂开来，而是试图从人类学生物 - 文化整体论的视角出发，希望在关注病患的生物性的同时，也要关注到慢性病人主体体验和疾病的社会文化层面，而后者恰恰是常常为现代社会所忽略的。正如杨国枢先生在《谈病说痛》的主编序言中所说：在医疗过程中，医护人员与家属常偏重患者的“身”，而忽略他们的“人”；偏重其“疾病”，而忽略其“病痛”；偏重其“症状”，而忽略其“经验”，并由此造成了病人与医护人员之间，甚至病人与家属之间的疏离。有鉴于此，笔者认为这种区分和对病痛的侧重还是有必要的。当然，需要说明的是：病痛经历不可避

[1] Kleinman A, *Patients and Healers in the Context of Culture: An Exploration of the Borderland between Anthropology, Medicine, and Psychiatry*, Berkeley: University of California Press, 1980, p.72.

[2] 本书有一个不完整的中文译本《人类的受苦经验与痊愈之道》（广州出版社 1998 年版），笔者在论文写作中也作过参考，但引用部分基本上出自英文版。

免地受到当地的政治、经济、医疗保健体系等状况的影响，这种影响贯穿于病人疾病识别、诊断和求医治疗的整个过程，也是改善慢性病人状况最直接、最具操作性的部分，但本文关注更多的是病痛经历的文化层面，原因在于意义部分是为现代社会所忽略的部分，但是在生活世界的秩序重建中又非常重要。

2. 病痛叙述

叙述是关于生活经历的故事，它将事件置于有意义的时间序列之中，描述事件及其对于生活于其中的人们的意义，病痛叙述就是关于病痛经历的故事（Good，1994）。病痛叙述还是人们经常相互合作以为各种生活经历赋予意义的重要方式（Migliore，2001）。所以病痛叙述有两层含义：一方面，它是病人讲述的关于病痛经历的故事，是病人病痛经验及其意义的呈现；另一方面，它也是病人为病痛赋予意义的方式。另外，从方法论角度而言，病痛叙述也是一种重要的研究方法，记录病痛叙述可以获得关于病痛经验的资料，是关于病痛经验的意义分析的基础。

病痛叙述能够帮助考察地方场景中的社会和生物进程以及他们是如何嵌入个人的疾病和苦难中的（Westerhaus，Panjabi，Mukherjee，2008），从而揭示病人的苦难经历、心理体验以及病痛的社会文化意义、个人与社会的关系，因而是病人赋予自己的病痛经验以意义的重要方式。

病痛叙述还能够帮助病人应对和处理长期慢性病痛。在考察病痛对个人生活的影响、病人能获得的支持网络的基础上，研究发现叙述方法有助于主体找到应对的力量和方法，有助于他们找出除了病人之外的身份（Kelley，Clifford，1997）。

可见，病痛叙述是病人为自己的病痛赋予意义的重要方式，对病痛叙述的关注是对主体的病痛体验和社会文化含义的关注，有助于更好地理解病痛。在生物医学大行其道、医患沟通成为障碍的当代社会，借助于病痛叙述的方式，增加对病人主体体验和文化背景的理解，有助于促进医患交流和提高治疗的针对性、合理性，从而有助于改善病人的生活。但是，当前“病痛叙述主要在富裕国家的医院和医疗机构中得到了认可，用以作为改善病人生活的方式”（Westerhaus，Panjabi，Mukherjee，2008）。

（二）理论回顾

医学人类学发展之初，奉行的是实证主义或经验主义传统，强调医学行为科学，并将之应用于公共卫生、流行病学领域。20 世纪 70 年代，以凯博文（Arthur Kleinman）[1] 的研究为标志，医学人类学中出现了一种新的研究进路，即意义中心的研究进路或者阐释主义的研究进路。凯博文吸收了象征人类学、阐释人类学和建构主义的思想和方法，主张将医学体系作为“文化体系”来研究，他提出解释模式的概念，认为疾病不是一个实体而是一个解释模式，文化不只是呈现和表述疾病也建构疾病等事实（Kleinman, 1980）。不同于以往经验主义将疾病视为外在于文化的自然的一部分的观点，意义中心的传统将文化与病痛的关系置于研究的中心。但是意义中心的研究不排斥或否定生物性，而是强调二者之间的互动，研究意义或阐释实践如何与社会、心理、生理过程互动以形成独特的病痛形式。近年来，意义中心的研究将关注点从对生物与文化的关系、不同文化中与病痛相关的象征和符号研究、不同医疗体系的文化研究、生物医学的阐释民族志等方面转移至对病痛主体的具体经验以及病痛表述问题的关注。意义和经验被作为主体间的现象来考察，因此对病痛经验的“具体体现”和“现象”的研究日益突出。拜伦·古德（Byron Good）将生活世界的概念引入对于病痛经验及其意义的研究中，认为病痛虽然通过身体来呈现，但也是作为日常生活的变化被经历和体验的，也即作为生理客体的身体和作为经验主体的身体并不分属于不同的世界，而是统一于同一个生活世界之中（Good, 1994）。

生活世界是现象学的概念。胡塞尔在欧洲人性危机和科学危机的背景下创立现象学，反对实证科学以自然科学的方法和模式研究社会现象，并为了保证研究结果的科学性和客观性而忽略社会现象本身的独特性和主观性的做法，主张回归真实的生活世界。在他看来，生活世界是我们共同的、直接的、活生生的经历的世界。

舒茨以韦伯的理解社会学为基础，吸收胡塞尔现象学的生活世界、主体间性等概念，建立了在主体间关系中研究生活世界的现象学社会学。他认为生活世界是具有多重现实的世界。它不仅包括日常现实，而且还包括许多其他的世界，如幻想世界、梦的世界等，他称之为“有限意义域”。每种“有限意义域”都有各自不同的认知风格，且这些“有限意义域”之间的地位也是不一样的，其中日常生活的现实具有至高无上的地位，是生活

[1] 医学人类学家 Arthur Kleinman 在中文中有凯博文和阿瑟·克莱曼两种译法，除了引用和参考文献中使用译本的译法之外，本文均选择“凯博文”这一译法。

世界的中心。它具有特定的自我经历的形式、共同的时间观等特征（李芳英，2004，2005；何雪松，2000；Good，1994）。

长期慢性病痛不期而至、不可捉摸且不可治愈，它就像一座活火山，“它不会消失。它危险，它会爆发，它不受控制。糟糕的事情一件接着一件”（Kleinman，1988：44）。在病痛作用下，病人的生活世界会发生巨大的变化，日常生活的上述特征和基本预设受到质疑和挑战，具体表现在：病痛分散人的注意力，使人的意识发生变化。日常生活是通过有意的筹划组织起来的，病痛颠覆日常生活的目标；病人的时间感发生变化，他们对于时间的体验与其他人是不同的，疼痛、治疗成为无休止的现实，无法治愈的现实和死亡的威胁使“现在是无限延伸的”这一自然态度遭到质疑；而且，病痛无法测量、难于定位和分享，病人在承担身体限制和异化的同时，也经常深感无法得到周围的人的理解和信任，“我们生活在一个共享的世界中”这一日常生活的最基本预设也面临消解的危险。所以，长期慢性病一旦发生，就是患者生活世界的一部分，往往会造成身体、家庭、心理甚至整个生活世界的失序和混乱，这种失序和混乱，对于病人而言，是“世界的摧毁”（Good，1994）。

戏剧作家皮兰德娄特别关注“生活”（或“现实”）与“形式”之间的张力，认为生活处在不断流动的状态中；是一个以模糊和持续变动为特征的过程，它难以捉摸，非视力所及，也外在于人类理性的形式（Migliore，2001）。但是人，发现变化的生活和现实难以捉摸的性质是有问题的，人无法长期面对混乱和无序：

人能够以某种方式使自己适应他的想象力所能处理的任何事情，但是他却不能应对混乱无序。[我们]最重要的财富，永远是我们关于在自然中、在地球上、在社会中和我们正在做的事情中的普遍定位的象征符号，即我们的世界观（*Weltanschauung*）和人生观（*Lebenanschauung*）的象征。[在]原始社会中，每日的仪式被嵌入平常的活动中，如饮食、洗涤、生火……因为他们感觉到需要时不时地重申部落的道德规范和认清其宇宙状况。在基督教的欧洲，教会每天让人（在某些教派中甚至是每小时）下跪，去实践（如果不是冥思苦想）他们对于终极观念的赞同。❶

这是因为“宇宙是一个连续体，人的思维由于能力所限，只能将其割

---

❶ 转引自 Geerts, C., “Shifting Aims, Moving Targets”, *Journal of the Royal Anthropological Institute*, 2005, p. 7.

裂为非连续性的东西，并且划分为类别或秩序化”（夏建中，1997：280），“对于秩序的要求是一切思维活动的基础”（列维－斯特劳斯，1987：14）。

所以，喜欢有序和稳定的人倾向于建构一系列形式——抽象、概念、概括、形象等，使“变化的和流动的”变成或至少显得更具体和稳定，意义就在此过程中被赋予日常生活的经历。

那么，面对病痛造成的生活世界的失序，如何实现秩序重建呢？病痛叙述是一种重要而有效的方式。病痛叙述不仅是病痛意义的呈现和表述，也是建构病痛意义并将之赋予病痛经验的过程和方法。每一个病人都有一个故事，每一段病痛经验都有其独特的意义。病痛叙述以病人为主体，以求医过程为主线展开，从中可以看到各种新与旧、传统与现代、外来与本土文化的交汇以及病人与家人、朋友、邻里之间的互动。

“病痛的受苦问题为病人和社会群体提出两个基本疑问：为什么是我？（困惑的疑问）和能做些什么？（秩序和控制的疑问）”❶

围绕这两个疑问，面对长期慢性病，赋予意义和重建秩序的诸多努力可以大致归为两种：一是以疾病为主体，依靠生物医学技术，积极接受医学治疗，以弄清病因、减轻症状甚至治愈，一旦病痛消失，秩序自然会恢复；二是以人及其病痛经验为主体，接受病痛作为生活的一部分，寻求文化层面的意义诠释。由此形成两种导向，即结果导向和意义导向。现代医学以结果为导向，视病痛和死亡为人生的失败，并企图利用科学技术和各种专业技能恢复秩序和实现控制，而往往忽视对主观体验的关注。但由于长期慢性病痛反复迁延、难以治愈的特质和可资利用的技术、资源的有限性，结果导向的哲学在长期慢性病痛经历中往往会受挫，通过技术实现有序和控制的企图往往归于失败。此时，关注病痛经验的文化层面，赋予病痛经验文化含义，才有可能恢复为病痛侵入所扰乱的生活秩序。

综上，病痛是具体的、活生生的人类体验，与人们的生活世界息息相关。作为生活一部分的长期慢性病痛往往造成人们生活世界的失序。病痛经验是嵌合在文化中的，是有意义的，病痛经验的意义是通过病痛叙述的实践被建构的，病人、家属和其他相关人员以及治疗者都卷入了这一实践过程。病痛叙述既回顾性地寻找苦痛的根源也前瞻苦痛的缓解或复愈，不仅呈现和表述病痛经验的意义，也建构和赋予病痛经验意义。所以，当病

---

❶ Kleinman, A., *The Illness Narratives: Suffering, Healing, and the Human Condition*, Basic Books, 1988, p. 29.

痛造成生活世界的失序时，可以通过病痛叙述赋予病痛经验意义来重建生活世界的秩序。本研究就是在上述认识的基础上，围绕病人生活世界的失序和秩序重建这一思路展开论述的。

三、病痛与失序

长期慢性病痛具有长期性和持续性，而且其发生和发展的轨迹常是随意的、不可预见的和不可控制的，所以它的出现往往会打断人们的日常生活（至少是有些方面），会威胁到身体、心理和社会这三个层面的秩序，直至使病人的整个生活世界陷于失序和混乱。正如图姆斯所说：“生病的体验代表着世界上一种不同的存在方式，这种方式典型地表现为整体性和躯体完整性的丧失，确定性的丧失和相伴而来的恐惧感，控制能力的丧失，以多种方式自由行动能力的丧失以及在此之前熟识世界的丧失（图姆斯，1999）。”

（一）身体失序

医学人类学家盖伊·贝克尔（Gay Becker）指出：“秩序始于身体。也就是说，我们对自己和世界的理解始于我们对有序运行的身体的依赖。”[1]而“身体是被社会赋予秩序的，可能应该被看作社会控制的最基本形式，身体对障碍症的体验就是主要失范类型的根源”（凯博文，2008）。所以身体、秩序感和时间持续性之间是有联系的。身体上的失序，成为长期慢性病人生活世界失序的开始。身体的失序表现在两个方面：

1. 不舒服。身体上的不舒服首先由疾病的性质决定，如心脏不舒服、胸闷、脚失去知觉、头昏等等，即生物医学意义上的症状。另外，身体不舒服也包含治疗的副作用，最常见的是长期服药的影响。长期慢性病病程长，为了缓解症状、减轻不适，病人只能不断接受治疗，吃药和一日三餐一样，成为每天必做的功课。病人一致认为药物不仅影响食欲、伤胃，而且使人虚弱——“吃药的人没力气的”。

我这个地方（胸前）总是不舒服，背痛，难受。

就是胀，说痛也不痛，说不痛又隐隐有点难受。

——（AL，女，56岁，诊断为高血压影响心脏）

[1] 转引自 Kenan, S. R., “What Can Narrative Theory Learn from Illness Narratives?” *Literature and Medicine*, 25(2), Fall 2006, p. 241.

我自己感觉就是脚麻木，走路的时候鞋掉了都不知道，走的时间长还痛。

——（FB，男，58岁，诊断为多发性神经炎）

就这个头昏，总是不清醒。一整天一下下舒服的时候都没有。一点力气都没有，脚走不去，连大会堂那边都不去的。然后饭吃不下去。

——（HH，女，59岁，诊断为颈椎压迫血管、大脑供血不足）

桌上堆的药好多。降血压药也有、吃心脏的也有、吃肾的也有，反正一餐……按照道理药都应该饭后吃，但是我要吃那么多药，就换了几个到饭前吃，又把胃吃得难受死了。一次要吃好多，有一样药一次要吃十几粒，就把它调到饭前吃了，还有三样饭后吃。吃完药，饭也不用吃了，吃药都吃饱了，真的是吃到倒胃口，没有什么法子的。

——（TH，女，40岁，诊断为慢性肾炎、肾结石、心脏病）

2. 行动受限，生活空间被压缩。患病之后，身体仿佛背叛了自己，不再听从自己的指挥，而异化成了他者，与自己产生了距离。以前近在咫尺的活动场所如菜园、杂货店、村民闲暇时的聚集点、邻居家、厨房、卫生间、自家楼上等现在都变得遥不可及。活动范围局限在家附近、卧室甚至是床上。相应地，与外界的社会交往也就随之减少，串门、乘凉、聚会等活动都无法参加。身体机能的变化使得物品、人际关系乃至整个熟悉的世界都变得疏离和“遥远”，地理意义上的空间和社交意义上的空间都被压缩了。

先是颈子这里的骨头很松，跟皮筋似的变很松，就垂下来，我经常用手支着头。再后来是脚，脚走不去，一走就摔倒。就跟刚刚会走路的小孩一样，你知道的，走过来稍微碰一下就扑通摔倒了。一点力气都没有，就是煤气灶上的铲子拿着都会扔掉的。一碗菜都没有办法盛出来吃。4年了，没有洗过衣服，都是他（患者丈夫）洗的。相当于他服侍我。电饭锅插电源直到今年才可以插，前几年都不行。都是他做完饭了，端到手里给我吃。去年厉害的时候，洗脸水都给我端到火炉边，毛巾帮我拧一下，我连拧毛巾的力气都没有。

不痛，膝盖就是硬掉，像木头一样，全身就像木头人一样在走。怎么难受说不出来的，就是爬不起来，饭嘛一餐很小的碗一碗。然后就是走不了，去年连上厕所都走不过去，都是扶的。自己感觉嘛就是头，头很重，颈椎这个地方老是往下垂。膝盖硬掉，就跟机器人一样，木头人一样。只能慢慢蹲下、慢慢站起，所以我坐下来都是慢慢的。今年稍微好一点，以前都是用躺椅，不用躺椅我的头支不住会掉下来的。我总是说千金骨倒了，他们说不是。吃饭都要支着，就跟两截一样。弯下去捡东西我不敢捡的，弯下去就要倒了。躺着痛也不痛，就是一个头、一个膝盖。

——（HM，女，53 岁，无诊断）

你说看到别人都是活蹦乱跳的，我心里想去的，可是脚走不去，走去脚跟断掉似的。

我好的时候挺爱走动的，到处去。现在只能坐在家里，大不了到门口转下，吃不消了，又进来坐着，实在不行了，就躺一下。

你要不能做活的时候别人帮的就少了，能做活的时候人家帮了你你能还回去，帮你帮我，不能还人家谁会帮啊。就是自己家人都不会帮，别说别人了。

——（LX，女，45 岁，诊断为类风湿性关节炎）

（二）家庭失序

在 F 村，由于经济条件的限制，叙述者中除了 06-JJ 因为罹患慢性肾衰竭需要做血液透析而不得不长期住院之外，其他慢性病人大部分时间都在家中度过。对于这里的长期慢性病人而言，最主要的生活场所是家庭而非医院，最主要的互动是与家属之间的互动而非医患之间的互动，对于病人医疗费用的负担和日常护理功能都由家庭完成，所以长期慢性病痛带来的诸多影响也都体现在家庭中，而家庭失序最主要的表现是经济困境和家庭分工被打乱。

1. 家庭经济困境

有鉴于乡村地区的人均收入水平和相对低水平的新型农村合作医疗保障，乡村地区的人们看病成了大问题（Xingwu Liu，Ember, C.R., Ember, M.eds.，2004）。在 F 村，农村合作医疗所能覆盖的部分极少，大部分需要自费，这往往超出一般家庭的承受能力。所以对于长期慢性病人及其亲属来说，最大的障碍有时候不是病痛本身而是贫困，所谓因病致贫，因病返贫，这种由慢性病与贫困形成的恶性循环无疑也构成了长期慢性病痛经验的一部分，导致家庭内生活秩序的变化。

JJ，女性，52 岁，2007 年就已出现腰疼、脚浮肿等症状，但是一直拖着，直到第二年再也不能走动的时候才去检查，诊断为慢性肾衰竭，即所谓尿毒症。JJ 从 2008 年 11 月开始接受血液透析治疗，每周三次，有好转后可改为每周两次，每半年还要输一次血，每月的治疗费用高达 3000 多。JJ 家一家四口，丈夫务农，还有两个女儿，经济状况一直不好，直到前两年女儿们相继毕业开始工作，才稍微有所改善。但是 JJ 患病后，高昂的医药费让这个家庭重返贫困。为了筹措医药费，原本亟待进行的建房计划被迫搁浅，家人都要工作，没有办法长期陪伴她，只能是隔一段时间去看她。所以 JJ 现在大部分时间独自在县城接受治疗，为了省去住院的费用，她在医院附近租了一间房子居住，自己照顾自己的饮食起居，自己去医院接受血液透析治疗。血液透析高昂的费用是这一家人目前最大的困境。虽然这种经济压力完全超出了家庭的承受能力，但是所有人都不愿意看到一个鲜活的生命因为停止做血液透析而终止，包括病人自己。所以他们的一致想法是先做着，“做到没钱的时候”。

2. 家庭内部分工的变化

社会文化对于男性和女性的社会角色有不同的期待，这种期待通过两性分工来体现。所以与社会性别相对应的这些工作对于维持一个人的社会角色和自我认同非常重要，而违背这种分工则是家庭生活失序的重要表现。

我稍微好一点就不在床上躺着，看到厨房乱，就弄一下，扫扫地。真的躺在床上起不来的时候，就什么都不管了。

——（LX，女，45 岁，诊断为类风湿性关节炎）

全村算他苦。他早上起来要做饭，然后洗衣服，没菜了又要去摘菜，样样都是一双手。我反正这么多年菜园就没去过了。

——（HM，女，53 岁，无诊断）

病痛的不期而至使病人无法继续扮演原先的家庭角色，家庭中的既有分工格局因而被打乱。F 村是一个很传统的农业村落，多年来家庭中一直沿袭着“男主外，女主内”的社会性别分工，比如男性赚钱养家被视为理所当然，而做饭等家务劳动则是女人的专利。在病痛叙述中，所有的女性患者描述病痛的限制和影响时都无一例外地强调无法承担做饭、洗衣等家务劳动，而 HM 觉得丈夫是全村最苦的人也正是因为考虑到丈夫在“主外”的角色之外还被迫开始担负起原本不属于男性的“主内”的责任，“样样都是一双手”。

（三）心理失序

在病痛最初降临的时候，长期慢性病人的心里会生出许多疑问：我得了什么病？为什么会得这种病？为什么是我得了？为什么总治不好？我需要怎么做？我以后会怎么样？我会死吗？身体上的不适及社会生活的变化和失序投射到心理层面，就会出现挫败、压抑、焦虑、内疚等常见的负面情绪。不能扮演合格的家庭和社区角色，让病人觉得不完整和挫败；生活不能自理，需要家人照顾，又使病人失去了独立性；因为不能完成自己的分内之事反而加重了家庭的负担而对家人深感歉疚；因为病痛折磨和久治不愈而觉得失去控制和无奈；因为病情反复，预后不明晰而陷于对生命的强烈渴望和“还不如死了，一了百了”这样两种极端情绪的矛盾中无法自拔。

1. 时间被压缩。病人对于时间的体验即时间感与其他人是不同的。病痛的降临往往中断病人原本的生活轨迹，而进入一种全新的生活状态；又因为长期慢性病病因复杂难辨、病情反复不定、难以预后，不知道下一年甚至下一天，会出现什么状况，未来的计划也就被迫中断。病人将大部分的注意力集中于当下的病痛，而无暇顾及过去和将来，就好像被困在了现在，与过去和将来都隔断了（图姆斯，1999）。病痛叙述的大部分内容都是关于当下的病情、症状和限制的，几乎不涉及对未来的计划，而对于“以前”的印象和回顾也仅仅是凸显“现在”的限制。

他那个时候也赚了大概四五万，现在都花光了。本来我们要盖一幢房子的，这个没办法的。

我以前很能干的。他在外面打工，我一个人干活，还带着两个孩子。

以前我干活一点都不怕的，也不怕热。现在没办法，你去不了啊。比如让你去拿个什么东西，你去不了啊。

——（LX，女，45 岁，诊断为类风湿性关节炎）

2. 受苦和挫败感

疼痛长期持续，康复无望，疼痛反复发作，有时让人难以忍受；明显感到心有余而力不足，不能随心所欲，不能担负起以前的责任，不能为家庭做贡献，这一切使病人感到强烈的挫败感和痛苦，变得愤怒、无助和脆弱，甚至觉得“做人没有意思了”，“还是死掉好”。

我还年轻啊，有时候痛起来的时候我就想要痛就让我痛死吧，吃苦头啊。

实在不行就哭嘛。有一天夜里，他不在，走开了。这下完了，起又起不来，就哭了。

老是这副样子，脑子里想着赶快好掉，可以跟原先一样做事。老是这副样子，心里发慌。

我怎么吃这种苦头，这还是吃点农药死掉好一点，受这种苦。

——（LX，女，45 岁，诊断为类风湿性关节炎）

按照我这个想法，做人好像没有什么意思一样了，还是死掉好，反正我不干活，在家休息，活两年嘛算了。要做事，东西拿不来，别人都有，还是死了，一了百了。什么事都不管了，还是那样省事。

——（FB，男，58岁，诊断为多发性神经炎）

3. 孤独和担忧

慢性疾病长期迁延不愈，生活质量下降而且充满不确定性，这种不确定性又导致了强烈的不可控制感，病人一个人的时候常忍不住胡思乱想，担心得了绝症，担心病情恶化，担心会死。又因为病痛是一种主观的切身体验，存在着一种不可分享的特殊属性，所以病人往往感觉孤独和恐惧。

我是这样，有时候学得像傻子一样，出来和别人搭个伴，我一个人在家的时候，眼泪哗哗的。我就是学傻，人家拿什么赚什么回来，我不眼红，就那样。有时候晚上回家，一个人睡不着，想着不知道怎么办才好，总不会得癌了吧，我这样想的。这样心脏也痛、腰也痛，我就这么想，是不是肠里长癌了，有时候上厕所上不出来也那么想。我经常一个人在路上走的时候都想，有时候和很多人在一块的时候热热闹闹的，好一点，不太想。等散掉以后，我一个人走回家的路上，又开始想了，然后吃不吃饭都无所谓了。有时候会想，谁知道会怎样呢，那样想的。他（患者丈夫）回家的时候也会好一点的，我总是跟他说，钱是要你赚，按照我人来说，你还是早点回家好。我想想一点都不好过。他说怎么不好过呀，你就到下面人多的地方搭搭伴，玩玩，到你妈家一起吃吃饭好了。我说我就是不好过，肚子里老是胀胀的，不知道是不是得癌了。

——（TH，女，40岁，诊断为慢性肾炎、肾结石、心脏病）

4. 久治不愈的无奈

长期慢性病的久治不愈带给了病人无尽的痛苦，每一次治疗都暗含着希望，但是每一次治疗的结果都是失望，总是没有办法摆脱，剩下的唯有忍耐和无奈。

别的人（指同在医院住院的人）都是来几天就走了，不像我，来了就出不去了。

——（JJ，女，52岁，慢性肾衰竭）

到现在6年了，看是看，药也吃，这又好几个月的药配来了。吃了不好的。这还有什么办法的？

——（HH，女，59岁，诊断为颈椎压迫血管、大脑供血不足）

要是别的病，一两个月也就好了，这个就这么拖去拖去……有时心里真的是发疯一样。

——（LX，女，45 岁，诊断为类风湿性关节炎）

5. 连累家人，深感歉疚

就是觉得对不住底下的人（指下一代）。我们大人生病，小辈的还要为我们着想，按照我的想法还是死掉好一些。

医院里原来是说要复查，再去看看，然后有的说浙一（浙一医院）好，有的说浙二好些，我就弄不清楚到底要去哪，去就要开支。你一般去就要住院，住院没有 5000 以上下不来，不敢去，没有钱怎么去啊。本身我们家里没钱了，要到儿子、女儿家里去拿钱，不知道怎么拿，都不知道怎么说。

——（FB，男，58 岁，诊断为多发性神经炎）

受访者在之前的叙述中无论是表达长期的身体不适还是辗转求医却久治不愈时都还算平静，但是在聊到对孩子的内疚时却泪光闪闪。历数了子女为自己所做的一切，如买药、带着他去医院、回家探望，等等。他一直想要换一家医院去复查，但是苦于无钱，又不知道如何向儿女开口因而作罢。照理说，儿女反哺，照顾生病的父母，天经地义。但在现实中，情况却要复杂得多。我对此也有些不解，另一位叙述者解了我的疑惑。

ZC，男性，69 岁，有两个儿子和一个女儿，均已成家，大儿子和女儿均有自己的小家庭。小儿子一家名义上与父母一起住，但长年在外工作，很少回家。

ZC 是一位退伍军人，1959 年 12 月从家出发，但是因为新兵交接出了问题，在路上过了一个年，直到 1960 年 3 月才到达部队，正式入伍，成为某海岛守岛部队的一名新兵，68 年 3 月份退伍回家，他的长期慢性病石肺就是在部队服役期间染上的。

到部队以后。我们那个时候响应毛主席的号召“深挖洞、广积粮”。挖洞就是防空，广积粮就是备战，让你家里多积点粮食。部队嘛就是要打坑道。那个时候打坑道条件没有现在好，打坑道没有水的，现在有水就没事。主要是灰尘重，石粉进入肺部。

在被鉴定为是职业病之后，ZC 得以享受公费医疗。叙述中，聊到治疗费用的时候，ZC 表示“（能报销）好很多，要是等儿女给钱就不行了”。我趁机提出上述关于儿女反哺的疑问，ZC 说：

儿女都是一样的。像你们这样的结婚以后，又要买房子，自己又有小孩，等小孩大了又要供他们念书，要是想拿点钱给父母用也是好难好难的。要结婚、买房、养小孩，再如果只有几千块钱一个月，怎么能负担到家里面。自己能负担自己就算好的了。

好的儿女管是管的，经济来源多少的关系。他没有，有什么办法呢。他管是管的，但是拿不出来没有办法的。现今这个时代，供孩子读书，供出来是好的，但是想说要他们把读书花的钱还回来是不可能的，实事求是讲，到那时候他们又有他们的那一套要管了。

ZC是受访者中比较轻松的一位，除了病痛不是特别严重之外，也与没有经济压力有很大关系。儿女反哺，本是天经地义的事情，但是作为父母的患者，却为连累家人深感愧疚，对子女无法提供支持深表理解，毕竟他们有他们自己的家庭和生活。

四、求医问药

（一）疾病认知与判断

求医过程占了病痛叙述的最大篇幅，长期慢性病久治不愈、病程长，所以求医过程往往也非常漫长。漫长求医过程的第一步是症状的识别（recognition），这取决于安康（well-being）或健康的文化定义和对病患成因及背景的理解（Sobo, E.J.，Ember, C.R., Ember, M. eds.，2004）。

1. 症状识别

（1）自我判断

自我判断一般只能以生理上的症状为依据，很多疾病因而往往不能被及时发现。在意识到自己生病之后，病人一般会就近寻求一些简单的治疗，这种治疗的质量不高，有时还会出现误诊。

当时的时候又没有发现什么东西。一直到1978年才有点发现。胸闷，就是胸前胀。到WS（老乡村医生）那里看看嘛总说是肺结核。按照肺结核不知道治了多少年。

——（ZC，男，69岁，石肺）

前年割麦的时候起，就是4月份（农历）吧。挑麦子的时候，脚底肿胀，像变厚一样，不能挑东西。把鞋脱掉里面又没有什么东西。让本地医生看，（我）以为脚麻掉稍微吃点药就会好的，不要紧。但是吃了好多药都不好，草药什么的吃了都不行。

——（FB，男，58岁，诊断为多发性神经炎）

今年第4年了，那年茶叶下山的时候。采完茶叶就走不了了，连菜园里都去不了。

——（HM，女，53岁，无诊断）

去年，我估计开始应该前年就开始了。前年老说腰疼，自己总以为没事的。只是干活多了腰痛，就没去检查。然后采茶叶的时候脚胀起来。也就是2007年。省力一点就好一点，然后从前年冬天开始就没怎么干活。去年到采茶叶的时候就走都走不去了。第二天就到镇上去检查，说可能是尿毒症，让到省城的医院去检查一下。

——（JJ，女，52岁，慢性肾衰竭）

上面引述的是病人对病痛的最初认知和判断，从中可发现如下特点：

①“吃得做得”的健康观。“吃得做得”，即吃得下饭，做得动活，是当地人对健康的理解和界定，是以生理上的不适为衡量标准的。在这种观念的指导下，轻微的不适和症状经常被忽视，只有出现明显的症状如疼痛厉害、行动不便、影响正常的生活劳作时才会被重视和进行求医行为。从出现症状到采取措施之间的过程相对较长，很多人因此贻误了治疗。而在接受最初的简单治疗之后，若症状有所缓解，治疗往往就会中断。

②从病人的病痛叙述中可以看到病痛引起病人注意多是在农忙季节，如割麦、采茶等时节，这说明农忙时节的超负荷劳作常使病痛凸显和恶化。

③病痛之初，病人往往会形成自己的病因解释，如认为腰疼是因为干活太累、脚肿胀是因为水气进入，而不会想到这是肾炎的结果。若这种解释是错误的（这种情况很常见），往往造成严重的后果，因为它会误导病人，耽误求医。

（2）农民健康体检

自2005年开始，F村所属的乡社区卫生服务中心组织为参加农村新型合作医疗保险的农民开展免费体检活动，每两年一次，体检的项目有心电图、B超、肝功能、血糖等。至2009年，已完成第二轮，并建立了各村农民健康档案。据乡社区卫生服务中心的负责人R院长介绍，第一轮农民健康体检的参检人数不多，但是这种状况在第二轮体检中出现了好转。

4年前的时候下去体检，我们通知200个人，只能来四五十人或三四十人。到今年，第4年，也是第二轮的最后一年，我们下去的体检率，除了外出打工的，一般在家里的应该是90%以上。

体检在最初开始的时候，当地人并不把它当回事，都觉得“我吃得做得的，不用检查”，所以即使是免费的，参与的人数也不多。这种意识随着活动的继续开展而有所转变。而且，事实证明，这一活动对于常见疾病的排查和初筛效果较明显，虽然没有明确的统计数据，但是在调查过程中确实听到了很多个案。以妇女病为例，R 院长说：

因为现在妇女病比较多，比如子宫肌瘤，如果早发现的话就是很简单的一个手术或者一两百块钱就会好的，但是如果你不管，到病变的时候才发现的话，那就形成宫颈癌什么的，现在这种病也比较多。我们是提高发现，所以做妇女病普查，普查出来有毛病的话，就赶紧去弄掉。

但是在 F 村进行田野工作的时候，发现这一工作还存在问题。根据规定，体检结果应由乡村医生返还给当事人，并负责向当事人解释和说明。但 2008 年 F 村的情况是，乡村医生本人并没有亲自做这件事情，而是由不懂医的妻子代劳，在返还的时候没有任何说明，以至于出现了许多人因为不识字或者不懂得检查结果是什么意思而耽误治疗的现象。F 村空巢家庭较多，留守的人中许多不识字或者识字不多，用他们的话来说化验单“看看是花的，摸摸是光的”，确实不知道是什么意思。笔者有一位邻居检查结果上注明“右肾有结石”，但是直到她的子女春节回家之后才知道是怎么回事，才去求医，此时距拿到结果已经有三个月了。

以“吃得做得”为标准的自我判断与常规项的医学体检共同构成了 F 村疾病认知与判断的方式。但是两种方式都存在一些问题，以传统健康观为指导的自我判断标准太低，许多疾病在初期阶段容易被忽视；而两年一次的农民健康体检，虽则在一般性疾病排查和初筛方面有一定的效果，但是这种体检仍是较低层次的，仅针对一般性的疾病，而且其具体操作过程也存在需要改进的地方。

2. 解释模式

解释模式是医生、患者及其家庭对于特殊的病痛事件所拥有的看法。患者的解释模式是“对自己的特定问题在这一时期的本质、名字、原因的理解，期待的病程和治疗的信念”（凯博文，2008：84）。它包含着下列问题的答案：问题的性质是什么？为什么我染上了这种病？它今后的发展如何？我期望什么治疗？对于这种病及其治疗我最怕什么？诸如此类。显然，在现实中，医生的解释模式和患者及其家属的解释模式往往存在差异（图姆斯，1999）。

（1）医学诊断

病痛叙述能够体现病人的解释模式，通常围绕现代医学的诊断展开，在受访的所有病痛叙述者中，只有一位缺少明确的现代医学诊断，这深深困扰着病人。

①诊断过程

看看又说没事，省城、县城（的医院）年年都去，化验不出来，全身化验，脑 CT 什么都做了，做不出来。血化验也说是好的，血有很多项的，基本都是血化验，化不出来。

神经内科都去检查过了，那个老医生说你这个怪病。我说我一走就摔倒。他也是扶着我到床上检查，检查不出来。然后眼睛模糊，又专门到县城看眼睛，看了 400 多块钱，又说没问题，然后就没有地方可看了。然后去年到县城又是血什么的样样化验。

你说风湿嘛又不是风湿。医生看看也没什么诊断。

说是说我是感冒引起的。我生病头一年打山核桃之前感冒，发烧特别厉害，到 ML（现在的乡村医生）那里打了 3 天吊针，但是烧还是没退。然后他又给我吊了 3 天营养液，就那样开始，头撑不住。去捡山核桃的时候就冒汗，那年冬天就开始了。到第二年茶叶下山是真的走不去了。更没办法去山上。

到县城那一次整个肺乌掉，又不知道怎么回事，也不是肺结核，然后就打针、消炎。

老说颈椎，专门拍了颈椎，也说没有问题。

②缺乏诊断带来的困扰

缺乏诊断会产生不确定和混乱，因为诊断本质上是一种分类。

人类学关于分类的研究开始于涂尔干和莫斯，他们在《原始分类》一书中分析了既有的民族志材料，指出："所谓分类，是指人们把事物、事件以及有关世界的事实划分成类和种，使之各有所属，并确定它们的包含关系或排斥关系的过程"（涂尔干、莫斯，2000：4），反对将分类作为个体心理活动的说法，强调分类源于社会且是进化的，最早的分类体系是二元对立的（涂尔干、莫斯，2000）。

利奇同意列维－斯特劳斯关于人类思维的本质是二元对立的观点，但是认为在二元对立之外，往往还存在无法被归类的东西，这些无法被明确归类的东西因为其反常的性质而常常与禁忌相关。

道格拉斯也关注反常，认为其是不洁和危险的源泉。受杜尔干和结构－功能论的影响，道格拉斯既关注符号结构也关注社会结构，主张从社会结构中去寻找思想范畴的渊源，力图考察人类分类体系与社会秩序之间的关系。她的《洁净与危险》被誉为分类研究的经典。书中，作者指出："我的中心论点之一是理性行为都离不开分类。分类的活动是一种普同人性。"（道格拉斯，2008：9）她提醒本来已经习惯于从卫生学角度来看待任何洁净或者污秽的人们：污秽与卫生无关，而是与分类与社会秩序有关。社会的分类秩序反映在人的象征体系之中，就形成了我们关于洁净和污秽的观念（Kuper，1996）。所以，分类是与秩序相关的，病人关注诊断是为了确定病痛的根源和性质并进而确立自己的病人角色。一旦诊断缺失，势必造成不确定感和失序感。

看看又说没事，又没病，别人说起来还说我好吃懒做，我身体不好真是没办法。

就是不知道什么缘故，药吃来吃去，一点都没效果。

去医院里看没病嘛不配（药）的，那么我们自己在家里有时候难受嘛找WS（老乡村医生）或者到乡里的医院配中药。

诊断出来就可以对症下药了，就是看不出来什么病不知道下什么药。

缺乏诊断，病人就无法将病痛体验与日常生活联系起来，就无法明了病痛的意义，就没有了确定性，由此给病人造成困扰（图姆斯，1999）。

首先，缺乏诊断就意味着对病痛的不确定。

在患病之后，病人首先需要确定自己的病痛的根源及性质，然后才能加以应对。对于病人而言，诊断是判断病因、解释当前的失序状况、采取求医措施和预测病痛发展的依据。没有诊断，就不知道病因，无法对症下药。而在病人的观点中，有病就得吃药，吃药就有希望好。所以医院因为没有诊断而不配药的时候，病人就通过其他途径自己找药来吃，比如找乡村医生要求吃中药，看电视购物广告吃药，而且是各种方式交叉使用，以至于在症状缓解之后自己都分不清是因为哪一种药起了作用。

第二，缺乏诊断就意味着病人角色的不确定。

诊断是疾病的生物学定义，"在多数社会中，这些定义获得了文化权力来决定关于残障的官方定义"（凯博文，2008：149）。"人们常以诊断为准来判断一个人是否有病，在没有诊断的情况下，患者关于不适的抱怨常常会被忽视，由此给患者造成痛苦"（图姆斯，1999）。缺乏诊断，病人害怕社区成员在背后说自己"好吃懒做"，质疑甚至否认自己的病痛和病人身份，这会给病人带来极大的心理压力。

（2）自己的解释

TH 被诊断为慢性肾炎，这也是她主要的叙述用语，但是她也提到这个病最早的起源与一次事故与腰受伤有关。

（儿子）6 岁的时候建那个泥墙屋，到山上去背树，去的时候不下雨，回来的时候下毛毛雨，还背着一截树，路上滑了一跤，装水的葫芦碎了，树撞到了腰上，（病）就那样开始的。那一两年造房子也没怎么在意，当时到 JG 的爷爷（村里一位懂草药的老人）那里弄了跌打药吃，吃了十几付，一边吃一边做活，好一点了也就没管那么多。然后就那么厉害起来，到现在就一点都不能动了，稍微动一下就不行。

在当地，肾因为长在腰部而被称为"腰子"，所以腰部受伤会伤到肾，这是很自然的解释。

HM 是叙述者中唯一缺少明确的现代医学诊断的，她和她的家人对此有自己的解释。

HM 最主要的症状之一是头部难以支撑，总是往前倒，对此，HM 认为是"千斤骨"倒了。千斤骨是当地人对颈椎的称呼。当她在电视购物节目中看到一种叫作"洗骨三宝"的药时，HM 觉得这会对自己有用，因为这个药可以洗骨毒，而她觉得自己这种检查不出来的病说不定就是因为骨头里有毒素。与此同时，他们也将病因归结为"运气"：

我们是这么想的，看看看不出来有什么病，那就是运气了。没有真病就没事的。要这样想才行。

这好像是要脱运一样，到底什么时候我们就不知道了。

从上述病痛叙述中可见，病人的解释模式受到医学诊断的影响很大，诊断往往成为病人解释模式的主要依据，体现出对现代医学的偏向。与此同时，病人和家属对医学诊断也常会有不同的理解和阐释，在缺乏诊断的时候，本土解释往往被更多地运用。但是，无论是用什么样的解释，病人的最终目标始终指向建立症状与产生症状的根源之间的联系，找出混乱背后的原因，以便对症下药，恢复控制和秩序。

（二）求医问药与病痛行为

长期慢性病病程长又难以治愈，病人的求医过程往往也十分漫长。在求医问药的过程中，病人执着于追求治愈的结果，为了达到这个目标，任何尝试都是值得的，包括各种药物，也包括生物医学为代表的科学路径之外的其他途径，如宗教。但是在治愈无法实现的时候，也会转向文化，寻求对现状的合理解释，从而获得应对的力量。家庭在 F 村长期慢性病人的支持体系中处于核心地位，负责求医信息收集、决定求医行为和提供经济、心理等方面的支持。

1. 治疗

FB 去了从镇到市的各级医院，也尝试过许多其他途径：

一般的药（指不是从医院等正式的医疗机构得到的药物）吃了不少，WS、H 村（据 F 村 2 公里左右的一个村子）ZG、LL[1] 那里也吃过，过路郎中也吃过，反正毛病总是治不好。吃了不少都不好。

HM 因为没有诊断，所以吃药更是没有章法，她说：

去医院里看没病嘛不配（药）的，那么我们自己在家里有时候难受嘛，找 WS（F 村上一任乡村医生）或者到乡里配中药。

我电视里看到的洗骨三宝。就是洗骨毒的，我想可能有用，那个吃完稍微好点。今年好像好一点。245 块钱一个疗程，我也下狠心了，吃了 1000 多块钱。总是想它好嘛。

吃了好一点又开始吃黄金搭档，总归就想怎么样让它好。

因为尝试的治疗太多，以至于病情偶尔出现了好转，病人也分不清到底是哪种治疗方式起了作用。病人提到今年病痛有所减轻，我问她是否是因为吃了上面提及的药：

我也分不清了，各种药都吃了。那个洗骨三宝是去年国庆节我妹妹来……

刚好那天看到广告，然后 XF（另外一个村民）来说他买来吃了，好像好点了。我妹妹第二天就给我寄来了。吃了一个月好像好点，我小叔再去买。总是想好嘛，什么药都试一下。

LX 也是去各种公立医院和私人诊所，也尝试膏药、草药和各种电视广告中介绍的药，但是都没有收到明显的效果，有些反而加重了病情。万般无奈之下，几年前，LX 经人介绍开始信仰基督教，当地称学耶稣。LX 这样叙述自己的入教动机：

因为到处看都不好。老看不好，没办法，就进去了。

---

[1] 这几个人都是民间的医者，虽然不挂牌行医，但是掌握一些药方，一般长于一种或几种特定疾病的治疗。

她的丈夫也说:“因为我们本来家庭条件不好，有的弄那个好的也有。万一好一点呢，要是有钱，这个医院不行就换一个。没钱只能什么都试一试，万一好呢。”

如果身体允许的话，LX 会去邻村参加教会的活动。那是一个家庭教会，有十五六个信徒。LX 不识字，所以基本上去了之后也是听别人念《圣经》和跟着唱圣歌。身体不好的时候，就去不了了。“在家平常就是痛的时候做祷告，又没有什么药能止住。”

LX 与我们分享了数个她见到的因为信教而痊愈的案例，即所谓“做见证”，我问她什么是“做见证”，她解释说“做见证是说有病痛的人信耶稣就会好”，并且强调一定要诚心。

我姑姑的叔叔，脖子上一个大葫芦[1]，到教会吃了饭，那个葫芦就收进去了，一点都没了。那是我亲自看见的。你要快追求，你很随便的话，它也不会减轻你的。就像我们干活一样，随便是不行的。来“做见证”的人很多。

（做祷告）好一点。前天晚上痛得起不了床，下面那个人上来，我们俩是姐妹（教友），她跟我说，你一定要诚心，要相信这个神。她说她孩子还小的时候，医生让她要吃得好、玩得好、养得好，但是那时候哪有条件。后来进了教会，身体变很好，现在天天背木材。

有一个得败血症多年的女人，爬去信耶稣，一下就好掉了。既然去了就要信，不能假。不能想谁知道行不行啊，那就白想了。

这跟小孩子要钱，随便要一下你不给就完了，要是老要就会给。“做见证”的人很多的。说是得癌症的人“做见证”都能好。

一个曾经特别能干、特别要强的女人现在什么都做不了，就算是旁人看了也会唏嘘，何况是病人自己。从她的叙述中能够体会到她那种焦虑、不甘和无奈。在当地的乡村，信教常常和老弱病残的形象相关联，并不是特别流行，甚至可以说给人们的印象是消极的，但是为了痊愈，什么尝试都是值得的。叙述中，她讲到最多的是信教之后身体出现转机的案例，强调虔诚的重要性。她说信仰就像“小孩子跟家长要钱”，只要坚持就能达到目的，而这个目的就是“好”，也就是治愈。或许在当地人的心里，耶稣和佛祖或者其他各路神灵并无本质区别，都是善良和能力的化身，是当生活中出现自己无法解决的问题的时候可以求助的对象，只要心诚就会“灵”。

[1] 甲状腺肿，当地人形象地称之为生“葫芦”。

杨念群《再造病人》一书中叙述了自1832年以来陆续进入中国的西医传教士，原本肩负着拯救“身体”和“信仰”的双重责任，并将拯救身体视为拯救灵魂的途径，其终极目标是实现灵魂救赎，传播宗教信仰。结果，基督教非但没能实现拯救灵魂的终极目标，反而遭遇了自身内部的变化——宗教色彩日渐淡化，出现了向世俗的作为科学的医学转化的倾向。至此，“西医传教士的双重角色发生了更加严重的错位，宗教承担的神圣意义在世俗氛围的浸淫下似已变得无足轻重”（杨念群，2006：39）。

究其原因，杨念群认为既与基督教内部变迁，对世俗事物的容忍度增强以及现代科学话语霸权地位在西方的全面奠定相关，也与中国本土文化传统相关：在西医传教士看来，通过拯救身体进而实现灵魂拯救顺理成章；但在中国人看来“肉体痛苦与精神作用无关”（杨念群，2006）。这种“无关”，在笔者看来，不是指代两者没有关系，而是因为中国人没有身心二分的观念，没有区分，何来关系呢？相反，用于拯救身体的科学的直观效果“与中国人注重行为功能的实用传统不谋而合”，反而阻碍了宗教信仰的传播（杨念群，2006）。

而具体到个案中涉及的乡村，除了对于“身体”和“信仰”的理解以及实用主义思想之外，还与医学的局限凸显慢性疾病难以治愈的特征以及乡村地区的病人无法承受巨额的医疗消费不无关系。寻找医学之外的有可能治愈的和更“经济”的方式既是寻找希望，也是无奈之举。

可见，1832年开始进入中国的西医传教士可以用医学拯救中国人的“身体”，却不能用基督教拯救其“灵魂”，180多年后的今天，在现代的中国乡村，基督教所扮演的非但依然不是“拯救灵魂”的神圣的救赎者角色，反而扮演起了“拯救身体”的世俗的“医生”角色。

格尔兹（Geertz）在《作为文化体系的宗教》一文中指出：“作为一个宗教问题，苦难问题的悖论在于不是如何避免苦难而是如何受苦……”[1] 但是在强调技术控制的现代社会，人们越来越难以接受苦难作为生活的一部分而存在，人们求助于宗教往往不是为了通过宗教信仰学习如何接受和忍受苦难，而更多的是以结果为导向，目标直指身体层面的治愈或者减轻症状，试图通过医学技术以避免苦难。对于宗教的理解和运用于是趋向工具化、

---

❶ 转引自Kleinman, A., "'Everything That Really Matters': Social Suffering, Subjectivity, and the Remaking of Human Experience in a Disordering World", *Harvard Theological Review*, 90:3(1997),331.

技术化，这也是本文将信仰宗教列为“求医方式”的原因所在。

从上述长期慢性病人的病痛叙述中可以发现其求医过程呈现出以下两个特点：

（1）等级化求医。

存在着一个“求助的等级”（Sobo, E.J.，Ember, C.R., Ember, M. eds., 2004），人们先尝试一种然后尝试另外一种直到情况使他们满意为止。具体到求医行为，指的是人们倾向于先尝试最熟悉、简单和经济的治疗，然后如果有必要的话才寻求更昂贵、复杂或不熟悉的治疗。

F村的村民发现自己生病后，一般先求助于本村的乡村医生或者临近村落的草医、土医等，若治疗未果或病情加重会选择镇、县直至市一级的医院，当然这是一般顺序，有时候会有调整，也有可能同时进行。比如一边吃西药，一边尝试中药和草药。

（2）多元化趋向，以效力为标尺，以痊愈为终极目标。

“想好”、“什么药都试一下”是F村长期慢性病病人的普遍心态。病人求医心切，多有辗转求医、尝试多种治疗手段的经历。而且，由于现代医学本身的局限和经济条件等因素的限制，有的病人会寻求药物治疗之外的方式，包括宗教信仰等，求医方式呈现明显的多元性。但是所有的方式都以效力为选择标准，并且都指向同一个目标，即治愈。病人对健康的热望可以理解，但是所谓“病急乱投医”，有时候这种杂乱无章的多元尝试不仅不能缓解病痛，反而起到相反的作用。

2. 支持体系

（1）家庭

家庭是长期慢性病人最主要的生活场所，也是其最主要的支持来源。病人的日常护理和医疗费用由家庭承担，求医信息的收集和求医决定一般也都由亲属完成。传统的乡村熟人网络依然存在，并成为家庭本位的支持体系的必要补充。

病人往往选择亲属工作或者工作地的医院。所有8位受访者都有这种情况。比如HM选择F村人不常去的一家小医院是因为其外甥媳妇是那个医院的医生；而AL前后选择了三家医院，第一次去县医院是因为小姑、侄子等亲戚在那，第二次去省城的医院是因为大女儿在那工作，第三次选择去临近市的医院则是因为小女儿在那工作。

对于病痛造成的失序，家人之间不离不弃，相互理解，相互扶持。

JJ 的医疗负担已远远超出家庭的负担能力，JJ 独自在医院附近租住，照顾自己的起居，独自去医院做血液透析。对于一家人现在的生活状态，患者的丈夫如是说：

讲起来应该有个人在那服侍她，但是我没工夫在那，没办法。只能随她一个人吃力点嘛。说起来应该有人帮她烧饭，洗衣服的。

她自己想回家的，她说这样下去两个女儿要没钱的，都花在她身上。但是她也不太管，随便你们怎么办吧。

也是有点吃不消啊，她自己苦头吃尽啊。那个开刀的地方都是两根针，两根管子装进去 2000 块钱。去年大腿上做过，脖子上做过，最后做在手臂上，做了三个地方。因为前面两个是短期管子，后面才是长期的。短期管子规定过几个月就要换地方的。然后手臂上做长期管子，手臂上都是一个一个的（包），好长的针，上面一根、下面一根，插进去的时候很痛的。每次（血透）要做四个半小时，机器过滤。特别折磨人，有些做的时候晕过去的都有的，医生都很小心的，做死的都有。

等到实在没办法的时候再说吧。这种毛病有钱的人就是几十年都能做下去的，一年输两次血，几十年都可以。我们吃不消啊。

小女儿有几个月没回来了。她也可怜，赚几个钱，每个月都要拿一千好几百块钱回来。小女儿很听话的。大女儿没什么钱，现在又有了小孩，开支也大了。

从病人丈夫的叙述中可以体会到一家人的煎熬。病人本身有求生的欲望，她说：“我这种病，不做就要死的呀”，但是她也知道治疗是一个“无底洞”，担心一直做下去，女儿工作辛苦不说，还欠下很多债务，影响到女儿们日后的生活。而家人深知这不是长久之计，治疗已经远远超出家庭的承受能力，但是又不忍心看着她就这样放弃治疗，而且还在为病人治疗时受苦而忧心，为自己不能在身边陪伴照顾她而歉疚。

（2）社区中的精英

很多村民在去大一点的医院求医的过程中，在面对外面的世界的时候，都希望有能够帮助办理手续、实现与医务人员交流的熟人在场。社区精英在此过程中扮演十分重要的角色。HM 提到的 WW 和 XS 即属此类。他们两个都在县城的医院工作。WW 很热心，每次村里有人去看病都会找他，他也尽心帮助，但是 XS 则不然，对同村的人就没有那么照顾。

到 WW 那里去，他很好的，他是我们村里人，然后在县城医院里，去的时候他说，你好好坐着别动，让我跑。是他找医生、带我们拍片，他真的不错。XS 就不行，装作没看见的。WW 嘛很好，我们村里谁去都很好。我们还去 XS 那里拍过片的，说起来我们以前在下面还住在一幢房子里，她还是我妈介绍嫁过去的。

在 F 村，村民都认为如果你是从这个村子出去的，又有能力帮助自己的乡亲，就有义务伸出援手，那些没有履行这种义务的人会受到舆论的谴责。

（3）邻里

邻里尤其是有相似病症的人会乐于分享自己的求医经历，提供一些信息。由于南方村落较小，这里的邻里概念可扩展至整个村落甚至邻村，就像当地的乡村医生也是为好几个村落服务一样。

对于长期慢性病人的支持体系依然是以家庭为本位。家庭担负起全部的医疗费用和病人的日常护理工作，家属负责收集医疗信息并做出求医决定，而由乡村精英和邻里等组成的传统乡村的熟人网络不仅是 F 村病人求医信息获得的主要渠道，有时还扮演接应和与外界沟通的角色，是家庭本位的支持体系的补充。

（三）预后

病痛的终点无非是两种：治愈和未能治愈，前者是现代医学极力追求和努力要实现的目标，后者意味着死亡或者带着病痛生活。慢性病痛一般不能治愈，所以对于治愈的期待无法实现；慢性病痛一般不会迅速导致死亡，但死亡依然是病痛无法回避的事实。

1. 治愈——危险的神话

对现代医学无所不能的信仰，使每个慢性病人心底都存着治愈的希望，但是，慢性病是没有终点的，一旦发生，就是患者生活的一部分。因此，凯博文指出，对于长期慢性病人而言，这种对于治愈的要求事实上是一个“危险的神话”（Kleinman，1988：229）。它就像神话一样无法实现，是一种不切实际的期望，同时还“分散了人们对于逐步减轻痛苦的行为的关注”（Kleinman，1988），将治疗的重点集中在医学的干预而不是病人的生存困境上。例如，很少有人注意去设计一些策略以使得这些紊乱，如空间和时间感的破坏，降到最小程度；或者去战胜恐惧和忧愁所带来的消极影响”（图姆斯，1999）。这种“治愈的神话”一般直到病人意识到现代医学无法治愈长期慢性病的局限性时才会幻灭。也只有在此时，病人才会接受病痛作为生活一部分的现实，并开始重建生活秩序。

从叙述中可以发现，对于现代医学的信心和依赖已经渗透进F村人们的观念之中，人们求助于诊断，将现代医学的话语加入自己的解释模式；尝试各种药物和治疗，他们的心底也同样藏着危险的治愈神话。所不同的是，他们的神话幻灭不是主动地意识到现代医学的局限，而是迫于经济压力被动接受自己要长期带着病痛生活的现实。他们坚信没有痊愈是因为经济条件限制了他们求医的尝试，只要有钱，只要能接受最好的治疗，就一定能治愈。LX的丈夫就说“前年去县城住了一个星期的院，花了6000多，去年还好，今年又不行了。这要是有钱，待在医院不回家嘛也是好的”。FB、HM和TH在叙述中也都表现出想继续治疗的愿望，只是高昂的医药费让他们望而却步。对现代医学“有钱就能治好”的坚定信念和强烈期待与因经济拮据“无钱去最好的医院和使用最好的药物”的无奈以及慢性病痛长期持续、无法治愈的现实之间形成了巨大的反差，这一反差成为患者痛苦的重要根源。

2. 对善终的期待

在当地人的观念中，死亡是有“好坏”之分的，即“好死”和“歹死”。好死，也就是善终，一般而言是寿终正寝。无疾而终自然最好，但只要过了60岁，在当地的观念中就是老人了。老人即使患病去世也会被归入善终之列。歹死就是凶死，一般指因事故、患病、自杀等在年轻的时候就死去的人。这两种死亡发生之后，人们的应对方式是不一样的。有老人去世，全村都会送东西和钱，然后会办一次宴席。尤其是长寿的老人去世的时候，参加宴席的人特别多，很多人还会把小孩带去，认为吃了这种饭能够和逝者一样长寿。相反，若有人短命而亡，则被称为“短命死”，家家门口都要倒放扫帚，并在上面挂上一种箴箩以避邪。F村曾发生这样一件事，几年前，一位男性村民因为车祸而死，死时只有40岁，村民很排斥将其葬入公墓，认为这样会给村子带来霉运。但是毕竟人已经死了，而且公墓的墓地是固定的，不像以前盛行土葬的时候可以随意挑选墓址，所以村民的不满也只能是私下的，最后还是葬了。

由此可见，60岁是当地人生命历程中的一个重要标志。过了60岁就算老人了，老人患病之后往往不会全力治疗，因为老人即使因病逝世也可以归为善终。了解了当地的这种观念和习俗，就不难理解患者为什么想要挨过60岁，因为这样才不至于落下不得善终的名声。

患者FB，男性，58岁。育有一子一女，均已成家。2007年4月经多次诊断后确诊为多发性神经炎，至今已近3年。现在的主要症状是手脚和口麻木，手拿不住东西，脚麻木，走的时间长会痛，拄拐杖。去过镇、县和市的各级医院，也看过各类乡村医生、过路郎中，尝试过西药、中药和草药，但一直未见好转。他很苦恼现在的状况：病痛反复，想再去大医院看又苦于没钱，治愈无望；自觉作为一家之主，非但不能为家庭做贡献，反而加重了儿女的负担，深感歉疚，所以有时生出“还是死掉好”的念头，但是他有一个愿望就是希望能够活到60岁。

我总是有这么一个想法想活到60。你到60算老人了，不到60还不算老人，死掉就没有意思的。到60死掉人家会说，他60了，当老人一样了。就想尽量拖，拖到60以后再说，60以后要死就死，不用医了。我现在吃着药了，就让它好一点。到60就不吃药了，死就死吧，因为50多的人死掉的很多，人们说那种人啊……到60你就不能说那样了……

五、结论

随着科学技术的进步，抗拒人类生活的限制性、试图依靠专业技术掌控生活成为现代人的普遍文化反应。这种反应在疾病和病痛问题上也有所体现，如“把人的痛苦重新定义为精神的或心理的疾病，由医药专业人员用医疗器械和药品来治疗”（克莱曼，2008：9）。现代医学的一大特征就是以结果为导向，目标直指解决问题（Kierans，2005）。人们越来越不能接受疾病和病痛，更不能容忍其作为生活的一部分长期存在。病痛和死亡常被隐喻为入侵者，需要全力克服和解决。

本研究中的病痛叙述者也受到了上述“文化反应”的影响（克莱曼，2008）。他们对于生物医学充满信心，将诊断作为解释自己病痛和确定病人角色的最主要依据，积极寻求治疗，并且坚信生物医学能够带来治愈的结果。

然而事实上，正如巴隆所说，医生的诊断、治疗和预后常常体现为“次要的或派生的目的”：

诊断对我们而言只是进行分类，而不是解释。治疗实际上从来未导致痊愈，当然治疗本身常常会对患者的生活产生影响，改变了“回到从前的方式”。预后总是从统计学角度而言的，从这种意义上讲，它很难告诉某个人，他或她将来会怎样。[1]

[1] 转引自图姆斯，《病患的意义：医生和病人不同观点的现象学探讨》，青岛：青岛出版社，1999年，第2页。

面对病痛，一定的信心和乐观是必要的，但是如果过于依赖外界的各种专业技术则反而会滋生消极影响。强调技术，对病不对人，将自我与身体分离开来，忽略自我的主观能动性，而将自己完全交给医生和医学技术，这会助长对病人主体体验的忽略并加剧医患关系的不平等和病人失去控制的感觉。再者，过分信任和依赖技术，会使病人心底产生不切实际的危险的治愈神话。尤其在乡村，由于所掌握资源的有限性，长期慢性病人的求医受到限制，他们往往不是主动意识到生物医学本身的局限性，而是在自认为还有很多求医尝试未能进行的遗憾中被动地、不甘地接受治愈结果无法出现的事实，这无疑加剧了其失望和痛苦。

所以，鉴于现代医学技术自身存在的限制、慢性病不可治愈的特征以及乡村医疗、经济资源匮乏等现状，单纯的技术控制无法应付慢性病引发的失序问题。此时，若想实现秩序重建，尚需求助于地方传统文化的力量。

“地方性的文化导向（我们在生活世界中所学到的思考与行为，以及复制这些世界的社会结构的既定方式）组成了我们如何理解与对待病痛的常识：因此我们可以说病痛经验的形成永远受到文化的形塑”（Kleinman, 1988 : 5）。从F村长期慢性病人的病痛叙述中可以发现，至少有以下两个方面的地方文化力量可资利用：

（一）家庭本位的社会支持体系

家庭是长期慢性病人最主要的生活场所，与家人之间的互动是病人最主要的社会互动。所以病痛造成的失序也在家庭中体现得最为明显，包括经济方面易陷于困境和家庭内部传统分工的变化等；家人负责为病人收集治疗方面的信息，寻找病痛的根源并决定采取何种求医行为；家人负责为病人提供社会支持，包括负担医疗费用、对病人进行日常护理，等等。

在病痛叙述和日常参与观察中，F村的村民都表现出对于“住院”的反感和畏惧。除了住院治疗的费用高昂，经常超出病人的承受能力之外，还有以下几个原因：首先，住院在当地人的观念中是一个很消极的概念，只有很严重的疾病才会住院，患者对住院的第一反应是担心自己的病情已经很严重了；其次则是对离家住在陌生环境中的恐惧和不适应，长年在家的当地人即使走亲访友也不喜欢在亲友家中过夜，离开家置身陌生的医院环境会给他们造成不安全的感觉。在田野调查的过程中发现，村民对于医院的基本印象是：有各种烦琐的手续和检查；伙食不好、难吃；与医务人员之间往往交流困难，等等，所以都十分不情愿住院。但是现在去医院的一般程序都是进去之后先做全身各项检查，之后基本上都会建议住院观察或治疗，这往往给患者造成极大的心理压力。叙述者 AL 说，当得知要住院的消息之后，她开始紧张，致使血压“越量越高”。

“空间”是《再造病人》一书的主线，在现代生物医学即西医最初传入中国的时候，中西医之间冲突的表现之一即是空间冲突。西医以医院为治病救人的场所，将封闭式的医院医疗空间与开放式的家庭医疗空间对立起来，并将传统上由病人亲属担任的护理角色委托给医院的医务工作者（杨念群，2006），“家庭空间的自明合理性在医疗权力的示范作用下被象征性地瓦解了”（杨念群，2006：64—65）。

根据马克斯·韦伯的相关论述，近代西方医疗空间和“委托”制度的产生与基督教共同体与世俗社区的隔离存在渊源关系（杨念群，2006）。而在缺乏基督教世俗二分背景的中国，国人对于空间的感知与西方人是不同的，医院治疗空间和“委托”制一时难以为国人所接受。而当时对于西医“效用”的怀疑则加深了这种不信任和不接受。

有趣的是，在田野调查中，我们发现：在现代生物医学席卷全球，并奠定了权威甚至可以说霸权地位的今天，在中国广大的乡村地区，乡村民众已经对现代生物医学的“效用”深信不疑、膜拜有加，但是对于医院空间的排斥、恐惧依然存在。换言之，虽然人们对于西医效用的认识发生了改变，但是上述空间感却延续了下来。村民对于现代生物医学的态度于是表现为一种近乎矛盾的“敬畏”——一方面承认和相信现代医学的权威，同时，对于医院空间和委托制下取代家属进行护理的医务人员依然存有距离感甚至是恐惧。这种距离感和恐惧源于将病人完全托付给医务人员和医学之后，病人的活生生的病痛体验被客观化为疾病，病人对自己的病情和治疗失去了发言权，取而代之的是医学话语，病人的主体性和自主性由此丧失，失去控制的感觉则被强化了。

所以，对于乡村的慢性病人而言，与从医疗保健体系或其他家庭之外的团体获得社会支持相比，以家庭本位的支持体系对于病人而言更为有益。家庭是中国广大乡村地区最主要的生产和生活单位，病人在熟悉的家庭环境中，受到熟悉的人的照顾和护理，能够减轻心理上的疏离感和失去控制的感觉，有利于病痛和心理失序状态的改善。

为此，应该充分发挥这种家庭支持的优势，坚持以家庭为本位，以现有的乡村卫生室为依托，利用乡村社区中的传统熟人网络，建立乡村医生定期或不定期上门走访、随访的机制，并贯通乡村卫生室与上级医疗机构的沟通交流渠道和转诊渠道，以及时发现问题和加以指导，从而提升乡村地区对长期慢性病人的日常护理水平。

（二）本土观念

1. 本土解释模式

诊断是病痛意义的来源之一，但并非病痛意义唯一来源。作为一种生物医学分类，诊断提供疾病的标签——疾病名称，可以作为治疗的依据，但它却不是解释。而长期慢性病病因复杂、难以明晰的特点也常常导致诊断的缺乏。所以，病人和家属在运用医学诊断的同时或者在缺乏诊断的时候往往还需要借助本土文化观念加以解释，比如将身体不好却又没有诊断解释为“运气”不好，等到什么时候“脱运”了，即脱离不好的运气时自然就会康复了，诸如此类。

人们在面对一件事情的时候总是会寻求一个解释，想要弄清它的来龙去脉，这既是使事情显得有序和可控制的心理需求，也是方便采取相应对策的现实需要。当经过各种检查，现代医学却不能给出合理的解释之后，病人和家属往往会形成自己的解释，使病痛造成的失序状况显得合情理或说得通，从而对病痛的发展保留一点希望和信心，这对于病人和家属都无疑是一种慰藉。

2. 本土善终观

对于慢性病人而言，受苦是生活的一部分。注重病理诊断和治疗的生物医学关注疾病，而并不把核心的病痛经历置于相同的地位。它和大众流行文化一起改变了人们对受苦和死亡的看法，使现代人将病痛和死亡视为人生的失败、视为敌人和可以而且应该避免的事情，并且总是最先想到用专业技术加以回应以解决问题。现代人似乎已经无法接受治疗的限制和痛苦作为生活方式这一现实，善终在我们的社会中变得越来越难（Kleinman，1997）。

然而，现代技术在使我们无法接受生老病死的同时，却无法阻止其发生，慢性病的特质决定了它否认解决，没有终点。生老病死是自然现象，但是人们对于生死的态度却与地域、族群、宗教等因素相关，因文化而异，如“儒家重生安死、道家生死达观、佛家往生极乐”（庄孔韶，2007）；也与个人经历相关，如不同年龄段的人对于死亡的态度也会不同。

中国人的死亡态度具有强烈的伦理性，表现为因道德价值而死的行为受褒扬和鼓励以及“个人生死的家庭家族化”（郑晓江，1999）。死亡的伦理性与“善”、“修身”以及传统的孝悌观念等相结合，决定了对善终的界定和理解。对道德的强调强化了个人的“修身”，以便在盖棺论定时获得好的评价，所谓善始善终，死得其所（李向平，1991）。死亡的伦理性还与家庭内的人伦关系相关，病人的对于善终的期待幻化为一系列关于家人的“愿望”和“牵挂”：如希望看到儿女成家立业，看到孙辈出世的愿望和自己死后家人的生计能否维持，对未成年子女和需要赡养的父辈的牵挂等。在崇尚技术、强调结果的现代社会，我们凡夫俗子或许永远都不能达到“知天命”、“生死达观”、“超越死亡”的境界，但是死亡和病痛经验一样，对于每一个个体而言都有其独特的意义，上述对于道德的追求、对于家人的牵挂即是死亡的意义之所在。对于死亡意义的追求能够减少面对死亡的恐惧和痛苦，从而使死亡变得可以接受。

在F村，有的叙述者将“活到60岁”设定为人生的目标，因为60岁是当地人对“老人”的文化定义，60岁及以上的老人的死亡都可归于善终。为什么是60岁呢？可以有多种解释：比如按照中国特有的天干地支纪年，“十天干”和“十二地支”相互搭配，以60年为一个周期，称为“六十一甲子”或者“花甲子”如此循环往复，周而复始。因此，60岁时人生已经按照天干地支走完一个轮回，达到了一种“完整”或“圆满”的状态，从而成为界定“老人”的标准，也被视为善终之始；现在的人口学上对老龄人口划分的标准之一就是60岁；60岁是退休和领取养老保险的年龄点等。不管怎样，60岁作为人的生命周期中的一个重要界标的观念一直延续下来，对于F村的人们而言，这已经成为一种内化的意识，一种公认的传统，无须理由和解释。

从对治愈的强烈渴望到对善终的期待，病人对病痛的结果有了新的期待。这种期待更易实现，使得病痛的走向和终点显得更确定、更易接受和控制，因而更有利于病人生活世界秩序的重建。从这一个案中我们可以引申出如下思考：在临床治疗中，治愈是唯一的目标吗？当治愈无法实现时，又该如何面对剩下的人生和隐隐逼近的死亡威胁？面对无法治愈的慢性长期病痛，我们必须转变思路，放弃不切实际的目标，思考如何更好地带着病痛生活，如何减轻病痛，如何借助各种力量填补病痛带来的限制和自我渴望之间的沟壑，一点一点重建生活世界的秩序。

概言之，在现实生活中，病痛叙述所建构和呈现的病痛经验既是个人的、独特的，与个人经历相关；同时也是社会的，不仅受到病人所在的社会文化的影响和形塑，也是病人与家属、医务人员等主体间互动基础上的同构。其中，既有积极应对，也不乏迫不得已的妥协。在通过病痛叙述赋予病痛经验以意义从而重建秩序的过程中，结果导向的技术控制和意义导向的诠释这两种途径往往共存共生、相互交织。在F村，疾病的认知和判断，越来越倾向于体检，同时传统的“吃得做得”的健康观依然被广泛采纳；病人需要诊断，以这种生物医学的分类作为说明自己病痛的依据，而在诊断不可得的情况下，也会借助于“运气”“脱运”等传统观念来解释自己的状况；病人选择所谓“国家”医院，但是同时也会尝试各种草药、“偏方”等；病人相信只要有足够的经济条件，现代医学必能还他们以健康，但是在无法尝试或者尝试失败的时候，也会回归到地方文化对“善终”的期待，希望能够“活到60岁”。这说明F村村民的观念中包含了明显的现代社会生物医学的结果导向，试图借助专业技术实现对于病痛的控制；但当治愈的结果由于长期慢性病痛的特质和可利用资源的限制而未能出现的时候，病人也会转向意义寻求，借助于家庭本位的支持体系、解释模式、善终期待等地方观念探求病痛经验的意义，思考人的本质和人的存在的意义，最终实现生活世界的秩序重建。

参考文献

[1] 克莱曼．道德的重量：在危机和无常前 [M]. 上海：上海译文出版社，2008.

[2] 凯博文．谈病说痛：人类的受苦经验与痊愈之道 [M]. 广州：广州出版社，1998.

[3] 凯博文．苦痛和疾病的社会根源 [M]. 上海：三联书店，2008.

[4] 列维－斯特劳斯．野性的思维 [M]. 李幼蒸，译．北京：商务印书馆，1987.

[5] 图姆斯．病患的意义：医生和病人不同观点的现象学探讨 [M]. 青岛：青岛出版社，1999.

[6] 涂尔干，莫斯．原始分类 [M]. 上海：上海人民出版社，2000.

[7] 伍小兰．老年人慢性病的社会人口学探索 [M]. 北京：中国社会出版社，2008.

[8] 夏建中．人类学理论学派：文化研究的历史 [M]. 北京：中国人民大

学出版社，1997.

［9］杨念群. 再造“病人”：中西医冲突下的空间政治（1832—1985）[M]. 北京：中国人民大学出版社，2006.

［10］郑晓江. 善死与善终：中国人的死亡观 [M]. 昆明：云南人民出版社，1999.

［11］陈娜萦，蒙晓宇，王海涛. 我国慢性病防治现状 [J]. 广西预防医学，2000(3).

［12］陈雅萍，何青芳，张洁，赵鸣，俞敏. 农村社区居民慢性病综合防治参与及需求情况调查 [J]. 中国农村卫生事业管理，2009(2).

［13］何雪松. 迈向日常生活世界的现象学社会学：舒茨引论 [J]. 华东理工大学学报（社会科学版），2000(1).

［14］李芳英. 赋予行动以意义:舒茨的意义理论评述 [J]. 重庆社会科学，2004(2).

［15］李芳英. 生活世界：在舒茨的视域中 [J]. 重庆邮电学院学报（社会科学版），2005(2).

［16］王文绢. 慢性非传染性疾病社区综合防治（一）[J]. 中国健康教育，2004(6).

［17］王文绢. 慢性非传染性疾病社区综合防治（二）[J]. 中国健康教育，2004(7).

［18］卫生部疾病预防控制局和中国疾病预防控制中心. 中国慢性病报告 [R/OL].（2006-05）[2010-03-30]. http://www.moh.gov.cn/publicfiles/business/htmlfiles/wsb/pzcjd/200804/20809.htm.

［19］张安玉. 慢性病的流行形势和防治对策 [J]. 中国慢性病预防与控制，2005(1).

［20］张书岭，周刚. 慢性非传染性疾病防制研究回顾与展望 [J]. 河南预防医学杂志，2008(2).

［21］庄孔韶.“虎日”的人类学发现与实践 [J]. 广西民族研究，2005(2).

［22］庄孔韶. 现代医院临终关怀实践过程的文化检视 [J]. 社会科学，2007(9).

［23］GOOD B J. Medicine, Rationality, and Experience: An Anthropological Perspective[M].New York: Cambridge University Press, 1994.

［24］KLEINMAN A. Patients and Healers in the Context of Culture:

An Exploration of the Borderland between Anthropology, Medicine, and Psychiatry[M]. Berkeley: University of California Press, 1980.

[25] KLEINMAN A. The Illness Narratives: Suffering, Healing, and the Human Condition[M]. [S.I.]:Basic Books, 1988.

[26] KUPER A. Anthropology and Anthropologists: The Modern British School[M]. 3rd edition. NewYork: Routledge, 1996.

[27] SOBO E J. Theoretical and Applied Issues in Cross-Cultural Health Research: Key Concepts and Controversies[M]//EMBER C R, EMBER M. Encyclopedia of Medical Anthropology. Vol.1. New York: Springer, 2004.

[28] WHO. Preventing Chronic Diseases: a Vital Investment[R]. Geneva: World Health Organization, 2005.

[29] LIU Xingwu. Han[M]// EMBER C R, EMBER M. Encyclopedia of Medical Anthropology：Health and Illness in the World's Cultures. Vol.2. New York: Springer, 2004.

[30] GEERTS C. Shifting Aims, Moving Targets[J].Journal of the Royal Anthropological Institute, 2005: 1-15.

[31] Kelley P, Clifford P. Coping With Chronic Pain: Assessing Narrative Approaches[J].Social Work, 1997,42 (3): 266-277.

[32] KENAN S R. What Can Narrative Theory Learn from Illness Narratives[J]. Literature and Medicine, 2006,25(2): 241-254.

[33] KIERANS C. Narrating Kidney Disease: The Significance of Sensation and Time in the Emplotment of Patient Experience[J].Culture, Medicine and Psychiatry, 2005, 29(3):341-359.

[34] KLEINMAN A. "Everything That Really Matters"：Social Suffering, Subjectivity, and the Remaking of Human Experience in a Disordering World[J]. Harvard Theological Review, 1997,90 (3) : 315-335.

[35] MIGLIORE S. From Illness Narratives to Social Commentary: A Pirandellian Approach to "Nerves" [J]. Medical Anthropology Quarterly, 2001,15(1): 100-125.

[36] WESTERHAUS M, PANJABI R, MUKHERJEE J. Violence and the Role of Illness Narratives[J]. The Lancet, 2008: 699-700.

[37] ZANER R M. Review of "The Illness Narratives: Suffering, Healing,

and the Human Condition" [J]. The Quarterly Review of Biology, 1989, 64 (1): 101-102.

补记

2009 年，笔者记录了浙江一个小村落中 11 位慢性病人的病痛叙述。虽然论文顺利完成，但对于他们的关注多年来却一直持续。8 年后，他们的现状如何呢?

在部队染上尘肺的 ZC 在医院度过了一段完全依赖氧气生存的日子之后已经过世。因为被鉴定为职业病，不用为医药费担心的 ZC 得到了应有的而且是高质量的治疗，这为他本人和家属都减少了一些遗憾，而平添了些许心理慰藉。

“想要活到 60 岁”以善终的 FB，多发性神经炎依然在恶化，2016 年暑假还遭遇了中风，已经无法随意走动。本着不愿拖累孩子的心理，纵然有种种不便和困难，FB 也没有让孩子留在家中照料，而坚持与同样罹患严重糖尿病的妻子独自生活，生活质量显而易见不说，还存在潜在的风险。以 FB 去年夏天突发中风为例，FB 的妻子在邻里的帮助下才得以将 FB 送往 50 分钟车程外的县城医院。面对突发疾病，时间就是生命，分秒必争，但家到医院如此遥远的急救距离，却隐含着太多咫尺天涯的风险。另外，据其家人说，除了病痛，FB 也出现了比较严重的情绪问题，有时会无端责骂妻子。

患类风湿关节炎的 LX 病情持续恶化，现在已经到了完全无法动弹的地步，穿衣、翻身甚至吃饭这些最简单的活动对于她而言都已经成了不可能完成的事情，最极端的例子是她甚至无力挥动胳膊驱赶苍蝇。每天早上，她的丈夫将瘦弱的她从二楼的卧室抱到一楼的客厅，放置在躺椅上；晚上，再抱回卧室休息。因为还有农活要做，丈夫无法时刻陪伴在侧护理，只能是一日三餐时匆忙回家给她喂饭。LX 的幸运在于丈夫的不离不弃、悉心照顾，但慢性病痛的持续和长期护理的心力交瘁为他们的生活蒙上了阴影。而且，即便 LX 的丈夫已经为了家庭拼尽全力，但也仅能满足病人进食等基本的生活需求，在那些丈夫不在身边的时候，在家中的躺椅上意识清楚却无法动弹的 LX 如何独自面对病痛，是黯然神伤、是无助还是绝望，长此以往，会不会出现抑郁等心理病症，我们不得而知。

患慢性肾衰竭的 JJ 依然在进行血液透析，只是频率从最初的每周两次变成了如今的每周三次，左手臂上因为内置管而留下的疤痕触目惊心。2016年JJ的心脏又出了问题，做了支架手术。因为最近的血液透析中心也在县城，JJ和丈夫不得不长期背井离乡，在县城的医院附近租房度日，一年中只有除夕能回家，第二天就要继续奔赴医院。稍显安慰的是JJ在开始血液透析之后不久，所在的村子就为他们申请了最低生活保障，这一制度本身所能提供的救助款非常有限，一年只有数千元。但成为低保户之后，医药报销的比例就比普通的农村合作医疗报销比例高出许多，血液透析治疗的花费因此大大降低。这也是JJ一家能多年维持治疗的重要原因之一。

11位病人中的其他7位因为病情相对较轻，目前尚没有出现大的病情变化。但因为丧失了劳动能力和部分生活自理的能力，且需要长期的药物治疗，无论对于患者的身心的压力还是家庭的经济压力都将持续存在。

从这些慢性病人的经历中，可以发现：医疗资源的可及性差、医疗花费高昂、医疗保障水平低等依然是乡村慢性病患者需要面对的几大问题，而急救距离太长、专业护理知识和技术以及对于病人心理的关注异常缺乏等新问题也在患者漫长的病程中逐步凸显。与此同时我们也可以看到，家庭在乡村慢性病人的生活中依然处于核心位置，承担着筹措治疗费用、日常护理等重担，但有鉴于慢性病本身的迁延不愈和复杂性以及由疾病引发的其他各种问题，显然不是仅仅依靠家庭就能够解决的。

Disorder and Remaking: The life worlds of the chronic illness patients in rural China

Fang Jingwen

Abstract: With the change of lifestyle and environment, the chronic disease pandemic is getting increasingly severe; not only become the major cause of death among urban and rural residents, but also seriously affect the daily life of the patients.

Chronic illness is living illness experience. It can not be cured, which makes it a part of life once it occurs. Therefore, it inevitably turns patients' life world into disorder and even unmake the life world. However, man can never stand chaos and disorder in a long term. Fortunately, the disorder of life world is not irreversible. Patients who suffer from chronic illness can always remake the life world by giving meaning to their illness experience.

Illness narrative is a story about illness experience told by the sufferer, and it is also a process of giving meaning to illness experience. Based on the interaction among the patient, his or her family and health care practitioners, illness narrative reveals the individual experiences, social culture and universal human values and meanwhile is shaped and influenced by these factors. Patients give meaning to their illness experience through illness narratives, with result-oriented technical control and meaning-oriented interpretation as the two main approaches. Combined with active coping and compelled compromises, the unmade life world due to illness intrusion and disruption is ultimately remade.

Adhered to the biology-culture holism of anthropology and meaning-centered or interpretive methodology, the thesis recorded the illness narratives of patients in a small village in Zhejiang Province, and analyzed the illness narratives with the phenomenological concept "life world". Pain can never be shared, but illness experience can. The conclusion is: result-oriented technical control and meaning-oriented interpretation are the two main approaches of meaning giving. They coexist throughout the whole process of illness recognition and identification, illness explanation, health-seeking and prognosis.

When faced with the intractable chronic illness and resource constraints, while resort to treatment and technical control, the patients also turn to the explanatory model, conception and expectation of good death and family-based supporting system in local culture, so that to find the meaning of illness experience and remaking the life world ultimately.

Keywords: chronic illness; illness experience; illness narrative; order remaking

身体与琴

——对一位斫琴僧人身体实践的文化阐释

张真瑞

内容摘要：古琴在中国有着悠久的历史，它伴随着中国传统士人阶层而兴衰。先秦以来，一直被文人群体视为“修身理性”的重要实践方式。文人们通过围绕古琴的实践活动来表达自身的精神追求和审美需要，古琴早已成为中国古代文人的一种重要精神象征符号。在历代古琴实践的群体当中，还有一部分佛教僧人与中国文人的交叉群体——琴僧。他们也成为古琴实践史上具有一定影响力的群体。为了进一步探索古琴与修行的关系，研究者将以当代一位斫琴僧人的古琴实践活动为例，试从其个人经验与身体感为切入点，以人类学质性研究的方法来细致分析古琴与其实践者在古琴实践中各自意义形成的过程。研究者以参与观察法来参与到该僧人的古琴弹奏和古琴制作过程当中，通过描述古琴实践过程中的个体经验和身体感参与来进一步说明，古琴与其实践者在这一实践活动中都赋予了彼此一定的主体性。通过对该僧人古琴实践过程的详尽观察与描述分析，研究者发现，古琴实践者在古琴实践过程中，经由个人身体经验和身体感的逐步生成，而与古琴产生了互为主体性的重要意义，这也进一步阐释了古琴与琴人的修行关系。

关键词：身体感；个体经验；身体实践；古琴；斫琴

一、绪篇

古琴在中国的雅文化中一直就占有不可忽视的重要地位，因其伴随着中国“士人”阶层的始终，而被不断赋予中国传统文人精神的意涵，以至于最终被推向了“琴道”这一超越其音乐艺术本身的高度。古琴艺术在与中国传统文人群体共同发展的过程中，自汉代就被视作“修身理性”的重要实践方式。与此同时，在开始萌芽的道教和初步传入中国的佛教中，也逐渐有人将其作为各自宗教修行的一种践行方法，从而形成了古琴史上具有重要影响的“方外”琴人群体。

这些古琴艺术的实践者们，从上千年的琴乐实践中逐渐形成一套有关古琴乐器、乐律、乐学，甚至人文历史诸项的综合性知识体系——“琴学”。无论从古琴的乐器物还是其乐曲、典故，无不被其实践者赋予一系列的自我价值和宇宙观，他们以此来作为自己的精神追求，并以古琴实践作为一种象征性表达，以达到其内在性的超越。古琴，已然成为中国古代文人的一个重要的精神象征符号。

但是，古琴何以作为其实践群体的一种重要“修身”方式？他们又是怎样通过一系列的古琴艺术来达到某种自我的内在性超越？我们从卷帙浩繁的琴学文献中或可找到历代古琴实践群体古已有之的一套文化逻辑、价值观念和世界观；也可以像人类学研究传统一样，从历史考察和田野工作中，将其用人类学者自身的文化背景来分析归纳出一套所谓的“客观知识”。可是，似乎这些“自我的文化”和那些“客观知识”都与古琴实践者的日常生活有所脱离。琴学论著中，往往把古琴联系到“上古治世传说”，将“琴”推到一个高不可及的位置，这自然与琴人日常实践的古琴有一定差距；而所谓社会科学的客观视角，也不过是依照研究者自身的一套知识体系，进行关于“古琴”知识的某种建构。以古琴的实践作为一种修行，往往是琴人（古琴实践者）的一种日常行为，是其生活的一个组成部分。在这一系列的实践过程当中，对于一个琴人来说，更多地是通过其身体的经验去感受，将自己的身体投入到这种实践中来完成一种自我的构建与完善。而在这一习得性的完成过程当中，古琴实践者的习得对象并不止于一个独立的知识体系，其更多地包含有可观测和不可观测的层面。[1] 幸而，人类学家很早就意识到了这一点，并且开始关注当地人日常生活中的“身体感”和“身体经验”，从这些难以言说的身体感受中，去寻求文化的本质及其意义。这一研究路径，对于我们从琴人的平实生活中，更为真切地体察他们是如何将古琴实践作为一种修行，颇有借鉴意义；从而帮助我们更进一步地解答古琴实践何以成为琴人群体的一种重要修行途径。

这里，我将以当代一位斫琴僧人的古琴实践活动为例，试图以人类学

[1] 黄剑波：《“祈祷”与人类学的基督教研究》，《湖北民族学院学报》（哲学社会科学版），2016 年第 6 期。

质性研究的方法，从该僧人的生命态身体、个人经验及身体感切入，对古琴与琴人修行关系进行阐释。

（一）历史上的古琴与琴僧

古琴的音韵独特，并且一直以来都作为传统文人的一种精神表达，从中便可窥知中国古代文人的精神追求与审美趣味。早在先秦时期，古琴就已普遍流行于宗庙祭祀和抒情歌咏当中，既可“礼乐相行”又能“怡情养性”；直至两汉，古琴逐渐被文人士大夫建构为一种地位崇高的“道器”，强调其社会功用和音乐品质。古琴艺术在魏晋时期日臻成熟，这一时期儒、释、道各家思想相互交流融合，在魏晋名士们艺术实践的美学思想中逐渐孕育，使古琴开始形成自己独有的艺术精神和审美境界。[1] 自此以后，古琴逐渐成为中国传统文人的一种精神寄托。魏晋以来，古琴见诸历代文人墨客的大量诗词歌咏当中，是中国古人追求山水田园之趣的重要实践形式。

魏晋竹林七贤砖画拓片，图为嵇康树下抚琴[2]

文人在弹奏古琴的同时，也参与到古琴的制作当中。制作古琴的专有术语叫作“斫琴”，“斫”就是用斧头砍削的意思，它生动地告诉人们古琴是由一块木头经由斧头砍削而成。由于前文已提到“琴”在中国历史上因

❶ 李美燕：《琴道：高罗佩与中国古琴》（上册），香港：香港大学饶宗颐学书馆，2012 年，第 1—2 页。

❷ 黄翔鹏总主编，马承源，王子初主编：《中国音乐文物大系 · 上海卷、江苏卷》，郑州：大象出版社，1996 年，第 296 页。

为其弹奏群体的原因，一直以来被传统文人所推崇。他们不仅给琴赋予了种种意象、传说，还要按照自己对古琴音乐的追求来改造和制作古琴器。早在汉代就有关于文学家蔡邕（132—192）斫琴的故事，据说蔡邕从正在燃烧的火堆中抢救出了一块被烧掉局部的木头，并将其制作成一张古琴，由于琴尾部分尚留有烧焦的痕迹，故取名叫作“焦尾”。这个故事影响甚广，以至于现在古琴的琴尾部分常被称作“焦尾”。

而至今还能看到一幅宋代摹本的《斫琴图》，据传是由东晋著名画家顾恺之（约 344—405）创作，描绘了制作古琴的完整过程。《斫琴图》中所绘人物，都是文人形象，他们亲手从一块木板的砍斫到施漆、制弦、制

［东晋］顾恺之，《斫琴图》（宋摹本，左半部局部，现藏于北京故宫博物院）[1]

［东晋］顾恺之，《斫琴图》（宋摹本，右半部局部，现藏于北京故宫博物院）[2]

---

❶ 黄翔鹏总主编，袁荃猷主编：《中国音乐文物大系 · 北京卷》，郑州：大象出版社，1999 年，第 280 页。

❷ 黄翔鹏总主编，袁荃猷主编：《中国音乐文物大系 · 北京卷》，郑州：大象出版社，1999 年，第 280 页。

作部件等流程，旁边扇扇的侍者，还有一旁的观摩者，皆栩栩如生。斫琴，在弹琴文人中自古就是一件极为常见的事情，以至于从现在可以看到的古代琴谱、琴论中大多都会对古琴制作有所记述，大有“弹而优则斫”的传统。

在大量历代琴乐活动的记述当中，有一个群体相当引人注目，那便是“琴僧”。琴僧一般是指以弹琴或从事与古琴有关艺术活动的佛教僧侣，其与历史上的诗僧、画僧等艺僧群体均为喜好中国雅文化的僧人。佛教自传入中国以来，曾经长期面临着与中国同时期的固有文化相互冲突与交融的境况。在这一过程中，传入中国的佛教逐渐有了本土化的发展；同时，中国文化亦有了佛教思想的渗入。而“琴”，作为传统中国文人精神的典型象征物，也在佛教华化的过程中起到了一定媒介作用，从而在历史上产生了“琴僧”这一特殊的群体。

琴僧作为文人音乐与中国僧人的一个交叉群体，在佛教传入中国的华化过程中逐渐形成。但古琴自汉以后，其形制和使用主流群体已基本定型，现在能够看到和流传下来的故事和琴人活动，多与历代文人及文人意趣有关。而琴僧则往往与弹琴的道士还有隐居的文人同被归为“方外”。“方”意指区域 / 范围、世俗礼法，“方外”即指世俗之外、世外，被列入“方外”的人，无外乎也是过着出世生活的人。这其中，僧 / 道都是依照各自宗教信仰及其教派、教法以专志修行的人，而隐士则是脱离仕途，追求山水田园生活的文人；但总体上，他们都是远离世俗尘嚣，而亲近自然山水的。操弄古琴的主流群体——文人，自唐宋以后，基本将“琴棋书画”等文艺活动作为其自身修养的重要组成部分。当然，这种传统甚至可以追溯到更早的先秦时期，被作为当时一种贵族教育的“六艺”。而在诸多极具文人素养的文艺活动中，又常常以追求山水田园之乐，作为入世文人的另外一面精神寄托，“隐士”则是实践这种山水田园之乐的文人群体。而僧人和道士作为佛教和道教的修行人士，特别是具备文人修养的这一类宗教界人士，则兼具其所属宗教信仰追求和传统文人山水田园精神寄托的双重实践。故而，历代僧人群体中，不乏在众多文艺中有杰出成就者，有名的诗僧、画僧、书僧包括琴僧等艺僧举不胜举。

“琴僧”在中国的出现由来已久，最早见载于魏晋时期的一些僧人传记和文学作品当中。[1] 而到了唐宋以后，僧人弹琴似乎成为一件相当普遍的事情。[2] 宋代更是形成了一条传承有序、脉络清晰的“琴僧系统”[3]，他们大量见载于当时的笔记和文学作品中。这当中既有佛教僧人的文人化，又与唐宋以来中国文人中的“禅悦之风”不无关联。[4] 明清以来的琴僧更是参与编撰、校订了不少较有影响的琴谱，对后世琴学发展的影响不可小觑。历代琴僧与文人名士交游唱和，抚琴论道一直被传为美谈，而在新中国成立后的几十年中，历次的运动使得琴僧群体出现了断层，直到 20 世纪 90 年代左右才又开始有僧人参与到古琴的相关活动当中。

1956 年由古琴家查阜西带队的古琴采访小组就在安徽找到了民国就在琴界颇有名气的根如和尚，在其工作报告中称根如和尚那时已经“年近八旬”。而据智藏和尚口述，他在 1994 年第一次与古琴家龚一的电话中，龚一也有提及根如和尚。据智藏和尚转述，龚一年轻时就对根如和尚早有耳闻，就想要拜访请教琴艺。但当时恰值“文革”，打听到根如和尚被下放到农村去改造了，可等到“文革”结束以后再去找，听说根如和尚早已圆寂。在 20 世纪 60 年代至 90 年代初，对于弹琴僧人的记载十分稀少，据智藏和尚回忆他在 1994 年寻找古琴家龚一学琴时，在当时已经算是龚一先生古琴教学生涯中的第一位僧人学生。智藏和尚也可以算作中国琴僧自 20 世纪中后期断层以来，较早出现的弹琴僧人之一。

（二）研究缘起及研究问题

长久以来对中国民间传统文化的热爱，促使我强烈地想要接触古琴这一中国古老的音乐形式。2014 年年底，几经周折，我终于找到了当时在上海郊区一家农场里从事古琴制作的佛教僧人——智藏和尚。农场几乎到了上海市的边界，位于一片村舍中间，田间一个很大的厂房就是他制作古琴的工坊。我看到的智藏和尚并没有长袍大褂、颈腕缠珠，他甚至连言语中也从没有带

[1] 南朝释慧皎的《高僧传》就记载了刘宋高僧释道温（397—465）、麴瞻（368—433）等弹琴事迹。见释慧皎:《高僧传》，朱恒夫，王学钧，赵益注译，西安：陕西人民出版社，2013 年，第 441 页。

[2] 据《宋代古琴文化考论》中载，《全唐诗》中涉及僧人的咏琴诗约占到所有咏琴唐诗的七分之一，琴僧在唐代古琴艺术的影响可见一斑。见张斌:《宋代古琴文化考论》，南京：南京大学出版社，2014 年，第 86—90 页。

[3] 最早系统提出北宋琴僧系统的是，许健的《琴史新编》，而后的《宋代古琴文化考论》《宋代古琴文化研究》里都有详尽地描述。参见许健:《琴史新编》，北京：中华书局，2012 年；张斌:《宋代古琴文化考论》，南京：南京大学出版社；章华英:《宋代古琴音乐研究》，北京：中华书局，2013 年。

[4] 见司冰琳:《中国古代琴僧及其琴学贡献》，北京：中国艺术研究院，2007 年，第 10 页。

过一句“阿弥陀佛”或是“善哉善哉”之类的口头禅。初次见面的简短交谈，几乎都是他一个人在说，印象中只记得他大谈了一番“琴者，所以吟其心”的话。但他很快也对我这个初来学习古琴弹奏的学生提出了一个建议，并要提供相应的帮助给我。那便是，要我自己制作一床古琴，由他提供制作古琴所需的材料和制作指导。在古琴做出来以前，他先借给我一床琴带回学校，用于日常弹奏练习。并且告诉我，以后可以随意去留，不必特意向他打招呼。

我便从一个之前从没有摸过古琴的门外汉，开始了长达 20 个月的艰难古琴制作过程。在此期间，我经常往返于学校和农场之间，与他作坊里的徒弟、往来的琴人及其朋友也有了不错的交情。甚至很多时候，我都更耽于待在农场和智藏和尚所居住的庄园里。特别是这个占地几十亩的庄园，里面有数亩荷塘，遍植百果名木，几只大白鹅摆荡其间。更让我流连的是，经常会有三五好友来此，对月弄箫、把酒言欢、品茗论道、鸣琴咏歌……好像遗世独立的一群人和生活。

而智藏和尚则更是一位特立独行的僧人。我渐而发现他是如此的特别，不住寺庙、不着僧装、喜欢喝小酒，更少见他礼佛诵经，这哪里是一个“和尚”呀？可他要不是一个和尚，又凭什么以一个僧人的身份自居呢？但当他开始教我弹奏古琴时，我又对他有了更进一步了解，发现他原来有那么传奇的人生经历。他出家时便得一代高僧清定上师[1]剃度，还做过一个寺庙的住持；曾师从龚一和李禹贤[2]等古琴家学琴，还被聘为过中国古琴专业委员会的理事；后来还在福建武夷山闭关将近四年之久。而当我认识他的时候，智藏和尚似乎与前面的这些经历没有任何关系一样，而且还鲜少与琴人和僧人这两个圈子的人往来。

智藏和尚，作为一名以修行佛陀教法为志业的出家人，他的修行实践显得如此不同。那他的修行是什么？我看到的，他弹琴和斫琴，算不算佛教僧人的一种修行？回答如果是肯定的话，那古琴和一个和尚的修行是一种什么样的关系？何以弹奏并制作古琴就能成为一种修行方式？我开始想

---

[1] 清定上师（1903—1999），俗名郑全山，浙江三门人。曾任中国佛教协会常务理事，四川省佛教协会副会长，成都市佛教协会会长，成都市政协常委。

[2] 龚一（1941—　），生于江苏启东，中国职业古琴演奏家，一级演奏员、上海音乐学院硕士生导师，中国民族管弦乐学会古琴专业委员会副会长，国家级非物质文化遗产项目（古琴艺术）代表性传承人。李禹贤（1937—2011），当代著名古琴家、音乐教育家、国家级非物质文化遗产古琴艺术代表性传承人、中国古琴学会荣誉会长、中国音乐家协会会员、中国民族器乐学会顾问、福建古琴研究会会长。

要寻求上述问题的答案，便以智藏和尚作为研究对象，通过对他斫琴与弹琴活动的参与观察来考察他是如何做（实践）琴的？如何把斫琴与自身的修行实践相融合？

中国的古琴史上，琴僧历来都起到过重要的影响。历史上的琴僧多见于当时的诗文小品及笔记小说当中，一直到20世纪中叶，琴人当中总有琴僧的身影存在。但在六七十年代，有关琴僧的记述几乎断绝，可谓出现断层。智藏和尚恰巧就是20世纪90年代出现的琴僧之一。作为“入世斫琴”的僧人，修行之于他的日常来说，更多的则是其弹琴和斫琴的古琴实践。我便借着跟他学习古琴弹奏和制作古琴的机会来作为自己的田野工作。需要强调的是，在田野当中，我称他为“师父”，这是一个有多种意涵的称谓，在传统的中国社会中一般用于徒弟/学生对老师的称呼。这不仅因为他教我弹奏和制作古琴，也是中国社会中人们对于僧人的一种常见称呼。

某种意义上，出家当和尚，进行佛教的修行实践本身便可视作永久性的过渡状态。而古琴实践（尤指弹琴）又何尝不是让琴人处于一种与古人的沟通交融当中？[1] 可是，这样一种实践，需要琴人亲身的经历与感受，个人内在的体验很多时候是难以言说的。身体则在琴人的古琴实践中起到重要作用，琴人需要调动自己身体的记忆、经验、感受通过琴来进行自己的修身实践。因此，我试以“身体经验”和“身体感”为切入点，以智藏和尚的古琴实践为例，来细致探索琴人修行与古琴之间的密切关联，并尝试阐释琴人通过古琴来实践修行的意义产生过程，以此来说明古琴实践何以能够成为一种修身理性的活动过程。

（三）理论综述：身体、经验和身体感

1. 身体

本文所用的“身体”概念源自“具身”研究路径，可以明确为现象学意义上的身体认知思想，在知觉现象学中则用具身认知（embodied cognition）这一概念表述。它区别于早些时期更为流行的无身认知（disembodied cognition）思想，笛卡尔的“身心二分”即是最为典型和著名

[1] 在维克多·特纳（Victor Turner）的著作《仪式过程》（*The Ritual Process*）中对于佛教苦修者也有过细致论述；而在之后的研究者司徒安（Angela Zito）的博士论文《身体与笔：18世纪中国作为文本/表演的大祀》中则将乾隆大祀仪式整体作为一个文本，以皇帝的身体作为一个书写文本的笔。从这一点来看，出家修行和参与到古琴实践当中都可看作一个漫长的仪式过程，或是在书写一个不断变迁流转的文本。

的无身认知思想，这种思想“认为人的认知与身体无关、高级认知活动与低级身体活动无关、意向活动与前意向活动无关”[1]，这便成为认知科学和人工智能领域最为重要的研究前提。但是，随着后现代主义反思思潮的兴起，人们越来越意识到“身体”本身作为一种认知基础的重要性是不容忽视的。具身认知作为一种理论范式由此凸显，其强调人的身体一致性，尤以现象学对于“身体”和具身认知的本质认识有着重要意义。现象学意义上的身体，绝非神经生理学和可触碰躯体意义上的身体，而是超越了主客二元分立、物质精神二元分立，“不是纯粹的客体、物质，也不是纯粹的主体、精神”的第三种存在，是“一种主客的统一体、物质和精神的统一体”。[2]

这种现象学层面上的生命态身体思路也不同于后现代思潮中产生的另外两类关于“身体”较有影响力的讨论，即以福柯（Foucault）和特纳（Turner B. S.）为代表的“针对秩序化身体的社会建构论分析”，还有布尔迪厄（Bourdieu）与吉登斯（Giddens）等人所持的“结构化理论中的身体观念”。[3] 这两类讨论，前者将身体置于政治、话语等议题之下作为被规训和控制的客观对象；而后者则强调身体的社会实践与其所在的社会结构间具有一种相互关系。但这两类讨论都是借身体的客观化特征来指向一如“权力”“社会实践”“社会结构”等身体以外更为宏大的社会议题，而恰恰忽略了身体本身所包含的内在生命、情感和感知等特征。知觉现象学则更为强调身体作为行动者切身体验的基础，除了通过其获知意义与知识以外，身体本身也是更为直接的意义存在。这一现象学思路把前两类讨论，从将人的实在躯体以及对其经验的“观念化”，带入直指身体作为一种“现象”的主体这一话语中来；也即就身体本身（具身）面对其所处周遭（具地）所作出的一系列反应和认知。[4] 而这也正是我在文章中通过智藏和尚的个人经验，来探讨其在古琴弹奏和制作过程中与其自身修行的关系。换句话说，是通过智藏和尚个人的“身体感”来试图呈现其与古琴互动中所产生

---

[1] 徐献军:《具身认知论——现象学在认知科学研究范式转型中的作用》，杭州：浙江大学出版社，2009 年，第 2 页。

[2] 徐献军:《具身认知论——现象学在认知科学研究范式转型中的作用》，杭州：浙江大学出版社，2009 年，第 4 页。

[3] 克里斯·希林:《身体与社会理论》，北京：北京大学出版社，2010 年，第 220 页。

[4] 参见张连海:《感官民族志：理论、实践与表征》,《民族研究》2015 年第 2 期。其文中引用加拿大人类学家戴维·豪斯（David Hoes）的话，将这一趋势称作“感官转向”（sensorial turn），即从“身体观”到“身体感”的话语转向。

的意义。

人类学对于身体感（bodily experience）的研究是在身体研究的基础上进行的，早期人类学家对于身体与身体感的研究多囿于身体和心智二分的思想框架，这一点我们可从大量讨论人类心智的文本中瞄出端倪。如人类学家罗伯特·洛伊（Robert Lowie）在讨论个人身体在宗教经历中的可变性时，就分析了被感官类型支配的身体表现，尚以身体和感官的二元视角作为解释框架。[1] 但法国人类学家马塞尔·莫斯（Marcel Mauss）早已在其著作中对于“人的观念”和“身体能力（body technique）”进行关注，他强调身体的社会性，认为自我和个人思想是由社会建构的。其所提出的身体能力，非专指一种专业技术或某种特定的技能，更可指一般人不自觉的身体习惯，这种身体习惯便是在其生长的社会文化中熏陶养成的。他还举了英法两国人走路的姿势不同和毛利女人（新西兰）走路步态的例子以作说明。[2]

随后的玛丽·道格拉斯也同样关注到了身体的社会属性，她认为不同社会中身体的状况依赖于其社会组织特征的状况。在其著作《自然的象征》中，她将身体作为一种表达媒介和身体的表达技术来理解，并认为人们为了其身体在不同环境中达到和谐，则不断以身体与其他媒介做出相应调整，从而导致不同身体行为的产生。她还卓有创见地将物理身体与社会身体作为一个整体来看待，为反思身体与文化的关系提供了重要的理论基础。[3]

2. 经验

1986 年，维克多·特纳（Victor Turner）和 E. M. 布鲁诺（Edward M. Bruner）合编的《经验人类学》（*The Anthropology of Experience*）明确强调，人类学家必须关注“经验”，认为我们的研究不应只呈现口头上的文化观，而更应该给出一个真实鲜活的文化观。布鲁诺认为，事实、经验和表达（reality，experience，expression）三者并不等同。当地人把他们自己的经验告诉人类学家，再经人类学家以自己的经验和理解来建构当地人的世界。但是，经验和事实、表达的言语之间都具有一定差别，特别是被人类学家总结归纳出来的理论框架和范式，则使人类学家的田野经验失去活力，

[1] 胡艳华:《西方身体人类学：研究进路与范式转换》,《国外社会科学》，2013 年第 6 期。

[2] 马塞尔·莫斯:《社会学与人类学》，佘碧平译，上海：上海译文出版社，2014 年，第 399—340 页。

[3] 杰里·D. 穆尔:《人类学家的文化见解》，欧阳敏、邹乔、王晶晶译，北京：商务印书馆，2009 年，第 127 页。

往往脱离于当地人和人类学者自身的文化经验。[1]

E. M. 布鲁诺还对人类学者所要处理的经验进行了细致分析，人类学家所要处理的经验乃是个人在其行动后经过自我反思的结果（包括行动、感觉、认知、记忆 / 印象、期待、启示等）。个人经验经其表达而成为集体经验，如不同文化中的神话传说和仪式等都是经由其多个世代所积累的经验表达，已然由个人经验成为一种集体的文化经验。而个人在每次形成新的经验过程中，也会以集体经验来理解和认知自己的个人经验。他认为，经验人类学即是研究个人在其文化中如何体会和实践文化的经验[2]。而对于特纳来说，文化是作为经验存在的，且只在实践时发生。他同时还强调文化的象征本质，而象征的使用及其意义的创造却都处于公共的社会性互动之中，这也进一步阐明了个体经验与集体经验的相互过程。这与本文要论述的材料刚好契合，古琴在上千年的实践中早已被历代琴人总结出一整套丰富的集体经验——“琴学”，而一个琴人在弹奏琴曲和实践古琴的过程，正是经验人类学所关注的典型经验过程。

差不多同时期的格尔茨（Clifford Geertz）认为文化行为是意义和符号间互动的产物，这一点与特纳对文化象征性的强调如出一辙。他还提出将常识（common sense）视作一个文化体系[3]，并将文化作为文本，旨在呼吁人类学家回到当地人的日常生活，并从意义或象征体系的径路出发，将某一事件置于其具体文化行动者的特定意义编码中去解释[4]。从这一径路来看，事物的意义和个人经验的意义都可用文化来解答，而象征符号在这里起到了关键性的作用。当我们将目光投射到某一文化或社会中的常识上时，则发现格尔茨所说的“常识”与特纳等人所关注的“集体经验”有些许共同之处。格尔茨强调要用“地方知识”（local knowledge）的宇宙观来阐释当地人的行为，以得到对其更为彻底的理解。尽管如此，他也仍然将对文化的阐释建立在文本化基础之上，而作为地方知识的常识，更多时候在被化

---

❶ Bruner, Edward M., “Experience and its Expressions.” in Victor Turner and Edward M. Bruner eds., *The Anthropology of Experience*, Urbana: University of Illinois Press, 1986, pp.3-32.

❷ Bruner, Edward M., “Experience and its Expressions.” in Victor Turner and Edward M. Bruner eds., *The Anthropology of Experience*, Urbana: University of Illinois Press, 1986, pp.7-21.

❸ 吉尔兹:《地方性知识：阐释人类学论文集》，王海龙，张家瑄译，北京：中央编译出版社，2000 年，第 93 页。

❹ 杰里 · D. 穆尔:《人类学家的文化见解》，欧阳敏、邹乔、王晶晶译，北京：商务印书馆，2009 年，第 249—250 页。

约为语言或文字的过程中就已经被误解并出现理解偏差了，真实而鲜活的地方知识应当需要身体感受的经验。

3. 体物入微的身体感

人类学对于身体经验和身体感的关注，随着知觉现象学的兴起，而越来越被学者所重视。2008 年，台湾人类学者余舜德主编论文集《体物入微：物与身体感的研究》，将原用于比较医学史研究中用以指称身体经验的焦点或范畴的“身体感”一词推展出来，意指身体经验与感官经验，尤其是如中国文化中的“虚”“气”“烦”等难以用五种感官（视觉、嗅觉、听觉、触觉、味觉等感官经验）进行区分定位的综合身体经验。余舜德认为，“将之称为身体感，而非感觉或观念，主要原因在于这些感觉项目充分内化于我们的身体，形成身体能力的一环，能够因为文化的培养或适应环境而有部分能力上的差异……身体感项目之间的体系性关系，是人们解读身体接受到的讯息的蓝本。”[1] 他将莫斯提出的“身体能力”概念进行延伸，意指不同文化中的人，在各自文化中习得的一种能够感知外界、适应环境并且调适身体与外界的能力。

可是，无论是格尔茨将文化作为文本来进行细致深描和阐释，还是余舜德等人提出的“身体感”都为研究带来了相当大的难度，即在实际研究的操作层面难以实现。幸而，余舜德为我们指出了一条可称为“体物入微”的研究路径，他将关怀重点落在“物如何拥有意涵”（how thing come to have meaning）而非“物的意涵为何”（what things mean）上，强调“物的意涵非来自于既存之文化的赋予，而是来自于体物入微的过程，所以‘物如何拥有意涵’所关怀的是：文化如何体现于体物入微的行动之中，而非如何将物放于既存之文化体系中诠释的课题”[2]。“体物入微”与个人及群体“体物”的身体能力有关，体物的能力使得个人和群体感受 / 理解其周遭世界成为可能。因此，这里强调身体之于物的主体性关联。而物也具有一定内在质性（inherent properties），即所谓“物性”，他将其定义为“人们发掘 / 应用物的特质而呈现之物质特性与功能”。这种物性的确是在一定文化脉络中决定的，但却不是任意的，而是有其本身的内在特殊质性，且不能被文化简单化

---

[1] 余舜德：《从田野经验到身体感研究》，余舜德主编：《体物入微体物入微：物与身体感的研究》，新竹：清华出版社，2008 年，第 15 页。

[2] 余舜德：《从田野经验到身体感研究》，余舜德主编：《体物入微体物入微：物与身体感的研究》，新竹：清华出版社，2008 年，第 37 页。

约。[1] 由此可见，在体物入微的过程中，身体与物是互为主体性的关系。

身体经验和身体感在行动者与物的密切互动过程中形成，是极其内在的、个人的过程，但却与社会、历史的过程也有密切关联。个人与物的互动，往往伴随创造、制作还有消费的过程。在这一过程中，人的身体习惯也随着因其改变的物质环境的转变而转变，形成新的身体感和身体经验，这又继续影响其新一轮的与物的互动过程。

当然，对于人类学这样一个研究群体或人群的学科来说，做一个人的研究能否具有一定代表性或说明意义也许是学科内研究者最为关怀的问题。但这个问题也许从社会学先驱涂尔干（Emile Durkheim）开始就早已被强调并试图被解决，因为人始终处于社会和文化的时空当中，当一个人作为社会个体从中经过时，始终会在其身上留下痕迹。虽然文章目的并不在于探讨个体与社会/文化间复杂而宏大的问题，但毫无疑问，古琴作为一种音乐被个人创造和体验，同时又建构于历史的过程必然可以说明这一点。而将研究对象落脚于一个人的时候，更有利于身体经验和身体感，在古琴这门综合艺术体验上的细致分析。[2]

由此看来，在体物入微的过程中，身体与物因其各自所负的身体能力/身体感和物性而互为主体性，体物的过程在无形中也成为社会、历史过程的有机组成部分，这便成为本文的理论基础。智藏和尚作为一名斫琴僧人，他对古琴这一具有本身内在物性且负有自身意涵的“象征物”进行相关实践的过程，正是对体物入微过程的现实演绎。

（四）田野过程

除了查找和爬疏琴学典籍与当代古琴相关研究文献，我在研究和写作中参考的大量资料均来自于我的田野工作。

我的田野工作主要运用参与观察，伴有少量深度访谈。除了跟随智藏

---

[1] 余舜德：《从田野经验到身体感研究》，余舜德主编：《体物入微体物入微：物与身体感的研究》，新竹：清华出版社，2008 年，第 27 页。

[2] 美国民族音乐学家蒂姆西·赖斯（Timothy Rice）在其著作中曾对“音乐体验”下过这样的定义：音乐体验是一部个体接触音乐符号世界并在此寻找自我的历史。这部历史包含的，不只是一些构成个体生活的实时的、未经剖析的、知觉的素材。更深层次地说，它还包括引发解释的分离性和衍生新理解的挪用之间的辩证运动。见蒂姆西·赖斯：《愿它充满你的心灵：体验保加利亚音乐》，黄婉，吴艳，黄泉锋译，上海：上海音乐学院出版社，2011 年，第 8 页。关于相关理论与方法参见爱弥尔·涂尔干：《宗教生活的基本形式》，渠东，汲喆译，北京：商务印书馆，2011 年：刘琪：《命以载史——20 世纪前期德钦政治的历史民族志》，北京：世界图书出版公司，2011 年。

和尚及其往来歇歇堂（智藏和尚古琴制作坊的名称）的“琴友”学习古琴的弹奏和与古琴有关的基本知识以外，我还在智藏和尚及其徒弟们的指导下，用时一年半时间亲手制作了一张古琴。在从事古琴弹奏与制作的过程中，我基本上是和他们生活在一起的，所以大量材料的收集往往是在大家共餐、饮茶、散步、闲戏或是与智藏和尚及其朋友们的“小型即兴音乐会”中进行的。在如此长久的相处与共同生活中，有过数次可以让人超越时空的情境，只有在那一个“当下”方才能够充分感知周遭人事的身体表达。这也许是我将自己的身体体验置于智藏和尚古琴修行实践的中心位置所导致的结果，而这正是我参与观察的核心目的之一。

围绕“古琴与身体”进行田野研究，首先面临着诸多身体体验所无法言表的困难。如智藏和尚在弹奏或是品鉴一张古琴的时候，古琴所传达出来的声音往往是难以言说的，有时甚至脱离了现场的情境就无法感受到当时古琴声音中身临感知的微妙隐喻。古琴制作过程中所投入的多种身体感官，也根本不是一时一刻就能够完全把握和理解的。在长期的实践与观察中，我开始慢慢建立斫琴与琴音品鉴中所涉及之感官知识和理论知识间的联系。

参与到智藏和尚的日常生活中，是非常不同于当代都市人的一种特殊体验。他住在都市郊区一处占地数十亩的私人庄园里。除了两幢别墅，院子里有很大的一片果园与长满荷花的池塘。破晓时分，往往伴随着隔壁村中的鸡鸣与智藏和尚的尺八声，几只大狗撒花儿冲出别墅，在草地上狂奔！我与他及他的徒弟和工人们围坐共进早餐，然后大家各司其职地开始工作。我除了制作自己所要完成的古琴外，还帮助古琴坊做些力所能及的杂事，也经常跟在智藏和尚身后检视古琴制作的每一道工序，或者站立一旁观察他及其徒弟们制作古琴的具体过程。饮茶也是每天的日常，午后与晚饭后几乎每天都有不同规模的茶席，我常常处于茶几的中心位置负责泡茶。在饮茶中，我们共同参与到某一话题的交流中，这些交谈往往伴随参与者琴、箫或尺八等乐器的即席奏鸣，抑或有诗词唱咏、往昔追忆等活动。围绕这些以饮茶为中心的活动，还有我们所有参与者情感的互换和相融，语言以外的肢体动作、音乐、诗词等多种形式的表达，在茶席中获知的一切体验构成了田野资料的主体部分。

智藏和尚居所的小型集会（琴友 摄）

所以，我的田野工作，是在言语、动作、声音、气味、味道、图像等等多种感官的共同参与下完成的，更是对整合这一系列感官体验、情绪及物质对象的感官民族志方法论上的实践活动。面对这一系列难以言表的田野材料，将其写作成文对于我来说，简直是一项挑战！但也正是通过文字的写作过程，我才能够把这一系列身体体验更好地整合并且分析，以达到对智藏和尚身体体验过程的更好理解，从而使得我所要讨论的“古琴与身体”关系能够更为细致清晰地呈现出来。

我选取智藏和尚，作为琴僧断层以来出现的早期人物，非止于琴僧层面的探讨[1]，而在于透过细致触摸其与古琴互动的过程。就之前对琴僧的研究，多将研究范围落于古代琴僧。从学科视角来看，以民族音乐学学位论文居多，间或有古代文学领域的少量研究，而对于当代琴僧关怀或探究者并不多见。再则对于“琴道”“修行”的文献多见于传统琴学范畴，可见从个体经验和身体感来细致解析古琴与修行之间关系的研究课题，对于当代

[1] 在此之前，早有数名研究者从不同角度，对“琴僧”群体做过相关考察和研究。见司冰琳:《中国古代琴僧及其琴学贡献》，北京：中国艺术研究院，2007 年；孙小迪:《参禅操琴修心明性——琴禅美学思想研究》，西安：西安音乐学院，2011 年；涂雅蓝:《唐代佛道领域琴之传播研究》，武汉：华中师范大学，2013 年；董孟孟:《北宋琴僧师承体系琴乐传习研究》，武汉：华中师范大学，2014 年。

琴僧研究以及古琴修行研究有着极大的可探索空间。

在古琴上千年的历史中，早有无数琴人在弹奏、制作、度曲、记录并讨论它，甚至中国历史上的不少典故都与古琴有关，在如此丰富且悠久的古琴文化中，其核心便在于琴人与琴的关系，以及二者相互依存的重要意义。因此，文章将选取智藏和尚学习并成为一名琴僧的经历、他弹奏古琴及其对琴曲意境理解和阐释，还有制作古琴这三个片段，来实际呈现智藏和尚与琴互动的过程，进而用以说明他是如何将自己与古琴的互动过程作为一种修行，并在这种过程中不断完善对于自我的建构。

二、习得实践古琴的身体能力

实践古琴的前提是要从古琴的集体经验中获取个人对于古琴的感知，并在逐步实践的过程当中，结合自己的个人经验而形成一套自己对古琴的综合性身体感。因此，本章将从古琴的历史中综合描摹这样一个关于古琴的集体经验，并论述智藏和尚习得古琴身体经验和身体感的细致过程，为后面章节的进一步论述，做一个重要铺垫。

（一）学琴、教琴、研琴：一位琴僧的养成

智藏和尚俗名李秋实，1969 年出生在中国的东北；1991 年遁入空门，正式成为一名中国佛教僧人，在这一时期他痴迷于中国山水画与书法、篆刻。为他剃度的是当时中国佛教界受人敬仰的成都昭觉寺清定上师。虽然是被高僧剃度，但他起初并不是因为信仰佛教而出家，而是因为一些尘世俗缘与对历代画僧的追慕而成为一名僧人的。后来，他又在著名的佛教丛林——厦门南普陀寺中常住，就读寺里的佛学院，才逐渐开始对佛法 / 佛学有了一定认识，后来他还成为漳州一座寺庙的住持。在此期间，他还开始跟随一些当时的古琴家学习古琴弹奏，并开始从事古琴的教学与制作。凭借自己在艺术上的天赋，他的琴艺进步很快。智藏和尚 1994 年开始学琴，2001 年已经被聘为中国古琴专业委员会首届理事会理事。那时候，他还经营一个寺庙园林景区的开发项目，但最终因为经营不善还有自身修行上的种种原因，陷入了严重的经济危机。与此同时，他在武夷山经一位僧人指点，选择放弃寺庙与社会上的一切职务，于 2006 年开始他为期 44 个月的闭关修行。2012 年智藏和尚来到上海，借住在朋友的庄园中，开设了一个小型的古琴制作坊，以古琴制作为生。

1. 学琴

20 世纪 90 年代初期，出家不久的智藏和尚作为一个多才多艺，又能够在寺庙里承担多项工作的有为僧才，已经在寺庙中算得上一个“人物”。但总有一些机会，使他想要学习古琴弹奏，并且成为一名“青年僧侣古琴演奏家”。

智藏和尚最初想要学习弹奏古琴，就是因为他在寺庙中听到过有人用磁带播放古琴曲。可是，在 20 世纪 90 年代的厦门，根本就找不到一个古琴老师，后来终于找到可以教弹古筝的老师，他就勉强开始学习古筝。幸而当时也与南普陀寺隔壁的厦门大学师生多有往来，经一位僧人介绍，智藏和尚认识了在厦门大学音乐系任教的古埙演奏家赵良山先生。赵良山帮他找到了曾任上海民族乐团团长，受聘于上海音乐学院的客席古琴老师龚一先生，并为其写了一封很长的推荐信。赵良山告诉智藏和尚，龚一老师在电话中已经答应教其古琴弹奏。去前，智藏和尚先给龚一打了一个电话。据他回忆，当时他和龚一老师在电话中通话足有三个多小时，龚一提到古琴与佛门的关系，还提到了民国著名的琴僧根如和尚，并且表示非常乐于教他弹琴。

当时，南普陀寺的住持是妙湛法师。妙湛法师兼任闽南佛学院院长一职，非常注重对僧才的培养，准他三个月的假去学习古琴。智藏和尚把自己负责的多项工作交接完成后，在寺中上海居士的帮助下，他很快在上海找到了住处。就这样，他每天去龚一家中学琴，龚一去上海音乐学院上课时也经常带着他一起。这三个月间，智藏和尚学习了古琴弹奏的基本技法和要领。期间，龚一还带他去南京参加其另外一名学生马杰的个人音乐会，结识了福建著名古琴家李禹贤。李禹贤当面将智藏和尚收为自己的学生，并让其日后来福州找他学琴。

智藏和尚回到厦门南普陀寺，接管了庙里剃头的工作，并开始去福州跟李禹贤学习古琴弹奏。虽然在古琴弹奏中才刚刚入门，但已经有人打听到在厦门的南普陀寺里有个和尚会弹古琴，慕名来学琴。就这样，智藏和尚 1994 年开始学琴，1996 年在厦门创办潮音琴社，开始教人弹琴。由于教学水平和教学经验的不足，甚至有学生的琴艺在短期内已经超越了自己。智藏和尚于是便请自己的老师李禹贤、龚一等古琴家到厦门做短期教学。

智藏和尚常常在与人交谈间提到，若不是当年因为琴的因缘结识到那么多文学艺术领域都比他有成就的人，也不会有他的今天。智藏和尚本身的学历并不算高，在家乡连初中都没毕业就出来打工。可是进入厦门南普陀寺后开始阅读佛教经典，又因为古琴而接触到诸如厦门大学文史哲方面的师生，开始不断地受其影响，逐步完善自身的人文素养，为自己日后弹琴写诗奠定了基础。

2. 斫琴

有人来学琴，就需要有琴才能弹奏。起初，学生们就托智藏和尚去外地帮忙选古琴。时间久了，智藏和尚索性开始代售古琴。按照行业内部规则，古琴的生产制造者往往会给负责销售古琴的老师低于市场价的批发价，这样卖琴者则从中有一定的利润可图。随着学琴者数量逐渐增多，智藏和尚便在全国各地找寻古琴制作者，以便为学生和自己找到更好的古琴用以弹奏。

但买来的古琴总有质量问题或是有一些令人不满意的地方。有的琴做工不好，甚至有质量问题；有的古琴音色和弹奏手感不太令人满意；还有的琴造型不够美观，做工粗糙拙劣。智藏和尚开始是返厂修琴或调换新琴，可随着经手琴数的增多，这样的问题越来越多。1997 年，台湾斫琴家林立正来到厦门找寻做琴材料时与智藏和尚相识，智藏和尚便把古琴质量问题的烦恼告诉了林先生。林立正听说后，建议他不如自己做琴，索性自己解决这类问题。林立正并告诉智藏和尚，做琴所需要的材料、工具以及工序，还有古琴发音腔体的处理方法，等等。智藏和尚便在林立正的启发下萌生了自己做琴的想法。他先是拜访一些过去卖过其琴的古琴生产者，想要跟他们学习交流做琴的具体方法和步骤。可是多数制琴者都不太愿意传授做琴手艺给外人。也有一些人愿意传授，但明确告诉他，做琴主要还是凭借自己的感觉和经验，而不是可以量化的数据能够说明的。比如现在告诉你这块木头的处理方法，但遇到其他不一样的木头时，处理方式则要凭借个人的经验来判断，这种经验不是一时半会儿能够教会和学到的。直到 3 年以后的 2000 年，智藏和尚才开始真正动手制作古琴。既然没有人教，只能自己摸索。他现在想起当时做琴的过程，十分笨拙，经常觉得好笑。可即便如此，他第一批琴做了十多床，每床能卖 8000 多元人民币，在当时算一笔不错的收入。

智藏和尚从做琴中得到了甜头。2002 年地方电视台为其制作纪录片时，有记者问他做琴的动力是什么时，他回答是生存问题。做琴可以卖钱，卖钱就能养活自己。当时，他已经是福建漳州一座寺庙的住持。但他从来不认为当一个和尚就可以随便接受信众的供养和红包，总是觉得自己动手赚取的钱物用起来更为心安理得。纪录片在地方电视台播出造成了不小的影响，这使他接触到当地的一位木材商人，他们合伙在厦门创办了一个叫“百纳琴堂”的古琴加工厂，一次可以生产数百床古琴。古琴的产量暴涨，带来了销量跟不上的困难。他们就从各地请有名的琴家来厦门参观交流，提升自己产品的知名度，同时谋求与各地古琴老师的合作。

但这样的商业化运作逐渐引起了智藏和尚的厌倦。那时他自己所驻的寺庙还在经营一个古琴文化园林项目，由于经营不善，还被人骗去一些款项。无奈之下，他只得放弃一些产业，舍弃一切社会职务，到武夷山进行闭关。

智藏和尚与当时武夷山天心永乐禅寺的住持泽道大和尚约定闭关 3 年，闭关期间可不断绝互联网信息，并且允许其在关房内制作古琴。至于闭关所要做的事情，泽道方丈并没有进行规定，由智藏和尚本人决定。智藏和尚起初百无聊赖，在关房内无所事事，后来逐渐适应，开始做琴、写小说。从 2006 年到 2009 年 3 年期满，他并不愿意出关，又延期了 8 个月时间方才出关。

智藏和尚出关后穷困潦倒，幸得朋友帮助，才最终在上海朋友的农场里得以安居，并开始自己新一轮的古琴制作事业。我遇到智藏和尚已经是他定居上海的第五个年头。他的这些经历显得非常传奇和曲折，从一个在寺庙里打板、煮豆浆、扫厕所的小和尚，逐渐成为寺庙中热捧的青年琴僧；后来成了一个寺庙的住持、中国古琴专业委员会的理事、一家古琴作坊的合伙人、一位“青年僧侣古琴演奏家”；再后来经历漫长的闭关，重新开始自己新的斫琴、弹琴和修行生涯……智藏和尚在社会上和个人所在群体中往往处于几个群体的边缘，这不仅使其在社会中毁誉参半，其个人对自身的身份也往往有所纠结和矛盾。这也许可用玛丽·道格拉斯（Marry Douglas）在其著作《洁净与危险》中所提出的观点来解释，也就是智藏和尚本身处于各个群体的边缘，他变成一个无法被划分的人，这导致了其身份的矛盾与纠结。[1] 从后文中可看出，这种纠结的个人经验累积，对于他对

[1] 参见玛丽·道格拉斯:《洁净与危险》，黄剑波、卢忱、柳博赟译，北京：民族出版社，2008 年。

古琴曲的解读有着重大影响。

那么，弹琴和斫琴对于智藏和尚究竟意味着什么？他从事这一系列与古琴有关的活动和他佛教僧人的修行志业又有什么内在关联？他的古琴实践何以成为其修行的重要过程？在后面的章节里，我将从智藏和尚弹奏古琴，并对古琴音乐意境的理解出发，来阐释其弹奏古琴的个人经验与身体感必备；还有其在制作古琴过程中，所产生的人与琴的互为主体性关联。

（二）“普庵”意化

从长期的田野来看，《普庵咒》作为一首少有的，且广为流传的佛教主题琴曲，对于每一位弹奏该曲的僧人总有某种特殊意义。我试图从智藏和尚弹奏《普庵咒》的经历中，联系牵扯出他在厦门南普陀寺内的僧人生活；这种时空上的回忆与体验，则是智藏和尚理解并且表现该琴曲的前提和基础。也正是基于他的个人经验，才有了他不断对他人讲述和演绎的琴曲意境。

1. 南普陀寺中的“普庵”意象

关于厦门南普陀寺中的“普庵”意象，我已经在多种场合听智藏和尚以不同的方式讲述过了，多数情况下，他是边弹边讲。作为一个佛教徒，弹奏一首佛教主题的琴曲再正常不过了。但每当弹起《普庵咒》时，智藏和尚总会跟听琴者讲起自己当年在厦门南普陀寺的生活体会。

1992 年，刚刚出家不久的智藏和尚来到厦门南普陀寺，开始了一个出家僧人该过的正常生活。由于家庭经济的原因，他在寺庙中担任了众多的工作，每一项工作都有相应的津贴可以领取。他在南普陀寺中做的第一项工作就是打云板，这项工作他一直做了 3 年而从未间断。云板是寺庙里早上第一个响声，也是晚上最后一声响动。在汉地寺庙中，每天早上先敲云板，再敲鼓，最后敲钟；晚上则是先敲鼓，再敲钟，最后敲云板。在当年的南普陀寺中，如果有法事，则要凌晨 4 点半上早殿，没有法事则 5 点上早殿。智藏和尚大约每天 4 点半绕着寺庙一周敲云板。

他经常讲述自己敲云板所遇到的各种天气状况，秋冬之际，一个人提着云板，在风雨中凄凉地敲着云板。春天则清风徐来，提着云板略带暖意。他说有一天他从南普陀寺大殿回来，经过一个小池塘，池边有几株高大的木棉树。早上经过时还不曾发现，敲板回来则看见木棉树下落了满地的红花。刚好前一天晚上风雨交加，正应了一句古诗“昨夜山风急骤雨，今朝落花满地红”[1]。落在地上的花瓣被车子压过，被人扫过、踩过，花瓣就浸入到泥里，让人觉得感伤。也有清风明月的时候，寺院里显得格外宁静、庄严。古典园林的建筑给人一种律动感，在心中凝固，内心显得十分庄重。这个时候，清风拂过挂在檐下的铃铎。

有一天，他站在天王殿门口，刚准备要敲板，看到竹影摇曳，月光把竹子的影子印照在墙上摇来摇去，他就联想到一句“竹影抚阶尘不动”来。这时在大雄宝殿和天王殿中间，一阵微风吹过，殿上的铎被吹得叮当作响。自下而上地吹，越往上，铎的声音越轻，似乎是有一种律动感。当时，他正在学习弹奏《普庵咒》这首琴曲，一下就想到这个声音像极了《普庵咒》中的一段泛音 3 56 | 2 6·532 | 1̇ 2 |，这声音去了又来，若隐若现，当时就对《普庵咒》中这段泛音很有感触。他感觉非常宁静、温馨，也很超脱和肃穆。

智藏和尚还在一段讲述中提到，“有一回晚上，我打完板，提着云板往回走。路过一个小池塘，池水流动，非常清澈。随着水面细小的波浪，水中的月亮也跟着轻微地摇晃，‘月沉潭底水无痕’，非常沉静、安宁。所以弹《普庵咒》时不能快，不能飘，要沉下来……”[2]

《普庵咒》，又叫《释谈章》。现在能够看到最早的《普庵咒》琴曲谱本是明代张德新编撰的《三教同声》（1592）。据《存见古琴曲谱辑览》中的统计，《普庵咒》这首琴曲分别以“普庵咒”“悉昙章”“释谈”“仙曲”“释谈章”等为曲名，出现在34个不同的古琴谱集或谱本中[3]。而在中国的传统音乐中，以《普庵咒》为曲名、曲牌的远不止古琴曲，它还出现在丝竹、弦索、鼓吹及琵琶大曲等各类中国传统音乐中。但就“普庵”“释谈”这样的关键词，不难让人联想到中国佛教史上出现的普庵禅师，以及至今都在中国汉地佛教寺院中每日念诵的《普安大德禅释释谈章神咒》。在现存收录《普庵咒》的明清谱本中，多数谱本在其曲谱的题解中都有提到该曲是按照普庵禅师的咒语，依据其梵呗谱曲到古琴之上的。而在众多的谱本中，还见到了在谱侧附有类似于梵呗字母的咒辞。

且不谈《普庵咒》是否真的来源于普庵禅师的咒语，但就这首琴曲的演奏现状，以及其存在的诸多话语来看，的确与佛教有着千丝万缕的关联。现

[1] 并未查到诗句出处，恐为智藏和尚自己吟写。

[2] 材料引自田野资料“20170314”录音，采录地点：丰泽湾55号，智藏和尚与客交谈内容。

[3] 查阜西编纂:《存见古琴曲谱辑览》，北京：人民音乐出版社，1958年（2016年重印），第27页。

今流传最为广泛的两个琴曲版本分别是出现于 1956 年出版的《古琴曲汇编》（第 1 集）中夏一峰（1883—1963）演奏的琴曲和载于 1962 年《古琴曲集》（第 1 集）中溥雪斋（1893—1966）演奏的琴曲。这两个版本分别是 13 段和 12 段，乐曲结构上相差无多。智藏和尚弹奏的正是溥雪斋版本的《普庵咒》。

琴曲从一声震颤的撮音开始，声音开始回响，使整个环境安静下来。然后，一个接一个的撮音缓缓地出现，渐而有几小节有如金石声般剔透的泛音，给人一种庙堂音声之感，庄重而肃穆。乐曲从而进入整首琴曲的一个较为固定的旋律，第三、四段中的旋律（见谱例 1）在之后的整首乐曲中多次重复再现。先在低音区重复，再移到高音区，中间经过几小节的泛音，又重回到低音区，直到琴曲的结尾部分。在《天闻阁琴谱》中有这样一段话来评价《普庵咒》这首琴曲，“此操……音韵畅达，节奏自然。夜弹之逼真暮鼓晨钟、贝经梵语，如游丛林，如宿禅院，令人身心俱

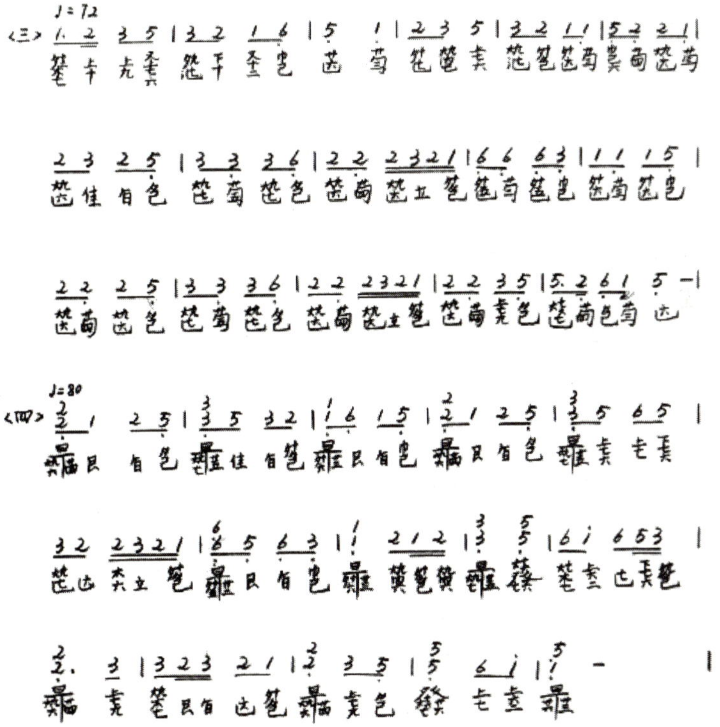

谱例 1：智藏和尚所弹《普庵咒》琴谱（第三、四段）

静，可谓平谓（调）中第一操也。”❶ 这正契合了智藏和尚对于该曲的意境阐释。

智藏和尚的讲述，为我们展现出一个非常宁静的中国古刹寺院景象。这样多种感官的体验也促成了他对于《普庵咒》琴曲意境的理解。从这种理解出发，并在古琴上弹奏出来，给当时在场的聆听者营造出一种即时的环境氛围，产生出一个穿梭在听者、弹者、观者中间穿越彼此的多种时空的“景”。而这仅仅才是透过智藏和尚弹奏《普庵咒》，还有他回忆自己多年前在寺庙中打板的瞬间体验而产生的一种意象，带来这种宁静意象的具身体验背后，还有更多他当时在寺庙生活的经历。

2.“尘劳入霜钟”：生活经验与琴曲意象

如果说智藏和尚所展现的《普庵咒》意象，是源自他在寺庙里面打板经历的话，那这一经历和体验则显得太过单薄。所以，我想从其所处的那个时代下，智藏和尚如何从一个种地的农民变成一位在寺庙中打云板、弹古琴的和尚，来更为深入地阐述，为什么智藏和尚能够在海风抚阶、竹影摇曳的南普陀寺那么平静地感受到当时的景象。换句话说，我试图从对智藏和尚当时的经历来呈现更为真切的他当时的感受。

前面已经介绍过智藏和尚出生在1969年的中国东北，确切地说，是黑龙江省哈尔滨市所辖的一个农村；其上有两个哥哥，一个姐姐，下面还有一个妹妹。作为家中较小的孩子，在他成年离开农村的家前，从来都是穿哥哥姐姐穿过的旧衣服。根据智藏和尚的讲述，童年的他由于家庭经济原因，从来便是一个缺乏自信的小孩儿。

后来他的父亲早亡，母亲在他十几岁的时候改嫁。所以，智藏和尚在母亲改嫁后，就中止了他初级中学的学业，离开了他从小生活的那个村庄，出外谋生。他从事过各种各样的工作，比如林场伐木、建筑工地干体力活儿、烧锅炉等。但是，离开村子到外谋生打工的智藏和尚，并没有过着一个普通农民工的生活。十几岁的他，离开了农村，看到外面不一样的世界，这是20世纪80年代末刚刚“改革开放”的中国。他在从事各类繁苦的体力劳动之余，还迷上了中国书法和绘画。于是，他便在哈尔滨参加了一些书法、绘画的培训班。由于个人经济收入的来之不易，他在学习书画时，

---

❶ 张孔山、唐彝铭编撰:《天闻阁琴谱·普安咒》，见《琴曲集成》（第二十五册），查阜主编，北京：中华书局，2010年，第377页。

显得格外刻苦努力。在这段时间里，他还与一位女子结识，并生养了一个女儿……

我无意于智藏和尚年轻时的“八卦”，总之在1990年左右，他在当地一位僧人的劝说下，决定去中国的南方，做一名佛教僧人。在这之前，智藏和尚从来都没有自己的身份证件和户口信息。他跑到当地派出所找了一个熟人办理身份证登记，当办事人员问他姓名时，他报称自己叫“李秋实”。智藏和尚就从一个不知名的农民变成了李秋实，李秋实就这样去到了成都昭觉寺，成了预备出家的“净人”。很多人都会好奇出家和尚的出家原因，智藏和尚也一样被问起过很多次，这对于我，一个以他为主要研究对象的人来说，似乎显得尤为重要，毕竟这是一篇讨论“修行”的论文。但每当有人问起他出家原因的时候，站在一旁的我都听到智藏和尚告诉对方一些含糊而又不确定的答案，那就是没有什么特别的原因。偶尔也会听他说，是那时学习中国绘画史，追慕画坛“四僧”要“搜尽奇峰打草稿”，或是听说出家人不必劳苦，生活条件优越，等等。总之，倒没有人们想象中诸如“看破红尘”或是要立志“修持佛法”的刻板原因。所幸，我们要讨论的是后来成为智藏和尚生计的古琴与其修行间的关系，他出家的原因则显得不是那么重要了。

李秋实在昭觉寺很快就被当时的寺院主持清定上师剃度受戒，法名“智藏”。第二年，智藏和尚便随另外一名僧人来到厦门的南普陀寺。厦门南普陀寺是闽南地区有名的古刹，依山面海，历代高僧辈出。寺内的闽南佛学院是一所国内外都较有影响的佛教高等学府；还有一个佛教养正院，旨在培养寺内僧人的僧格、僧德。智藏和尚便成为南普陀寺的常住，并入佛教养正院学习。在这期间，他的书法、绘画以及篆刻等才艺初见展露，很快便担负起寺院的宣传工作，负责摄影、出板报等工作。

可是，寺庙的生活并没有让智藏和尚感到多么优渥。家中的母亲接连打来电话，二哥和妹妹罹患难治的病症，大哥打工弄断了手臂……他说那段时间，非常害怕电话响起，总是害怕电话那头传来母亲无助的讯息。不过，智藏和尚发现在庙里面也可以“打工”，就是在寺庙中每担负一项工作，都会有相应的补贴发付。在短短的三年中，智藏和尚除了负责寺庙的摄影宣传，还要管理寺中的图书馆，在斋堂（厨房）里帮厨煮豆浆，以及前文中提到的打板。所得补贴悉数寄回家中，甚至还得到了寺庙及庙中其他人的资助。除了这些工作以外，智藏和尚还要参加每天的早晚功课，这就显得他在南普陀寺中的生活变得忙碌了起来。但这种忙碌与前文中的“普庵”意象的宁静有着极大的反差，难道一个忙碌的人在忙里偷闲的余暇里就能获得这样一种意象的感染，体察到当时那种景象的意蕴吗？

这也许与他当时是一名“艺僧”有着更为密切的关系。据智藏和尚的口述，当时他不仅撰写一些文章，还在寺中展露了中国书法与绘画的才能，甚至还有人以“佛门书画家”的题目发文来称赞他。在篆刻方面，智藏和尚把一整本《道德经》用一整套，上百枚印章篆刻出，后来还被台湾商人收藏。身具书法、绘画、篆刻等中国传统文人雅好，又常住在一座有名的古刹之中，他自然就会与一些文艺界人士相往来。加之智藏和尚在佛教养正院的学习，还有与寺中有学养的僧侣相处，对佛法也有了一些认识，从而开始真正信仰佛教的道路。在文艺类的才艺水平和佛法学养的提升过程中，智藏和尚也开始对中国传统的音乐开始感兴趣，比如对二胡、笛子、古筝等乐器的接触，都为他后来学习古琴做出了很大的铺垫。而这也正是智藏和尚在寺中打板的间歇，能够体会到寺院的一种宁静意象的重要基础。

具备了一些基础的素养，智藏和尚在初学《普庵咒》时仍然觉得乏味，直到有了这些较为具体的感受和经历。智藏和尚初期是与李禹贤学习夏一峰版本的《普庵咒》，后来跟林友仁改学溥雪斋版的《普庵咒》，他花了三个月时间先把前一个版本忘记，再重新开始学习。林友仁的《普庵咒》弹奏非常有名，他主张在整首琴曲中间不加任何多余的花饰和颤音，而且还建议智藏和尚先撞三年钟，再来学习会更好一些。

从上面的讲述来看，智藏和尚弹奏《普庵咒》除了具备弹奏琴曲的基本技术以外，还有更为重要的是其寺院生活的经历，这一个人经验和综合身体感受成为其理解《普庵咒》琴曲意境的重要基础；也完美地展现了古琴弹奏者在弹奏琴曲时，是如何调动个人经验和综合身体感在琴上实现个人意义的诠释的。

（三）古琴实践的多面属性

不管是寺庙的生活，还是在世俗社会中从事与琴有关的活动，对于智藏和尚来说，都是其亲身的经历。在弹奏古琴乐曲时，智藏和尚将原有的古琴音乐意趣映照其个人经历，表现出一种自己对古琴曲意的理解。基于这样的理解，智藏和尚通过自己的身体和古琴再做出进一步的表达。而除却智藏和尚对于《普庵咒》意象的诠释以外，我发现，在众多他所谓“有情怀、有故事”的古琴曲中，他都会从中解读出一种比较一致的情绪。

1. 琴曲中的“无奈”

我在跟智藏和尚学习弹奏古琴的时候，他总会在教我弹奏某首琴曲的同时为我讲授琴曲的意境。琴曲的意境除了原有琴谱中的“题解”以外，就如一千个观众心中有一千个哈姆雷特一样。自然，智藏和尚为我讲述的琴曲意境，其实是他根据自己的人生经验而理解诠释出来的。这对于我想要通过其对古琴音乐意境的诠释来理解其个人经验与独特的身体感受提供了便利。

《阳关三叠》则是最早出现在宋代琴谱上的一首琴曲。琴曲意境出于王维家喻户晓的《送元二使安西》一诗，该诗后来被人度成歌曲，并移植到古琴曲上,《存见古琴曲谱辑览》中收集的 20 多个琴谱对该曲都有记载。《浙音释字琴谱》解题:“是曲也，王摩诘所作，而后人增益之。按祖谱无此曲，想夫吾人之生，会少离多，临别之际，把酒而三唱阳关，西出而无故人，吴楚同愁之语，何其怆乎？”❶

智藏和尚则在不同的场合中多次讲解过这首琴曲的意境，他往往以王维的诗歌意象进行铺衬，在一个驿站外边，清晨刚刚下过小雨，柳色轻抚。他说根据王维学佛的经历和诗歌的意境，这个送别的场面并不是一些人所解读的生离死别、悲痛欲绝、撕心裂肺……而是显得十分平淡，但如果了解王维当时际遇的都知道，他当时也并不得志。友人一别，不知何时再见，内心非常舍不得，但表面上还要斟酒送行，显得畅达。他的内心应该是很纠结的，这里面也透着一种无奈。

《渔樵问答》是明代嘉靖以前的古曲，历代琴谱多有收录。《琴学初津》后记中说:“渔樵问答，曲意深长，深情洒脱，而山之巍巍，水之洋洋，斧伐之丁丁，橹声之欸乃，隐隐现于指下，迨至问答之段，令人有山林之想，奏斯者，必修其指，而静其神，始得。”❷ 智藏和尚说，表面看起来渔樵是隐居江湖山野的高人隐士，或是怀才不遇，或是对时局不满，或是喜欢放浪形骸……但是，谁从基本的生计去考虑过？一个从小读书的文人，放下手中的笔去到深山里砍柴为生，要是读过白居易《卖炭翁》就会体会到砍柴为生的艰辛；还有渔夫独钓寒江雪的寂寞、苦楚。这种生计维艰、志不得伸

❶ 查阜西编纂:《存见古琴曲谱辑览》，北京：人民音乐出版社，1958 年（2016 年重印），第 368 页。
❷ 查阜西编纂:《存见古琴曲谱辑览》，北京：人民音乐出版社，1958 年（2016 年重印），第 449 页。

的无奈又有谁能够理解？

生活的艰辛，正是智藏和尚在寺庙以外所遇到种种事情的无奈，而在寺庙之内，作为一个和尚，僧侣古琴家，他也有着非常多的矛盾。这些矛盾与纠结就是其在琴曲中所要表达的“无奈”。以其对琴曲意境理解对应于他学琴、教琴、斫琴，以及在寺庙僧侣生活的经历和遭遇，一方面能够通过具身视角来说明琴曲与弹奏者间的关系；另一方面使人更清晰地认识到，智藏和尚从一个农民到一个农民工，再到一个僧人，进而成为一名“青年僧侣古琴演奏家”的完整过程。而这一成长的过程中，与古琴的相遇，并且通过古琴演奏，来作为一种个人经历与古琴音乐间的对话 / 互动，这也更好地说明了二者对彼此的重要意义。

2. 琴对琴人的具身性影响

古琴作为一种乐器，以弹奏发出和谐声音为最基本的前提。但在中国的历史上，“琴”已经被赋予了太多的意涵，甚至围绕琴而产生了一门综合性的知识体系——“琴学”。琴学中包括琴与古圣先王过化存神间的关系、古琴家传记、古琴的音色特点、弹奏技法、款式形制、历代琴律琴论、记谱法、琴曲意趣以及其背后整体的文化意义。可以说，琴在多感官地、历时空地对一个琴人产生一系列的综合影响，这种影响是被其主流群体传统文人所赋予琴的一切文化意义，又反过来对文人进行一种具身性的型塑。

如过化存神中的古琴，古圣先王创始琴制、音律，教化天下百姓，通过音乐来传递上古圣王的精神，使天下得到治理。这类传说多始见于汉代文本，琴成为古圣先王的治世之物，被赋予了一种道德意义。后世文人不断地试图解答为什么“琴德最优”，为什么“琴以载道”。但无论如何，圣人以琴而过化存神，成为天下读书人所效仿的榜样。圣人弹琴“修身理性，反其天真”，“士无故不撤琴瑟”，这都强化了文人阶层把弹琴作为一种修身雅好！

文人弹琴自然以其群体审美为标准，从文人自身的生活状况出发，而产生了对古琴音色、琴曲意境等审美标准的决定性作用。琴曲意趣，是中国文人山水田园之乐的精神追求的核心体现，琴曲所要表达的内容和文人们的诗文意趣大致趋同，不过是文人意趣的音乐表达，这种极富文人意趣的音乐语言，同样又是传统文人的一种修养必备。琴人通过弹奏古已有之的琴曲来不断学习他们想要达到的古人意趣修养，再通过不断积累这种修养来增添到古琴音乐的艺术资料库当中。这就和过去琴人们经常向往的一样，弹琴是通过弹奏圣人传下的乐器和古人传下的乐曲来与古人对话，效仿古人。

智藏和尚在学习古琴前后，自然也同样受到了这种作为综合艺术形式的“琴”对于自己的具身性影响，透过琴曲中所传达的情感、意趣来影响到自己的身心意识和生活样态。琴对琴人的影响，有历代的圣王治世、礼乐指教的教化部分；有琴曲内容、意趣等精神追求的部分；有弹奏、聆听与琴和琴人间对话部分；有对音色、形制的制作部分。正如汉学家高罗佩（R. H. van Gulik）所言，“古琴是中国文人生活的象征”。他认为属于古琴这一特殊思想体系的知识是中国文人教育的一部分[1]，文人们围绕古琴展开了一系列艺术审美活动，或者抚弄琴弦，或者静坐聆听；抑或吟诗赞叹，或是把盏品茗……琴所形成的一整套艺术形式和文人化的生活相互勾连，互相影响。文人将自己的个人经验不断加之于琴，在这样一种综合的生活艺术上形成了关于文人和琴的集体经验；同样，这些弹琴的文人们又不断从琴这一集体经验中习得和加强这种生活模式。由此可见，琴对于琴人的影响乃是集体经验与个体经验的相互性影响。

而仅从上面这些极为精神性的生活来看，我们的注意力似乎更多地集中于琴人个人的古琴实践了。事实上，就智藏和尚由习琴渐而接触到文学、艺术领域的师友，不断在中国传统文艺中自我修习，这本身可以被直白地视作古琴的“媒介作用”。由此，依然可以简单地来看待古琴的诸如“社会属性”“文化属性”“政治属性”（教化）等。似乎这样一来，琴人日常的“以琴会友”“以琴说法”“以琴吟心”就更容易被人看出，他们是一个群体，他们是社会性的。然而，就每一个个人来看，他们毋庸置疑都是处于某种时空之下的，特别是当我们把视线聚焦于某一个人，并以琴为中心展开他的日常生活，考察他的生命态身体。这一具身性的观察和分析本身已经具有了社会性和时空性。很显然，在用具身视角去看待智藏和尚以琴为中心的日常活动时，势必会有可观测和不可观测等多种层面；然而不论是外在可观察的以琴会友、以琴修养，还是其内在不可观测的个体性身体感，都无不以琴贯穿于其日常的身体实践，并在这种身体实践中不断调试、完善自我，且以此来达到自己新的审美的满足。

古琴，作为一种综合性的艺术形式，首先是要有一个物质性的器

[1] 高罗佩:《琴道》，李美燕译，台北：联经出版事业股份有限公司，2015 年，第 40—43 页。

具——琴器（乐器）。而拥有琴器的前提则是古琴的制作。古琴的制作部分则更具体到多感官的身体实践，下面一章将集中讨论。

四、赋予古琴主体性的身体实践

琴，作为一件乐器，对其首要的要求则是能够发出符合琴人审美的音色。在这一过程中，斫琴者需要投入自身的多种身体感官来完成琴器。智藏和尚以斫琴作为自己的生计，他的古琴制作也是其日常的主要身体实践。对于斫琴这种按照他对琴的理解来付诸身体实践的固定行为方式，斫琴本身已经成为一种修行。我在田野工作期间，也亲手制作了一张古琴。所以，对于斫琴中的多数感受，是我个人在制作过程中感悟到的。但正是由于这种亲身的体验，才能够更为真切地体会到智藏和尚以斫琴作为一种身体实践及所投入的身体感。

（一）斫琴中的身体参与

2014 年冬天，我在上海郊区的一个农庄里找到斫琴僧人智藏和尚，想要跟他学习古琴弹奏。初次见面以后，他建议我自己先制作一张古琴。虽然在后来斫琴与弹琴的共同实践中，我才逐渐明白二者是一个相互作用的关系和过程，但当时对于这些一概不知。当我在观察并参与到古琴的制作中以后，才在漫长的古琴制作周期中渐渐感受到斫琴与抚琴这二者有着不可分割关系；更看到智藏和尚是如何将身体的各种感官熟练地运用到古琴制作当中的。对于斫琴过程中的身体感，除非身体参与而不能感受，这一点也只有亲身实践过才能用身体和眼睛体认得到。

古琴制作，又称“斫琴”。“斫”（斲），是用斧头砍削的意思。简单而言，斫琴就是选择合适的木材，根据其木性特点对其加工，使其能够发出和谐的音色。斫琴者需要对古琴的形制与构造有一个基本的把握，并在长期的工艺实践中把握斫琴的核心——音色控制。

古琴通体扁长，主要由面板（内侧挖空）和底板两块木板胶合而成，通体为共鸣箱，面板上张缚 7 根琴弦。古琴的音响通过右手弹拨琴弦，左手在琴弦上按滑取得不同的音高和音色效果。

琴身的结构大致与人体相仿，琴体各部位的称谓都相当拟人化：琴首、琴额、弦眼、琴项、琴肩、琴腰、舌穴、琴尾等。如图[1]：

---

[1] 郑珉中主编:《故宫古琴图典》，北京：紫禁城出版社，2010 年，第 60 页。

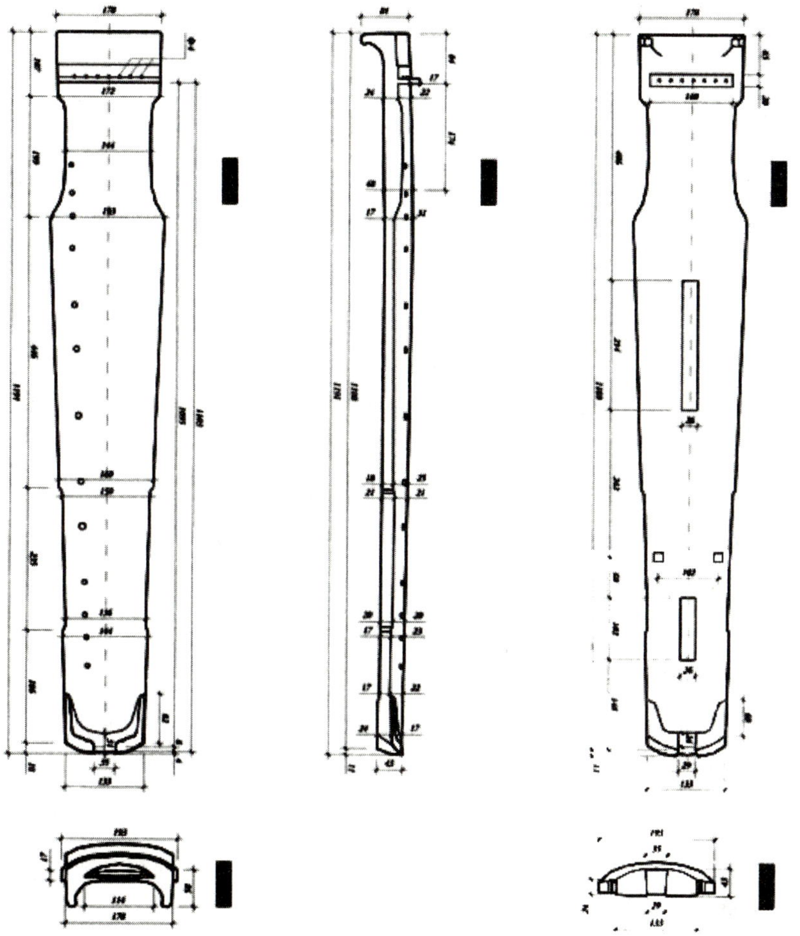

宋代仲尼式古琴“玉壶冰”结构图

古琴的款式也非常丰富，早在明清时期就达到了 50 多种。但最为经典的款式还要数“仲尼式”（如图）和“伏羲式”等几个款式。

制作古琴一般需要大小 40 多道工序，主要分为木工与髹漆两部分。木工主要是制作木胎，斫造形制，凿挖琴腹，合琴等工序；髹漆主要是裱布、上灰胎、打磨等工序。这是一个极其漫长的过程，一块木头要经历以上工序，最终成为一张古琴，一般需要三年以上的时间。

古琴的制作过程可谓周期长，工期短。在智藏和尚的古琴作坊中，一块木板从开料制作到最终成型一般都要三年之久，有的甚至达到五年以上。但就制作古琴的纯工期，在他看来，一个熟练的工匠（包括他本人）有半个月时间（15 天左右）就足够了。这期间的大量时间都将用于等待古琴木胎和漆胎的候稳。因为在木材处理时，木质的纤维组织仍然具有一定的活性，为了让其趋于稳定，在制作时，还需要花费大量时间来使其消除应力；最好的办法就是将其挂于墙壁之上，耐心地等待。据斫琴师裴金宝的描写，“任何旧材所剖之面均为新面，开得琴材毛坯置干燥处搁置一年，待木性稳定，方可制作。”[1] 所以，在古琴制作中，对木质稳定的处理方式就是等待；而木胎上所施的生漆则在初步干透的几年中也极具活性，富于变化，同样需要等待其逐渐稳定后再做最后处理。在长达三年之久的挂壁候稳期间，虽然参与制作的过程只需要两周左右的时间，但却需要整个身体的多种感官参与其中。

1. 选材

斫琴的第一步是从“选材”开始的。这似乎并不是一道工序，但从两千年前就开始有人着重强调选材的重要性，并将其视为斫琴工作的开始。智藏和尚的木料堆放在锯房的角落里，如果要挑选好的木料制作古琴，就必须从这些积满灰尘的长方形木料堆中进行翻找和挑选。按照传统，古琴的用材应该是“面桐底梓”，即面板用梧桐木，底板采用梓木。但在实际应用当中，各种木材只要符合“面阳底阴”[2] 的原则和古琴的音色要求，都可以拿来做琴。

智藏和尚告诉我，首先要观察木材的品相，看它的木纹是否均匀通顺、有无结疤，并且避免木心和皮质部分的木料。然后将木板悬空，用指关节敲击木板各处，听辨木材的声音。可是，怎样的声音才符合做琴的要求呢？他说：

> 这个没有一定的标准和要求，按照古人的说法和自己多年的经验来判断。需要挑选声音透亮松脆、各部分音色均匀的木板，这种声音说明木板反应灵敏，在做成古琴之后，可以使声音具有较好的穿透力。我就算告诉你是什么样的声音，也需要你通过多次反复地去敲击、去听这些声音，来辨识不同的木料材质。[3]

制作古琴的木头多用陈年旧木，木头经过多年陈放，经历无数个春夏秋冬、寒湿暑热之后，木性尽消。《梦溪笔谈》中就有提到：“琴虽用桐，然

---

❶ 裴金宝:《古琴斫琴工艺》,《科学之友》(上旬) 2010 年第 11 期。

❷ 这里的阴 / 阳，是指木材的性质，一般把较为松透的木材归为“阳材”，用于古琴的面板；较为紧实的木材归为“阴材”，用于古琴的底板。

❸ 根据田野录音 20150506 整理，采录地点：归园田居；智藏和尚与客人饮茶内容。

须多年木性都尽，声始发越。”[1] 用这样的老木头做琴可以使其在音色和形体上尽量稳定，不致变形或音色不稳定。据记载，古人取得老木头的来源非常多，“水槽、木鱼、败棺、古梁柱”[2] 都拿来做琴。智藏和尚就有一批琴是用几千年的沉江古木和汉代的椁木来做的。

我做琴时就在智藏和尚的帮助下挑选了一块符合上面要求的老杉木，事后一位作坊的师兄告诉我，这些木料是从一座明代古庙里拆下的老房梁。原来，古琴的“古”从材料的选择开始，已经是非常“古”的了。

2. 造型

底板和面板需要同时制作，并且从裁出外形的那天起，就用螺丝钉从底板的边沿处将其锁住合起来，使其开始适应彼此。而后就是砍（斫）琴的工序了。由于古琴面板的横截面是一个半圆弧状，而现在的面板是一个平面，故而要用斧头将平面的两边砍削掉，再用刨子把琴面刨至光滑，这个过程就是“造型”。砍琴是一个体力活儿，同时也是一个技术活儿。需要把琴的一头抵着砧木，手扶琴板，另一只手领着斧头，侧棱与琴面都要留有一定尺寸，然后自下而上地砍削木棱，再自上而下砍削。看似简单，但却需要单手挥舞一把一斤多重的斧头时，把握一定的分寸，非有举重若轻的臂力和粗中有细的心性而不能做好。仅这道工序我就花费了半个多小时，但在一个熟练工匠的手中只需几分钟就可以完成。

砍好后的琴材，已初见琴形。这个时候就需要刨琴面了。所使用的刨子一共有短中长三种，依照由粗糙到精细的顺序使用。先用短刨把砍削后的木茬刨掉，使木头表面尽量光滑，同时使面板达到一定的薄厚。从短刨一直推到长刨，越长的刨子推出来的面越直。智藏和尚推刨子时还不时地端起琴的一头，用一只眼睛瞄向琴面，以检查琴面是否通直。至于弧形的横截面，则需要用手去触摸来把握。我在一些制作古琴的影像中看到有斫琴师是用一个弧形尺在琴面上卡验检测的，为什么智藏和尚这里不用呢？我跟作坊里的人就此展开了讨论。他们与智藏和尚都认为二者皆可。不过用弧形卡尺做出来的琴，其弧面的弧度是一致的；而他们用手去触摸是凭借自己的感觉与个人的审美，没有统一标准。可作为一个初学者，我对这样用手去触摸的方式完全没有概念，心里很没有底。工人就让我拿来作坊

[1] 蒋克谦：《琴书大全》，见《琴曲集成》（第五册），查阜西主编，北京：中华书局，2010 年，第 100 页。
[2] 章华英：《传世古琴的制作工艺》，《乐器》2006 年第 9 期，第 13 页。

里已经刨好的琴放在一边，摸一摸他们刨的琴面，再摸一摸自己刨的琴面，反复感受。自古就有“唐圆宋扁”的说法，也就是说唐代的琴横截面较为圆鼓，而宋代的琴形体较扁。智藏和尚的琴相对当代多数古琴来说较扁一些，他觉得琴面较扁，弹琴时手感会好一点。

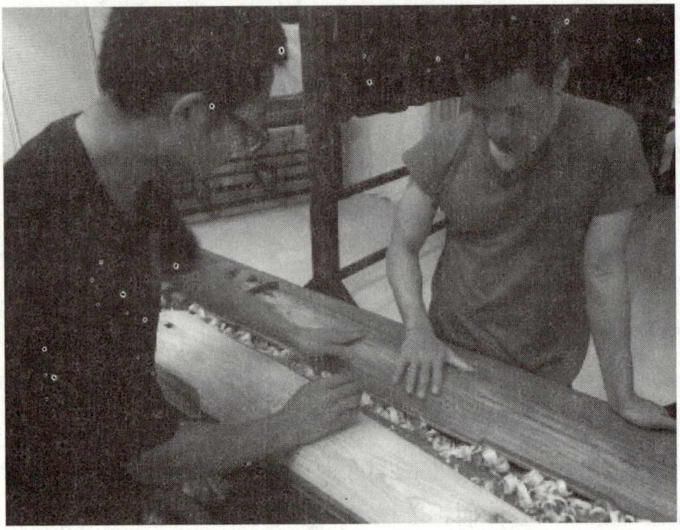

学徒工通过触摸来学习把握琴面弧度（笔者 摄）

我见过智藏和尚给别人做砍琴和刨琴面的示范，他每刨几下就停下来端详琴面是否平直，再用手触摸琴面是否符合自己习惯的手感，整个过程不到半个小时，而我却用两三天时间才勉强完成。可见如果技术熟练，并且在刨琴面时能够时刻停下来检查、触摸、端详，反而事半功倍，而且会使琴的造型更加符合自己的审美要求。

3. 挖琴腹

这时，拆除锁合底板和面板的螺丝钉，把面板反过来开始挖凿琴腹。这是斫琴流程中最关键的部分，一张琴的音色主要取决于琴腹挖凿的情况。依照示意图，将纳音和雁足部分留出，比需要挖的预期深度稍浅一些，这样在后面调音试音时可以留有余地。在挖好琴腹，并进行反复修整后，毛坯就初告完成，这时就可以挂壁候稳了。智藏和尚的毛坯一般都挂了三到五年以上。总之，候稳也没有固定的时限，但一定是要越久越好。按照斫琴家裴金宝的说法，一般要放置一年以上。

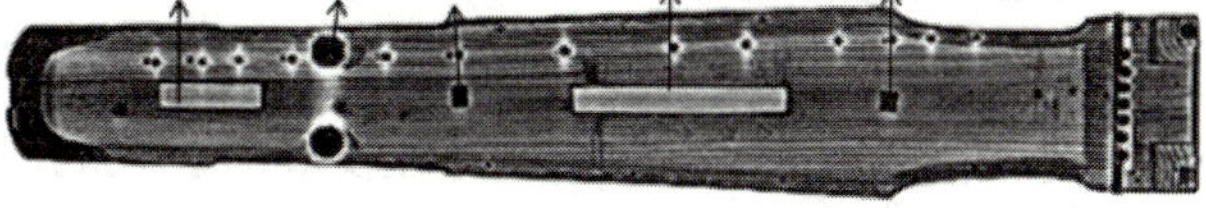

古琴琴腹扫描图[1]

在等待相当长的时间后，取下毛坯，检查有无变形开裂。若有，则需要修整并继续候稳来消除木头的应力。要是没有变形开裂等问题就可以在试音架上调音了。这一过程，全凭自己弹琴的经验和对音色的追求，根据自己喜欢的音色来调整琴腹的薄厚。但一定不要把此时的音色与完整成琴的音色等同，这时的毛坯尚未经过髹漆，而且底板与面板之间也会有缝隙。这就全凭自己多年来摸索的经验，并且在调音时在自己所需音色的基础上保留一点余地。因为做好的琴经过多年弹奏，通过物理震动使得琴体更加松透。若一次性把声音做到位，则势必会使该琴在弹奏几年后，声音松散无力。古人有“五百年出真声”的说法，智藏和尚非常明白这个道理，所以在这方面做得较为保守。试音时必须要再把底板和面板锁起来，使声音在琴腹中回荡共鸣，模拟合琴后的效果。他通过毛坯在试音架上反复弹奏的手感与音色来检验琴腹挖凿得是否得当，以达到自己想要的坚实耐弹的声音效果。至于琴的音色，他从来都是根据木料本有的音色特性来作为该琴音色的基础，他曾说：

一块木料适合做皮鼓声，你非要让它发金石声，这很不现实。至于我个人，对音色从来都不强求，也许一种音色我不喜欢，但还有其他人喜欢，我需要做的是，更有效地发挥它本有的音色特征。[2]

试完音，再拆开底板，对琴腹进行相应的修整，并合上底板进行检验，如此反复。最后还要安装天地柱以控制音色和支撑底板与面板使其不致变形，故而安装完天地柱，还需要反复地试音调整。

4. 合琴

在合琴前，还有很多重要的小工序需要精细地完成。比如岳山、承露、轸池板、龙龈、冠角等配件的安装，底板音窗的开钻与贴片，木胎的粗排

---

[1] 郑珉中主编:《故宫古琴图典》，北京：紫禁城出版社，2010 年，第 61 页。文字标识为作者所加。

[2] 根据田野录音 20150506 整理，采录地点：归园田居；智藏和尚与客人喝茶内容。

沙音，琴体的边棱修整等。每一项工序都需要极其精密细致。比如安装岳山，不仅要在指定位置将其安装位挖得严丝合缝，而且安装位需要与岳山底部完全吻合，不能将岳山架空，否则会影响音色。我在这部分就挖得很粗糙，并且根本就没有把岳山给坐实，于是在安装时，只能用胶、漆调和木屑垫在低洼的地方，希望漆胶干后可以使岳山坐实。可糟糕的是，我挖的安装位比较大，所以安装时楔了木榫进去，可当木榫砸进去时，我发现岳山与琴面的垂直中线发生了偏离。师兄小谈告诉我，差之毫厘，失之千里。岳山（琴头）处虽然只偏差 1 毫米，到了龙龈（琴尾）处可就差很多了。我陷入了深深的焦灼当中，难道要把好不容易装好的岳山挖出来再重新安装吗？后来另一位师兄小黄告诉我：“这种情况在一些琴厂里是常有事情，虽然在师父（智藏和尚）这里几乎没有，不会太过影响弹奏，更何况你这琴是做给自己弹的，弹的时候可以自己注意一些就行了。”[1] 我的心这才放下。类似的事情还有很多，比如龙龈安装偏离中线 0.5°；对照中线修整边沿必须两边对称，需要精确到毫米以下，等等。而有的时候，我会发现，智藏和尚只需一眼就能够看出这种细小的差别。他甚至觉得，只要符合自己的感官审美就行，而不必非要用尺规去蠡测。但我们也发现，往往在符合感官审美的情况下去测量这些细微部件的装配，几乎没有什么偏差。

在逐项完成这些重要的小工序以后，就可以签字合琴了。智藏和尚在签字时除了用佛历纪年落款，还喜欢在琴腹中写一些佛语和偈子。我合琴的那天恰逢佛教的浴佛节（农历四月八日），所以请智藏和尚在琴内签字，他写了非常多的文字，不像以往只写落款和题字。他在底板的内侧写了一首《炉香赞》，又在面板内侧写满了各种想要说的话，最后还留了一小块地方来让我写一点东西。一种神圣感陡然而生，在场的一位琴友还建议我在合琴前对着底板和面板念颂一遍《金刚经》。我从未念过佛经，她就带我一起花了半个多小时把一整本佛经念完，这种强烈的仪式感令人印象深刻。

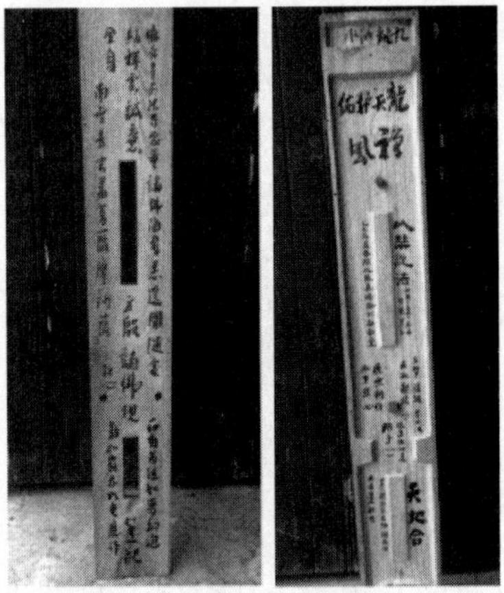

合琴前的题签（笔者 摄）

---

❶ 根据田野笔记 20150622 整理，“斫琴笔记”。

5. 髹漆

合琴后依然需要放置一段时间，也是越久越好。待候稳期满就可以裱布了。裱布就是用葛布及生漆将木坯粘贴裹起来，可以防止琴体开裂变形，同时也有吸纳声音的作用。裱布之后的漆胎需放置到专门的荫房（高温高湿的封闭暗房）待干，等两到三天以后，漆胎干透，修整漆胎后就要上灰胎了。灰胎由一种叫鹿角霜的药材与生漆调和而成。每一道灰胎需要涂抹得薄而均匀，整个琴的灰胎总体厚约3毫米，一张琴大致需要6至9道灰胎，每道灰胎之薄可想而知。每道灰胎上完后，均需在荫房里放置5至7天时间，方能干透。待干透之后用粗砂纸将琴体打磨平整，清理干净才能上下一道灰胎。如此反复，直至达到所需厚度和效果。

在此以后，就要开始最具耐心的工序——磨琴。需要从80目的粗砂纸一直磨到1000目的细砂纸，且每一目砂纸磨后都需要进行排沙音的工作。排沙音就是在琴面上画出七条弦的弦路，用平口刀尺在每条弦路上卡测弦路的平整度。沙音就是弹琴时出现的杂音，其主要是弦路高低不平所致。所以，需要每磨一道排一次沙音。每排一次沙音后，需要堵1到3次毛孔，毛孔就是灰胎涂抹时留下的细小孔隙，需要用最细的鹿角灰多次封堵。堵完毛孔，待干后，用更细的砂纸磨显，再排沙音；如此反复，直至磨到1000目。

琴的通体几乎没有一处是完全水平的平面，在一些部位的曲线处理上，也需要在打磨时，用手去反复触摸，感受漆面的手感是否柔和，再用眼睛仔细端详其线条是否流畅或者对称，需要极其的细心和耐心。此时的生漆虽然已经干透，但仍然极不稳定，具有一定的活性。在起初的几年内，漆色还会变化，漆面起伏或出现麻麻的小颗粒。所以还需要挂壁候稳一年以上再进行最后的处理。

这时的琴已经非常光洁，装完雁足就可以擦面漆进行上光和退光的工序。擦漆需要在一个无尘的环境下，每天擦两遍，一连擦6到9次甚至更多。再用瓦灰和油进行退光处理。再就是精修配件、打绒扣、打蝇头、装弦等依然非常小而细致的工序。仅一道小小的工序，我甚至都需要数天的时间才能将其完成。光是装弦这道简单的工序，我就用了两天时间才算勉强完成。但智藏和尚却在打好绒扣的情况下，仅用五分钟就把七根弦全部上好。我非常惊讶我们之间的差距如此大？他则像卖油翁一样拿出了“无他，唯手熟尔”的古语来回答。

6. 小结

智藏和尚在斫琴时花了更多的时间在候稳上，仅挂壁候稳累计时间都达到了三年以上。而在制作过程中，他则更多地凭借自己的经验、视觉审美以及触感、听觉等多种感官的参与和体验。一张古琴，如果从一块古材的准备开始算起，其所经历的时间远比斫琴工期及其候稳的时间要长得多。在漫长的时间当中，木头的油脂渐而挥发、应力逐渐消除，才能具备一块斫琴良材的基本品质。再经过斫琴者的观察、敲击、听辨选择为材料，经过夹杂在三番五次的挂壁候稳中繁多的工序，且需要极其耐心与细致的精心制作，才能成为一张完整的古琴。斫琴者通过对古琴的细致研磨而产生更多体悟感知。智藏和尚在这种技术实践中融入自己多种感官对艺术品味的感受，进而又用自己的身体对所斫之琴产生更多新的体验，也只有具备足够多的时间在制作过程当中，这种体悟才能够更加深刻！

（二）古琴的声音与气息

古琴自汉以来就一直被认为应该是一种“中正平和”的音乐艺术，以“中正平和”为其主流的审美标准。为了达到这种艺术诉求，琴人不仅要在弹琴的形式、演奏的旋律、琴曲的意境上去追求“清微淡远”的山水况味，更在古琴的制作当中进行各种声音控制的结构设置，以使琴从琴器开始就是一件“中正平和”的事物。琴人对琴有着“禁邪归正”的要求，却又反对把琴变成刻板僵化的样子，而是更多地希望它能够随着昼夜更迭、四季轮换以及所处环境的变化而变化。也即琴人希望琴是可以变化的，具有一定生命力的，而非僵死不变。

1. 古琴的声音控制术

我在斫琴时，从其内部构造中发现，古琴在制作方面极为注重对声音的控制，特别是要避免声音过于空散和响度过大，而追求一种极为内敛、温润、余韵悠长的音响效果。为了达到这种效果，古琴的共鸣腔构造在追求声响方面显得极为克制。

如图所示，在古琴两个出音孔（龙池、凤沼）相对应的面板内部，分别有两处凸起的地方被称为“纳音”。我起初的理解是，纳音的作用主要是使声音“欲出而隘，徘徊不去，乃有余韵”[1]。但后来在接触一些其他地方的

[1] 宋代苏轼《杂书琴事》中说开元十年造的雷琴“琴声出于两池间，其背微隆若薤叶然，声欲出而隘，徘徊不去，乃有余韵，此最不传之妙。”见苏轼:《苏轼文集》（卷七十一），孔凡礼点校，北京：中华书局，1986 年（1999 年重印），第 2243 页。

琴时发现，有的琴在左手按弦至出音孔相对应的位置时，声音会突然增大。这就使得一张琴在同一根弦的不同位置声音响度不均匀。而造成出音孔声音对应位置声音突然变大的主要原因，应该是出音孔位置没有底板对面板传来的声音进行反弹回射，而使声音穿透面板后直接透过出音孔散出音箱。我这才开始琢磨“纳音”为什么叫“纳音”？“纳”是吸收采纳的意思。与出音孔相对应的面板位置比其他地方要厚出一些来，正是通过纳音的作用使其音响变小，从而使整张琴的音响达到均匀，而不止是我开始想的只为了让音箱内声音往复回响。

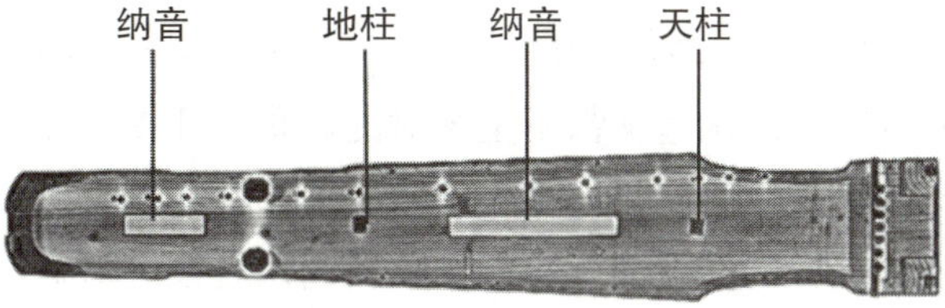

琴腹示意图[1]

可是，这些琴弦到了出音孔对应位置声音突然变大的琴也都是有纳音的，那为什么还是会有这种现象？我就问智藏和尚，怎么解决这种问题，他告诉我设天地柱。我翻看其尚未出版的斫琴书稿，在“装天地柱”一节写道：

自唐代起，琴腹肩下腹中设有天柱地柱，一圆一方，为琴之心脊也。古人亦有天、地柱皆作圆形者，不拘于天圆地方说。近世琴式有别，琴体结构多有不同，余以天柱圆、地柱方为制……柱高尺寸不一，安装位置根据不同琴式略有差别。然须柱径大小相宜，过大则发音闷暗，声韵不长，过小则声大而散，音声混响。

琴腹设以天地柱，一则传音甚佳，二则支撑面板底板不宜变形。坊间多有新琴不装天地柱者，或以假充真，以求声大而宏，散漫不清，有失琴之本色。弹琴不清，不如弹筝。欲辨其真假有无，以手扣其位置，声实者即是，声虚者即否。[2]

其实天地柱对于古琴音响效果最为直接的影响就是减少面板和底板的

[1] 根据《故宫古琴图典》宋代古琴玉壶冰扫描图标识。郑珉中主编:《故宫古琴图典》，北京：紫禁城出版社，2010 年，第 61 页。文字标识为作者所加。

[2] 摘自智藏和尚未刊书稿《西来意——智藏和尚斫琴法》。

共振效果，使琴体发声不至过大，减少混响，使声音听起来更为坚实、清悦。但天地柱设置的位置和粗细却是需要经验的，位置不当或者天地柱粗细不当都可能使古琴的音色达不到预期效果。如果还达不到减少混响的效果，还可在纳音上贴木片，加厚纳音。

当然，在古琴腹腔两头，还可以看到“韵沼”和“声池”的设置。声池刚好处于右手弹奏琴弦的对应位置，声池格挡部分本身也具有纳音的效果；而声池内部所形成的一个封闭的小空间也使得琴在被弹奏时声音不会过于散溢，能够增加余韵。韵沼则处在琴尾下准的位置，顾名思义，正是有可以使琴音余韵回环飘荡其间的作用。甚至，在髹漆时所裱褙的夏布和鹿角霜灰胎都对古琴有一定消音作用。

但这些控制声音的构造又都不是绝对的。我在开挖琴腹的时候，相应的构造都留有余地。一直到最后试音合琴前，智藏和尚为我的琴做最后试音，感觉散音和上准的高音部分有些发哽发闷，声音出不来，就命我将声池去掉。而且他还告诉我，包括天地柱的装配都不是绝对的，一切以追求好的音色为核心，只要声音能够坚实耐弹、沉静韵长，并不必拘泥于这些传统结构。

琴腹中原来的声池和正在被挖掉的声池（笔者 摄）

这种在做琴过程中对声音的控制，与弹琴时对声音的控制如出一辙，通过弹奏古琴，进而达到一种对于弹琴者和听琴者身心的规范。早在东汉就有人提出“琴之言禁也，君子守以自禁”[1] 的观点。《白虎通义》中更是直

[1] 范煜梅编:《历代琴学资料选》，成都：四川教育出版社，2013 年，第 17 页。

接说："琴者，禁也。所以禁止淫邪、正人心也。"[1] 这与早期儒家强调的乐教思想不无关联，但也使得后世琴乐审美无不以"中正平和"为其主要的审美标准。对于音乐"中正平和"的要求，自然就要从乐器本身开始。于是，琴的构造里面也设置了诸多控制声音的结构，以达到"琴者，禁也"的基本要求。通过被"禁"的声音来达到对人身心的一种控制和规范。

但琴与人（或说人心）又存在着一种相互作用的关系。一方面，琴可以禁止邪淫，归正人心。另一方面，琴又是通过人的弹奏才能发出声响来的。第一次见到智藏和尚的时候，他就对我说："琴者，所以吟其心。"这句话源出于明代李贽《焚书·琴赋》的开篇：

《白虎通》曰："琴者，禁也。禁人邪恶，归于正道，故谓之琴。"余谓琴者心也，琴者吟也，所以吟其心也。人知口之吟，不知手之吟；知口之有声，而不知手亦有声也。

又在文末写道：

同一琴也，以之弹于袁孝尼之前，声何夸也？以之弹于临绝之际，声何惨也？琴自一耳，心固殊也。心殊则手殊，手殊则声殊，何莫非自然者，而谓手不能二声可乎？而谓彼声自然，此声不出于自然可乎？故蔡邕闻弦而知杀心，钟子听弦而知流水，师旷听弦而识南风之不（兢），盖自然之道，得手应心，其妙固若此也。[2]

李贽在文中很明白地阐述了一种心手相应的理论，琴可以归正人心，而心也可以通过琴来传达其情。即使是通过琴来归正人心，也是以琴禁之邪淫，而以手吟之于心。用心体验琴曲意境，通过抚琴来宣畅内心。而这里的琴则是斫琴中被多方控制的"中正"之琴，自然又起到了去邪归正的作用。这里的琴音与心声似乎都是通过琴来得到了一种平衡与控制，使其去除邪淫，既不过度张扬也不过于禁锢，而是宣导出一种中正平和之气来。

当然，这些都是基于古人在制琴的传统中所要追求的音色，在每一代的古琴制作中，都会依照其时代审美而有不同的制作法。智藏和尚对于古琴的音色，追求一种宁静、沉厚。在依照上述古法制作的基础上，他更强调这种对琴在音色上的追求。所以，智藏和尚斫制的新琴，往往需要被弹奏数年，才能够音声开显。

---

[1] 范煜梅编：《历代琴学资料选》，成都：四川教育出版社，2013 年，第 19 页。

[2] 李贽：《焚书》，长春：北方妇女儿童出版社，2006 年，第 125—126 页。

2. 琴的生命气息：古琴的主体性实现

琴也会呼吸？它是活的吗？智藏和尚的回答是肯定的。他这几年有十几张琴都被新疆的琴人买去，但新疆是一个昼夜温差大，气候干燥的地方，所以去新疆的琴就会面临温差与干燥带来的双重环境考验。据我在琴坊的观察，卖往新疆的古琴返修率特别高。这些琴在去到新疆一段时间以后会出现塌腰、隆背、扭歪变形甚至开裂的种种问题，造成这些现象的主要原因就是干燥的气候。拿回上海来修的琴，有些被进行了外形矫正，而有的琴在上海悬挂一段时间就自然好了。在和一些琴人交流以后得知，在当代琴坛，有“南北琴”之说，即北方制作的琴称为“北琴”，北方斫制的古琴带到南方声音一般会更加温润，并没有太大影响；而“南琴”被带到北方，和许多被运到北方的木制家具一样，如果保养不当就会开裂变形。

我对这件事情非常好奇，那有什么办法可以预防古琴在异地变形开裂呢？我想到前文提到的木材处理，会不会对木材经过一定加工处理就会避免古琴变形。智藏和尚告诉我，斫琴要尽量去找年头够久的木头就是因为它们经过千百年陈放，油脂挥发、材质松透、木性稳定。但木性稳定就会减少变形和开裂的可能，却并不意味着它就不会变形开裂。一旦变换了以往陈放木材的环境，或是将木料裁开，木材往往会随之产生一系列新的变化。任何老木头，被剖开后都会出现新创面，木性虽然是稳定的，但木头的纤维组织还有很大的活性特质，一样会开裂变形。既然木材变形是因为纤维组织还活着，那何不杀死木头的纤维？智藏和尚未刊印的书稿中写道：

今人析材有三病，一则高温、高频、真空、微波、烟气、火烤诸法，使之干燥速度加快；二则面板剖薄；三则以瓦灰与调合漆代替鹿角灰胎、生漆，以上三法能以新琴仿古声，松透响亮。智师斫琴十余载，常嘱弟子，以此三病为斫琴大忌，改其性而失其真，虽善于外，必动于内，虽善亦弗可以为良矣。此三病能哗宠一时，然音色流于媚俗，经年后，空，燥，闷，萧俱全矣。[1]

不少斫琴师都有谈到被烤过的木材，在显微镜下观察纤维尽断，就杀死了所谓的“木性”，这样做出来的琴声音都是死的。智藏和尚还告诉我，有一种木材改性的处理方法，就是把化学制剂通过抽真空的方法输灌到木

[1] 摘自智藏和尚未刊书稿《西来意——智藏和尚斫琴法》中的《琴之用材》篇。

材内部，木性基本不会有任何变化，西方一些乐器的制作就采用这种方法，做出来的乐器几乎不受环境影响。但是，这样一来，木性就变得呆滞，正如他在书稿中说的“改其性而失其本真”。为了不“失其本真”，智藏和尚宁愿花费更多的时间挂壁候稳，让木材在保持活性的同时趋于稳定，而不是将木头进行改性处理或者直接破坏木材的纤维组织。

除了木头在制作与完成后需要保持活性，漆也一样。生漆中有一种极具活性的漆酶。在其木胎上层层包裹的生漆干燥后，漆中依然有活性物质存在。在琴刚做好的几年里，不少琴会出现漆面凹凸不平或者颜色上的变化。在弹奏新琴的过程中，还有一个“开漆”的说法。就是通过长期的弹奏，使琴弦与漆面、木胎产生振动，最终将厚实的灰胎震动松透，声音可以更好地穿透漆面。所以这里指的“活”，并非是说其有生命迹象，而是指斫琴者在古琴制作的时候，依然保有木材和生漆等原材料在稳定的前提下富于变化的特点。因为琴在弹奏的过程中会通过不断振动使得面板上的灰胎与木质变得更为松透，在斫琴过程中往往做的略微厚实一些，才不至于弹奏几年后声音就空散无力。所以古人才有“五百年出真声”的说法。

我在一次喝茶聊天时对新疆琴友建议，既然新疆空气干燥，琴往往容易变形，不如用透明胶带把龙池和凤沼都封起来，这样没有施漆的琴腹内部就应该不会受到外界空气的影响而变形了。那位琴友极为反对，她说：“那样，琴就没有办法呼吸了！”智藏和尚在一旁道：

木头的确不好呼吸了，但漆面依然可以呼吸。琴到了一个新环境，可以先将龙池、凤沼封堵住；通过生漆的灰胎与当地空气间的缓慢呼吸，使其渐渐适应当地环境与气候，再将龙池、凤沼打开，木质也才能更好地适应当地环境，减少变形的概率。[1]

可见，在琴人眼里，琴是“活的”，是有“气息”的。琴，由于其材质，在使用和与不同环境的接触当中往往会随之产生一些变化，这些变化就是琴人眼中有生命的东西。没有了这些变化，琴便没有了生命，他们宁愿不要这样的琴。所以，好的斫琴者才更愿意花大量时间成本在古琴的制作上。而且，由于手工制作的古琴，都是通过个人身体感官的参与而完成的，制作材质也有差异，所以每张琴所透露出来的气息也各有不同。可见，琴，因为具有一定活性而能够产生与周遭环境所相互影响的气息，又因为

[1] 根据田野笔记20150910整理，采录地点：归园田居；智藏和尚与客人饮茶内容。

其所处周遭环境与制作者的不同而又各有其不同的气息。

3. 小结

智藏和尚在古琴的制作中，从选择古材、备陈料，到多次漫长的候稳过程，并非一蹴而就。这使古琴在制作完成后依然能够保持一种活力，在温湿度变化、季节流转、昼夜更替、区域环境的各种变换中琴体外形和音色也会随之变化。在智藏和尚与部分琴人心中，古琴从来都是有生命的，而不是固定不变的一件简单乐器。在与一件有生命“道器”互相作用的过程中，斫琴者也通过细细端详琢磨来得到一种从身体到意识上对琴的体认，体知琴与人的一种互通关系。

琴的生命气息还更体现在琴人的弹奏，与该琴间的关系。有听智藏和尚讲述，有的琴长久不弹，而声音收缩；有的琴经常弹奏而声音开显。这当然可以用物理现象来解释，但在琴人的认知当中，它是一种具有生命气息的变化，这种变化随着琴人的弹奏而起伏波动。

而作为一个以佛法参证为志业的僧人，也正是在斫琴的过程当中透过身体与琴材的互动来体验做人与修行的奥妙。在斫琴与弹琴，技术实践与艺术实践的身体体验中，逐渐由这些实践所产生的身体感来作为一种修行路径。这种艺术上的体验与佛教修行中禅宗的顿悟也有着非常多的相似之处，这也许就是历史上众多琴僧可以“以琴理喻禅”的原因。而智藏和尚的斫琴也正是其作为自己修行的一种身体实践。

五、结论与反思

古琴之所以被文人群体作为礼乐治世、修身养性的重要实践过程，必然有其偶然和其内在所具物性的因素在其中。一如早在士人阶层形成时期，琴已在庙堂和民间被人们弹奏，用于祭祀典礼的伴奏或是男女抒情的媒介；抑或孔子在编删民歌的时候，有感于“琴瑟友之”的人生意境，故也以“琴”作为自己“乐”的重要实践和修行方式；再或者，对于古琴的上古传说，的确就是从琴的产生时期就已在流传；琴的确因为种种看起来客观和主观的原因而成为被中国古代文字记述最多的器乐。尽管早在一千多年前的唐代就有人感叹其“古调虽自爱，今人多不弹”[1]。但在随后的一千多年里，仍然有数不清的文人用以修身，将其传承。围绕“琴”的

[1] 唐代诗人刘长卿的著名诗篇《听弹琴》：“泠泠七丝上，静听松风寒。古调虽自爱，今人多不弹。”

“弹”“触”“抚”“鼓”“操”“弄”“听”“斫”等一系列的身体实践，究竟能够给身临其境的人带来怎样的身体经验和身体感，能将人带入什么样的音乐境界和人生境界？

（一）结论：作为修行之身体与琴的互动过程

琴在古代终究是以中国文人为主流群体的一个重要符号象征，尽管历史上琴僧辈出，但总难掩他们与文人间的关系，或可视其本身就是僧人与文人的一个重要交叉群体。这当中，既有文人“禅悦之风”的影响，也有佛教僧侣文人化的倾向。因此，琴僧音乐终究也是文人音乐的佛教化倾向，但历代琴僧中也不乏“一音成佛”和“以琴说法”者；正如文人可以“以琴载道”，僧人也同样可以从琴中体悟佛法三昧。那么，无论是文人的修身还是僧人的修行，他们在用身体去实践古琴的内在过程应当是怎样的？

我们至少从斫琴僧人智藏和尚的生命态身体层面，通过对其弹琴和斫琴这一体物入微的细致过程对“身体与琴”的互动有了一个较为基本的把握。从中我们可以悉知智藏和尚的个人身体经验及其身体感是如何作用于他的古琴实践活动，同时又是如何在围绕古琴的一系列活动中进一步养成这些身体经验和身体感的？这一回旋延伸过程的核心，恰恰是智藏和尚在其身体与琴互动过程中体物入微的经验过程，这一过程使人与琴相互体化，进而达到彼此的某种契合与完善。

1. 古琴实践中的身体感与身体经验

日常生活中，我们总以自己的身体去感受周围环境所传递的信息，这些信息在反复地接触与人们在自己文化脉络中习得的符号相对应，久而印记于身体，并在之后的身体感受中反复修正，这便可视作身体经验的过程。而我们对于日常生活中习惯的诸多身体经验，往往并不是来自于单一感官，比如对于雅 / 俗、美 / 丑、冷清 / 热闹当地经验事项，都是需要多重感官的信息与相应的文化隐喻相结合才能形成综合的身体感。在这一身体感的基础之上，个人才会经由自己和集体的经验来产生一系列的行动。

在古琴的实践过程当中也同样需要琴人具备一定的身体经验和身体感来作为体验古琴的基础。这种基础，有很大一部分在中国雅文化中被称作“诗外功夫”，当然还有另外一部分是“诗的功夫”；我们可以把围绕“诗”而专门下的功夫称作“诗内功夫”，而无意识的看似与诗无关的其他“功夫”便可视作“诗外功夫”。不过，不管是诗内功夫还是诗外功夫，对于一个群体整体的文化来说，都可称作“修养”。我们经常说一个人有“修养”，其实是指一种修养过程所达到了某种程度，修养本身乃是一个身体经验反复修正的过程，也是对一个人身体感的培养过程。那么，实践古琴所要具备的“修养”，也即琴人所要不断修正的身体经验和身体感。在传统中国社会中，文人修身的琴作为文人修养的一个重要条件，而要实践古琴也同样需要具备一定文人修养，从而养成一套自我对琴的身体感，并进一步作用到古琴实践中去。

比如古琴曲中所涉及的各类典故，看似已经成为文学化的经典故事，但往往要真切理解故事情境，则需要琴人有着丰富的人生经历或者阅历。每一首乐曲典故所体现的主题都是多维度的，而非单一主题，这也使得真切体会琴曲意境变成一件困难的事情。琴人将自己置于琴曲意境的叙述当中，将其集中为对该琴曲综合统一的身体感，进而将其作用于琴人对琴曲听、触等感受过程。当然，琴曲意境也许太符号化，已经成为一种象征性表达。但当这种象征性的情感内化为琴人身体的直观感受时，这种实践本身就成了琴人对于琴曲的体化。

这正如智藏和尚在弹奏佛教主题的古琴曲《普庵咒》时形成其特有身体感的过程一样。在学习弹奏这首琴曲之前，智藏和尚就已经在经历一个寺庙僧人的日常生活了，只不过他当时还对自己所经历的生活习焉不察。当在学习弹奏《普庵咒》这首琴曲的时候，反复鸣奏的主旋律又使他感到相当的乏味。但几乎所有记载《普庵咒》琴曲的琴谱题解中都会介绍到这首琴曲所描绘的意境，那就是佛教寺院的晨钟暮鼓、梵音缭绕、祥和安然的佛门净土景观。这时，智藏和尚再经历其日常所过的僧人生活时，就对竹影摇阶、月影沉潭、清风吹铎还有僧人在寺庙中的起居日常有了一种综合意象的感受。他从前人本已积淀下来的佛教寺院综合意象的结晶——《普庵咒》中得来了抽象的意境感受，和自己在佛教寺院里的综合实践的具体的意境感受相结合，形成了一套自我对《普庵咒》的综合性身体感。

当然，这一系列的综合性身体感和身体经验还源自于看似与琴曲《普庵咒》无关的其他事项，比如因为琴而与之往来的文艺圈人士，初中学历都不到的智藏和尚在与之交往的过程中，学习得到了众多传统中国文人的审美意趣，这些意趣凝结在诸多的传统文化意象上。比如智藏和尚参与到诗词歌赋的记忆学习当中，诗词的意境和意象则被其习得沉淀；而这些诗词意象又与智藏和尚所参与的书画意蕴所连通，特别是当中的意象性事物，是在具体的物象上传递着多种抽象性意涵，表达这一种不易言表的诗词书画意境，这类意境与文人创作出来的古琴曲的意境都是相通的。因此，在中国传统的文人艺文类当中，往往每一项艺术都强烈体现着“功夫在诗外”的修养理论。智藏和尚也正是透过这种古琴的内外功夫来作为自己的一种综合修养，这类综合修养可以转化为其对某一首琴曲意境的具体身体感，再滋养出更新的文艺修养。这一修养的内外互补连通，也就起到了作为一种修行的细致而复杂的过程。

不过，这种修养积淀的过程中除了有来自于传统文人的集体性经验，还有个人经验参与其中。一如智藏和尚对于《阳关三叠》《关山月》《渔樵问答》等众多琴曲独到的个人理解，是来源于他在出家当和尚、在学习古琴弹奏、开始古琴制作、教人弹奏古琴，还有与人合伙办厂，寺庙开发项目经营失败、武夷山闭关等个人经历。这一系列曲折的个人经历促成其对夫妻两地相思、友人饯别、渔樵生计维艰等具体琴曲意象产生一种“无奈”的意境理解。智藏和尚进而在琴曲表达上传递出对于这种琴曲意境“无奈性”叙事，来作为自己个人性的一种宣导。

透过“具身”这一知觉现象学的概念为视角，无论是从智藏和尚弹奏古琴的身心实践还是其斫琴的多种感官的身体性参与，都可以将其以琴来进行的一系列活动视作一种修行实践。而其之所以会有如此的琴曲意境理解、斫琴理论的实践，无不来源于他个人从一个农人到一个工人，渐而转为一个艺人、僧人、琴人、琴僧的个体生命态经历。这些经历促成了他在围绕琴的修行实践不断进行，但这种实践本身对于一个修行者来说又是一种必须，这二者之间有一种紧密的相互关系。

2. 体物入微的经验过程

单单具备了一个文人的“修养”对于古琴的实践还差最为关键的一步，那便是实践过程本身。正如前文所述，身体经验是一个不断采集信息、处理信息、储藏信息，再将储藏在个人与集体的经验性信息提取，用以下一轮的信息处理当中。而在这一过程中，则需要借助于一系列象征性符号来进行表达，这些接受到的信息和象征性表达中间所传递的综合性身体反应便是身体感。而信息的采集，处理身体的涉身性，还需要具体的事项和环境。正如琴人对琴的身体感，则需要琴作为一个重要的意义和信息发出物。其所发出和产生的信息和意义，除了过去多个世代在琴这一象征符号上累积的意义和信息以外，还有琴本身内在的物性。

智藏和尚作为一个以斫琴为业的僧人，制作古琴是其日常的主要实践活动，也是其主要的古琴实践过的。制作古琴从选材到装弦弹奏，是制作者通过自己长时间的亲身实践而将一块陈年朽木削斫修磨成一件集木工、漆艺、声音等为一体的综合性艺术。古琴作为一件器物，其既有漆艺木作的观赏美，又可以通过弹拨琴弦来发出美妙的声音，从而衍生出更为综合与多元的艺术形式。智藏和尚投入其身体及其身体感在制作古琴的整体过程当中，从一块木板的选择，他便要开始投入自己的身体与感官。他需要先拿过木板正反两面反复观察木板的纹理是否通顺、有无结疤、宽窄薄厚的尺寸是否合适，再用自己的指关节敲击木板上不同的位置，听取木板所发出的声音和不同位置所发声音是否适合用于制作古琴的面板。

再如排杀音的过程。我起初并不理解“杀音”为何物？即便多数文献中都有记载，但“杀音”作为一类声音的总称，难以用语言来描述。只有通过多次实践才能进而理解到“杀音”在的古琴上是怎样一种情况？大概是什么样的声音和手感？什么原因才会造成“杀音”的产生？对于“杀音”的认识，就如中国人对于身体“虚”和“酸”的身体感认知一样，必须长期处于已有的这种文化当中，结合生活中某种身体感受和多种感官项目的综合来对应于自己所处文化中已有的某个符号，最终形成这一特殊的身体感。

而像如古琴制作中对于声音的控制，表面看起来是一个人对琴的主导性过程，但在古琴与人的整个实践过程来看，却是一个互为主体的互动过程。由于琴人对于古琴音色的审美标准和审美需求，古琴的制作过程中设置了诸如“纳音”“天地柱”“声池”“韵沼”这一系列抑制声音发出的部件，使古琴在发声的过程中，声音不至于过于张扬，而显得内敛、平和。但这种内敛不代表着呆滞死板。正如智藏和尚和他的琴友们所认为的那样，古琴是要从木质到漆胎还有声音都保留有其活性和生命气息的。古琴的器物和声音都将像人一样随着周围环境的变化而发生一系列难以预见的状况；而且每一种琴因为制作的原材料、环境、制作者和制作者制作时的心境不同而显得与众不同，也即每一张古琴都拥有自己独特的生命气息。这个时候古琴已经产生了其主体性。

正如智藏和尚经常引用的一句古话“琴宜近人气”一样，琴的生命气息则来源于其所近的“人气”，也就是人的气息。琴所拥有的生命气息首先来源于其制作者的气息，如在制作古琴时被投入的身体、身体感官甚至是个人的情感，在砍削修磨的过程中不断被赋予。最终，一床成品的古琴，被琴人所弹奏抚弄，逐渐拥有其主人的气息。而被制作出来的被控制了声音的中正平和的琴器，和拥有了琴人气息的古琴，反过来也会影响弹奏人和聆听者。就像很多人说“有些劣质琴会把人的耳朵弹坏的”。意思是说不好的琴从手感到音色都会对人产生不好的影响，其不好的特质正是一种不甚理想的气息。

琴人在实践古琴的过程中，是调动自身的身体经验来收集琴上所阐发的诸多意义和信息，进而在进一步形成其修正过的身体感。体物入微的过程，正在于身体与琴在这一经验过程中的互为主体性。制作者和弹奏者在塑造古琴的同时，也被其所塑造好的古琴所塑造这个人的身体，尤其是自己的心性。

而历代琴人的弹琴操缦之于古琴制作又是一个相互作用和影响的过程，大量琴人包括琴僧在抚琴之余参与到古琴的制作和研究当中，将对琴的音乐理解融入琴器的整体结构及其制作当中。

在琴学之中，“琴器”作为古琴艺术的物质载体，综合多种感官艺术于一体。在古琴的制作过程中更是一种多感官的参与过程，通过制作者与器物所产生的身体感，而逐渐产生对琴的综合认识与理解。在这一身体感知的过程当中，也是一个斫琴者与琴器相互影响的过程。制作者根据自己对于音色的审美标准去在琴器的制作中进行控制，把自己对于琴的理解应用于古琴的制作当中。古琴也因为手工制作的身体参与而具有了与众不同且可以与周遭环境，甚至抚琴者来相互影响的生命气息。

智藏和尚作为一位当代琴僧，在古琴经历了百年以来的数次运动和几十年琴僧断代以后，以不同于历代琴僧的面貌出现。他脱离了中国寺庙的体制，独自一人隐于俗世当中，以自己的“一技之长”作为生计。而其作为生计的“斫琴”，恰恰又与自己的佛教修行有部分相似之处，他把古琴制作及演奏的艺术实践同时也作为自己修行的一部分。从古琴漫长的制作过程中，对器物进行反复雕琢、端详、触摸、叩击、聆听等多种感官途径来综合把握琴，并且理解它。在这一过程中，最需要处理的核心问题则是一种对声音的控制技术。在结构设置的基础上，斫琴者通过反复测试与调整，来使古琴的发声达到自己所要追求的音色效果，并且通过规范地弹奏，来发出“中正平和”的声音。这种对身体及声音的控制，对于一个不是严守清规的僧人来说，是另一种意义上的“方便法门”，即借着文人“琴道”的修身之用来作为自己的修行实践。

而一个佛教僧人从事佛学修习以外的事情，也正符合大乘佛教“五明”❶ 的修习之道。其中的“工巧明”正是以工艺、音乐作为利益众生的内容，在参与这些艺术实践活动的同时他也对佛法有了更多了体悟与认知。这也符合历代琴僧中“以琴理喻禅”“以琴载道”“以琴说法”❷ 的方式，而非直白地用语言文字来表达。作为一名琴僧，智藏和尚在斫琴过程中，融会了个人对生活的认知和生命的体悟，以做人和修行的道理来进行着自己关于琴道与佛法的身体实践。

而就琴与琴人的相互关系，正如文中所描述的智藏和尚在弹奏琴曲时对琴曲意境的理解与弹奏时的进一步诠释一样，他在弹琴时所形成的身体感和他通过自己个人经验投入对琴曲理解当中的时候，就使得琴与琴人互相作用产生了重要的意义，使得琴人在弹奏古琴时融入了自己的个人经验，也使得琴曲的意义在琴人身上得到再生。至于古琴制作，则是活生生地将身体投入一张古琴的孕育当中，制作者运用个人的综合感官审美来塑造古琴的全部，包括对于古琴声音与生命气息的赋予。而当古琴被赋予了人们所期许的中和之声和独有的气息之后，这张琴又反过来对琴人产生影响，依照其所具有的特质和气息与琴人互相影响。这一琴人与琴的长期互动，构成了琴人以琴修身、以琴修行的整个古琴实践活动，也就更为细致地诠释了千百年来中国古人是如何把古琴作为一种修身、修行之器的。

（二）反思

人类学对于身体和感官的研究甚至可以追溯到其学科的创始初期，那时人们总是把人的身体和心智分开来看待，这种思想一直持续到 20 世纪中叶。维克多·特纳等人开始强调应该对经验进行研究，格尔茨也开始在阐释人类学的相关论述中呼吁大家应该“回到粗糙的地面”上。这一时期，梅洛－庞蒂（Maurice Merleau-Ponty）的知觉现象学也开始广泛流行，人类学的感官研究中开始广泛应用其现象学层面的生命态身体作为自己的研究视角。感官民族志结合人类学的一些具体研究方法开始了一系列的研究。

尽管对于感官和经验的研究与其他人类学研究一样都以参与观察和深

---

❶ 五明，“明”谓学问、学科，为五门学科，概括了当时所有的知识体系。此所谓五明为声明、因明、医方明、工巧明、内明。工巧明，又作世工业明、巧业明，指通达有关技术、工艺、音乐、美术、书术、占相、咒术等之艺能学问。参见《佛学大词典》，http://fodian.goodweb.cn/dict_read1.asp?ID=2999。

❷ 清末琴僧释空尘在去《枯木禅琴谱》的自序中就有写道：“自梵僧居月善琴，继以颖师、聪师、维公、义公，咸以琴理喻禅，见于旧简者，不可以数计。”参见释空尘编著的《枯木禅琴谱·自序》，见《琴曲集成》（第二十八册），北京：中华书局，2010 年，第 14 页。

入访谈作为主要方法，但却强调要尽量摆脱传统研究中以视觉和文本为主导的影响。这便使得研究者要更加充分深入参与到田野工作的观察中去，把身体体验放在其田野实践的中心位置，将田野工作作为一项具身、具地的学习过程。

本文旨在以身体经验和身体感为角度来阐释琴人在古琴综合艺术实践活动中的微妙关系。文章以当代一位斫琴僧人智藏和尚的古琴实践为例，但要想细致揣摩智藏和尚在古琴实践过程中的身体感和个人经验，则必须参与到他的生活和古琴实践当中。某种意义上说，本文的田野调查便是感官民族志的一次尝试和实践。

所以，文章的多数材料是将自身体验作为多种感官的实践而获得的。即在田野中以自身的体验为核心进行田野观察，通过自身的多种感官和具身性体验参与到研究对象的生活中。通过我个人的眼耳鼻舌身意来把我所获得的一系列感官性知识身体化。通过这样一种经由感受在体化的过程来细致揣摩研究对象的感受。由此而言，我所做的民族志研究非常类似于自我民族志（auto-enthnography），即以自己的体验作为一种研究进路。

但是，直到我一年多的田野将要结束的时候，我才开始意识到，貌似我对研究对象的理解才刚刚开始。在田野中，我自己也开始学习古琴的弹奏和制作，特别是在古琴的制作过程中，那种煎熬能让人更为真切地感受到，一床古琴从“形”到“神”的完善过程。利用具身理论作为视角来描摹智藏和尚的修行实践，其实是在用研究者自己的具身去映照，试图能够理解、体察到研究对象的具身感悟，把握其更为真切的生命态。

可是，尽管我那么深入地去理解研究对象，去体验古琴实践中的多种过程，我最终发现理解一个人何其艰难，直到快要结束田野的时候，才感觉到自己好像才刚刚开始理解智藏和尚，才开始能够透过田野中的一些事项来细致地体知其背后的逻辑。 也就是说，无论我多么努力试图体验研究对象的生活方式和去竭尽全力地理解对方的想法与感受，我都无法做到和对方的感受完全吻合，这种体验越深入，这种意识则越明显。幸而，人类学不是要求要完全地理解他者的立场和观点，因为这根本就做不到。人类学的研究需要自我与他者的相互映照，这样才能对他文化做出相应的译介。可是我也不得不承认，试图去全面深入理解他者的这一前提工作简直是一项根本完成的工作，只能无限逼近而无法完全吻合。

参考文献

著作类

[1] 涂尔干 . 宗教生活的基本形式 [M]. 渠东 , 汲喆 , 译 . 北京 : 商务印书馆 , 2011.

[2] 蔡邕 . 琴操 [M].// 查阜西 . 琴曲集成 : 第三十册 . 北京 : 中华书局, 2010.

[3] 赖斯 . 愿它充满你的心灵 : 体验保加利亚音乐 [M]. 黄婉 , 吴艳 , 黄泉锋 , 译 . 上海 : 上海音乐学院出版社 ,2011.

[4] 范煜梅 . 历代琴学资料选 [M]. 成都 : 四川教育出版社 ,2013.

[5] 高罗佩著 . 琴道 [M]. 李美燕 , 译 . 台北 : 联经出版事业股份有限公司 ,2015.

[6] 高罗佩著 . 琴道 [M]. 宋慧 , 孔维锋 , 王建欣 , 译 . 上海 : 中西书局 ,2013.

[7] 耿慧玲 , 等 . 琴学荟萃 : 第三届古琴国际学术研讨会论文集 [C]. 济南 : 齐鲁书社，2012.

[8] 郭平 . 古琴丛谈 : 修订版 [M]. 济南 : 山东画报出版社 ,2015.

[9] 黄河涛 . 禅与中国艺术精神 [M]. 北京 : 中国言实出版社 ,2007.

[10] 黄剑波 .“祈祷”与人类学的基督教研究 [J]. 湖北民族学院学报 (哲学社会科学版),2016,34 (6):14-18.

[11] 黄翔鹏 , 袁荃猷 . 中国音乐文物大系 : 北京卷 [M]. 郑州 : 大象出版社 ,1999.

[12] 黄翔鹏 , 马承源 , 王子初 . 中国音乐文物大系 : 上海卷 江苏卷 [M]. 郑州 : 大象出版社，1996.

[13] 穆尔 . 人类学家的文化见解 [M]. 欧阳敏 , 邹乔 , 王晶晶 , 译 . 北京 : 商务印书馆 ,2009.

[14] 吉尔兹 . 地方性知识 : 阐释人类学论文集 [M]. 王海龙 , 张家瑄 , 译 . 北京 : 中央编译出版社 ,2000.

[15] 格尔兹 . 文化的解释 [M]. 纳日碧力戈 , 等 , 译 . 上海 : 上海人民出版社 ,1999.

[16] 希林 . 身体与社会理论 [M]. 李康 , 译 . 北京：北京大学出版社, 2010.

[17] 蒋克谦 . 琴书大全 [M].// 查阜西 . 琴曲集成 : 第五册 . 北京 : 中华

书局 ,2010.

［18］李美燕 . 琴道：高罗佩与中国古琴（上册）[M]. 香港 : 香港大学饶宗颐学术馆，2012.

［19］李祥霆 . 古琴综议 [M]. 北京 : 中国人民大学出版社 ,2014.

［20］李贽 . 焚书 [M]. 长春 : 北方妇女儿童出版社 ,2006.

［21］栗山茂久 . 身体的语言 : 古希腊医学和中医之比较 [M]. 陈信宏 , 张轩辞 , 译 . 上海 : 上海书店出版社 ,2009.

［22］林伯姬 . 林立正的古琴世界 [M]. 台北 : 台北市政府文化局 ,2014.

［23］刘琪 . 命以载史 :20 世纪前期德钦政治的历史民族志 [M]. 北京 : 世界图书出版公司北京公司 ,2011.

［24］卢静云 . 古琴 [M]. 重庆 : 西南师范大学出版社 ,2015.

［25］道格拉斯 . 洁净与危险 [M]. 黄剑波 , 卢忱 , 柳博赟 , 译 . 北京 : 民族出版社 ,2008.

［26］莫斯 . 社会学与人类学 [M]. 佘碧平 , 译 . 上海 : 上海译文出版社，2014.

［27］塞托 . 日常生活实践 : 1. 实践的艺术 [M]. 方琳琳 , 黄春柳 , 译 . 南京 : 南京大学出版社 ,2009.

［28］苗建华 . 古琴美学思想研究 [M]. 上海 : 上海音乐学院出版社 ,2006.

［29］释慧皎 . 高僧传 [M]. 朱恒夫 , 王学钧 , 赵益 , 注译 . 西安 : 陕西人民出版社 , 2013.

［30］释空尘 . 枯木禅琴谱 [M].// 查阜西 . 琴曲集成：第二十八册 . 北京 : 中华书局 ,2010.

［31］司徒安 . 身体与笔：18 世纪中国作为文本 / 表演的大祀 [M]. 李晋 , 译 . 北京 : 北京大学出版社 ,2014.

［32］苏轼 . 苏轼文集 : 卷七十一 [M]. 孔凡礼 , 点校 . 北京 : 中华书局 ,1986,1999 重印 .

［33］唐中六 . 临邛琴粹 [G]. 成都 : 四川人民出版社 ,2007.

［34］陶运成 . 古琴制作法 [M]. 北京 : 中华书局 ,2014.

［35］特纳 . 仪式过程 [M]. 黄剑波 , 柳博赟 , 卢忱 , 译 . 北京 : 中国人民大学出版社 ,2006.

［36］吴钊 . 绝世清音 [M]. 苏州 : 古吴轩出版社 ,2005.

［37］许健 . 琴史新编 [M]. 北京 : 中华书局 ,2012.

[38] 徐献军 . 具身认知论 : 现象学在认知科学研究范式转型中的作用 [M]. 杭州 : 浙江大学出版社 ,2009.

[39] 严晓星 . 民国古琴随笔集 [G]. 北京 : 海豚出版社 ,2012.

[40] 杨晓 . 蜀中琴人口述史 [M]. 北京 : 生活 · 读书 · 新知三联书店 ,2013.

[41] 易存国 . 琴韵风流 [M]. 天津 : 百花文艺出版社 ,2004.

[42] 余舜德 . 体物入微 : 物与身体感的研究 [G]. 新竹 : 清华大学出版社 ,2008.

[43] 余英时 . 士与中国文化 [M]. 上海 : 上海人民出版社 ,2013.

[44] 朱慧鹏 . 斫琴法式 [M]. 北京 : 知识产权出版社 ,2012.

[45] 曾成伟 . 蜀山琴汇 :2013 成都琴会论文集 [C]. 成都 : 四川大学出版社 ,2015.

[46] 查阜西 . 存见古琴曲谱辑览 [M]. 北京 : 人民音乐出版社 ,1958,2016 重印 .

[47] 张斌 . 宋代古琴文化考论 [M]. 南京 : 南京大学出版社 ,2014.

[48] 张孔山 , 唐彝铭 . 天闻阁琴谱 · 普安咒 [M].// 查阜西 . 琴曲集成 : 第二十五册 . 北京 : 中华书局 ,2010.

[49] 郑珉中 . 故宫古琴图典 [M]. 北京 : 紫禁城出版社 ,2010.

[50] 章华英 . 宋代古琴文化研究 [M]. 北京 : 中华书局 ,2013.

[51] 智藏法师 . 因为苦过 , 所以知足 [M]. 天津 : 天津人民出版社 ,2013.

[52] 智藏法师 . 宽宽的世界，宽宽的心 [M]. 重庆 : 重庆出版社 ,2013.

期刊类

[1] 胡艳华 . 西方身体人类学 : 研究进路与范式转换 [J]. 国外社会科学 ,2013(6):125-132.

[2] 李明忠 . 斫琴随笔 [J]. 乐器 ,2000(6).

[3] 刘彦 . 古代斫琴艺术的文化意蕴 [J]. 湖南第一师范学报 ,2008(3).

[4] 麻国庆 . 身体的多元表达 : 身体人类学的思考 [J]. 广西民族大学学报 (哲学社会科学版),2010,32(3).

[5] 裴金宝 . 古琴斫琴工艺 [J]. 科学之友 (上旬),2010(11):17.

[6] 张连海 . 感官民族志 : 理论、实践与表征 [J]. 民族研究 ,2015(2):55-67.

[7] 章华英 . 传世古琴的制作工艺 [J]. 乐器 ,2006(9):13.

学位论文：

［1］董孟孟 . 北宋琴僧师承体系琴乐传习研究 [D]. 武汉 : 华中师范大学，2014.

［2］司冰琳 . 中国古代琴僧及其琴学贡献 [D]. 北京 : 中国艺术研究院 2007.

［3］孙小迪 . 参禅操琴修心明性 : 琴禅美学思想研究 [D]. 西安 : 西安音乐学院 ,2011.

［4］涂雅蓝 . 唐代佛道领域琴之传播研究 [D]. 武汉 : 华中师范大学 ,2013.

［5］闫志远 . 古代琴律研究 [D]. 北京 : 中国艺术研究院 ,2012.

［6］杨雯 . 民间作坊与斫琴工艺 : 河南兰考徐福林制琴作坊的调查与研究 [D]. 北京 : 中国艺术研究院 ,2008.

外文文献

［1］TURNER V, BRUNER E M. In The Anthropology of Experience[G]. Urbana: University of Illinois Press,1986.

Guqin and Body: A Cultural Interpretation of the Embodied Practices of a Buddhist Monk

Zhang Zhenrui

Abstract: Guqin has a long history in China, it is accompanied by China's traditional gentry class and the rise and fall. Since the pre-Qin period, had been literati as a cultivate one's morality important practices. People through practice of about guqin activities to express their own spiritual pursuit and aesthetic demand, guqin has become an essential part of the ancient Chinese literati's spiritual symbol. In the group of the ancient practice of guqin, and part of the group of buddhist monks and the Chinese literati's cross - Qinseng. They had a certain influence in the history of practice the guqin. In order to further explore the relationship between guqin and xiuxing(修行) practice, the author with a monk making guqins practice as an example, from his personal experience and bodily experience of perspective, qualitative research method in anthropology to detailed analysis of guqin and xiuxing practice in the practice of the guqin form each other.

Keywords: bodily experience;individual experience; embodied Practice; guqin; zhuoqin（斫琴）

性别与身体

——中国僵尸影视中的鬼物形象

李静

摘要： 中国僵尸题材电影的研究不少，却几乎没有学者关注僵尸影片中的鬼物形象。本文力图从清朝、民国时期的传说故事中追寻僵尸形象特点，其中包括僵尸的外形、身穿服饰、动作姿势及性别差异等。直至20世纪80年代，中国僵尸电影的大量内卷化生产，使尖牙利爪、身穿清朝官服、双手平举蹦跳的僵尸形象逐渐刻板化。在这些僵尸类型电影中，除了作为主要鬼物的僵尸外，还有女鬼和异族吸血鬼。从性别与身体的角度比较这些鬼物的形象，就可以更清楚我们与这些鬼物之间的距离，以及我们是如何在族群、阴阳等分类秩序中建构自己，并在秩序中找到自己。

关键词： 僵尸；女鬼；吸血鬼；性别；身体

中国僵尸[1]题材的影视作品在电影研究中一直以来都被视为一种武打类型片，武打确实是该类型片中的一个主要特点，但若仅将目光投注于武打特点，而忽略了其中鬼物形象的特点，实际上是颇为简单的做法。

电影中僵尸形象也一如现今各传播媒体中的呈现，依旧是“青面獠牙，身着清朝官服，双手平举，一蹦一跳”。然而僵尸一开始并不是以此种形象示人。本文无意区分僵尸形象是谁构建的话语空间或者谁才是这其中表述的操控者，只关注僵尸形象的呈现，将其视作一种与人的主体性相关联的叙述行为。并且本文对僵尸的存在与否并非投注过多目光，僵尸的形象事实上存在各人心中。它首先是一种叙述，是想象的虚构。故本文对中国僵尸影视中出现的鬼物类型及其形象进行分析，既可丰富该类型研究的角度，

[1] 亦称跳尸（“hopping” vampire），是源于中国明清民间传说的一种复活死尸，全身僵硬，指甲发黑尖锐，有锐利犬齿，惧阳光，日间躲于棺材、山洞等潮湿阴暗的地方，入夜后出没，以吸食活人或家畜血液保持行动力，有意识地往人口集中地前进，对活物攻击性强且力大无穷，跳跃前进时双手向前伸。（本解释来自于维基百科）

也能从各鬼物形象比较中理解社会的分类秩序。

一、僵尸形象的多样性叙述

“僵尸”的存在由来已久，人们或把它入药，或由它出宝（栾保群 2010:27），而僵尸作为有威胁性的鬼物故事主要源于清朝。中国的僵尸文学只在明末清初的笔记小说中发现（刘天赐 2008:50）。《高辛砚斋杂著》《聊斋志异》《阅微草堂笔记》《子不语》《续子不语》等文学著作中都有关于僵尸的记载。其中尤以袁枚的《子不语》为主，书中包含有十四篇关于僵尸的故事，不仅对僵尸进行了凶恶等级的分类，“有紫僵白僵绿僵毛僵之类”（《子不语·卷九》），[1] 还叙述了如何制服僵尸的办法“乃取三物（赤豆、铁屑及米子）绕棺而密洒之”（《子不语·卷十三》）。

不过，在这些文学作品中，僵尸都有着颇为不同的可怖形象。《子不语》有几篇故事都描述了僵尸的形象，有僵硬、遍体白毛、面容如生等特点，“尸装束鲜浓，僵而不腐”（卷七）；“貌如生，遍体生白毛”（卷十八）；“遍身白毛……面上皆满，两眼深黑，中有绿眼，光闪闪然”（卷二十二）；也有面色发黑发青的僵尸，“枯黑如腊，目眶深陷”（卷十三）；“面青紫而腹膨亨，麻冠草履[2]”（卷十三）。纪昀所描述的僵尸形象除了“白毛遍体”这个特点外，还有“目赤如丹砂，指如曲钩，齿露唇外如利刃，怖几失魂”（《阅微草堂笔记·卷七》）等特点。《高辛砚斋杂著》中的僵尸形象是“面白，身火赤”。这些文学作品中所描述的僵尸形象虽主要局限在袁枚所界定的僵尸类别之中，但每位作者的描述亦有较大差别。

民国时期关于僵尸的传说及探讨仍不绝于耳。“五四运动”的推波助澜，知识阶层为重新估计传统文化，介绍西方思想，纷纷创办新的报纸杂志。1916—1926 年，报纸总数仅增加 40 种，但发行量却上升迅速，1916—1921 年，邮递报纸年年增加，约达一倍（赖光临 1981:59）。可以说，报纸是这一时期最为重要的信息收集、传播方式之一。要了解当时民间的僵尸故事、学者对僵尸的讨论或是相关电影宣传，报纸是较为便捷的途径，有关讨论僵尸的报文主题大致可以分为以下几类。

从医学、物理、化学等现代科学的角度分析僵尸形成原因。清末西风

[1] 本文所使用的《子不语》为重庆出版社 2005 年所出版。

[2] 对于为何尸体穿着麻冠草履，袁枚在《子不语》中给出的解释是：“越俗凡父母在堂，而子先亡者，例以此殓。”

东渐的科学思想影响下，诸多有学之士秉持其自认为客观科学的态度所撰写的僵尸成因分析，驳斥传说中僵尸作祟的荒谬，将其归入迷信无稽之谈（蒋镜芙 1913；姚蔼园 1930；末 1932；董振舜 1935；夏志强 1943；桢 1944 等）。由于民国时期的混乱局势，也有少量诗歌借由民间传说中僵尸的特征反讽社会中那些残忍、狡诈之辈（庐隐 1928；戈长云 1934；曾薇 1948 等）。

此外，有数十份报纸刊登了民间僵尸的传闻故事以及中国僵尸电影[1]的海报宣传，都涉及了僵尸形象的描写，僵尸形象[2]主要分为：僵尸外形、穿着服饰与姿态动作。

在外形方面，一些叙述仍延续清时期僵尸描写特点，如面白、牙齿外露、白毛覆体等。“高逾常人……面白如墙，两眼滴血，齿巉巉外露，被及肩发”（猛龛老人 1916）；“见肌肉须发，并未腐烂，且爪及短发，均长寸许”（无咎 1923）；“面目如生，遍体生有白毛，长四寸许，拔之出血”（佚名 1934）“有披发头陀，面目狰狞，齿巉巉如锯”（钱可居 1940）；1941 年《中国月刊》上刊登电影“僵尸复仇记”的剧照中的僵尸外形是面白，皮肤溃烂，双目圆瞪。

还有一些描述是不同于清时期的僵尸外形。清时期僵尸是多似活人般丰腴的鬼怪，民国时的僵尸形象中也有仅剩骷髅的僵尸，“尸身虽已腐烂，枯骨尚依然未动，且遍身出毛，长约三寸，指甲亦长有二寸”（佚名 1917）；“面孔完全是个骷髅，两只眼睛，乌油油的两个窟窿，面孔上长着许多白毛”（周薇庵 1947）。还有部分文章中的僵尸是类人的异物，“似人而狰狞，长只二尺许”（应石麟 1924）。覆盖在僵尸身上的毛色除了白毛以外，还有黑毛“见一男尸黑毛如绒，躯体如石”（剑青 1917）。或对僵尸面色更为细致的描写，“只见一张毫无血色，面色青灰狰狞的脸，两个血红的眼珠向外突出逼视过来。”（《吉普》1946 年）。总体而言，这些民国时期的僵尸传闻中，多数延续了清时期僵尸外形的特点，但对于五官与指甲毛发的描写更为具体，也有一些故事中的僵尸形象是有所创新的。

在这些奇闻异事中，僵尸所穿的服饰多为入葬时的殓服，由于各地丧俗的不同，殓服式样也有所差异。有的僵尸穿着入葬时的殓服，如“麻

[1] 因本文只讨论中国的僵尸影视，对报纸上刊登的国外僵尸电影宣传不作研究。

[2] “形象”在《现代汉语词典》中的定义为“能引起人的思想或感情活动的具体形状或姿态”。

衣草履"（猛禽老人 1916）；"身穿白，头戴孝，足缚绊脚丝的"（谷万川 1926）；《僵尸复仇记》剧照中的僵尸是穿着民国时期的长袍，腰间扎着粗麻绳；"身上穿着红袄，手中拿着哭丧棒"（西西 1946）。身着清装的僵尸也不少，"服清装，翎顶袍靴❶……知为僵尸"（莹 1931）；1940 年《李阿毛与僵尸》电影的海报上僵尸也身着清朝官服；"逊清打扮之男僵尸"（佚名 1946）等。除此之外，也有僵尸穿寻常服饰，杨士猷在描述女僵尸逸闻，虽未用文字说明僵尸服饰，但他所作的配图中僵尸的穿着与常人无异（杨士猷 1914），还有的僵尸"身着青裙布袄"（佚名 1934），或"尸衣饰如故"（钱可居 1940）。

民国报文中对僵尸动作姿势的描述，相较清时期文献更为多样。清时期叙述的僵尸行动的姿势主要是"能飞行空中"（《子不语·卷十二》）；"腾踔直上"（续子不语·卷十）；"尸绕树踊距"（《阅微草堂笔记》）。而在民国报文中的叙述中，大部分僵尸行动的姿势是跳跃"不步而躍"（《小铎》1917）；"一跳一跳地"（谷万川 1926 ）；"跳跃而去"（佚名 1946）。除了跳跃外，僵尸还会"至堂前，朝月作礼拜状"（应石麟 1924）；"对月膜拜"（佚名 1946）。

清朝与民国时期的僵尸传说中对僵尸性别也有所提及，其具体数据如下图所示。这些数据包括了报纸上对民国时期上映的中国僵尸电影资料，电影为《午夜僵尸》（1936 年）、《鬼屋僵尸》（1939 年）、《三千年地底僵尸》（1939 年）、《李阿毛与僵尸》（1940 年）。

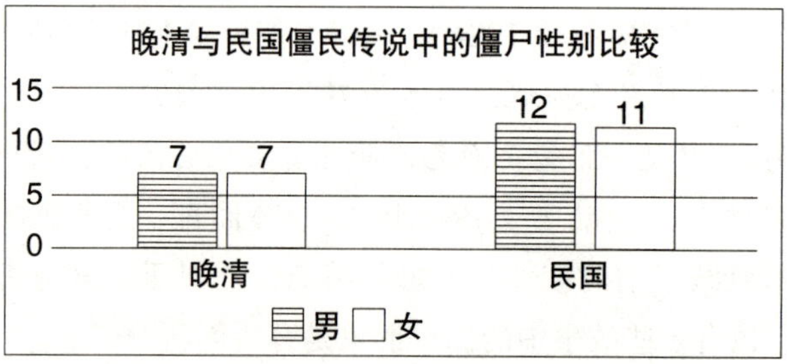

晚清与民国僵尸传说中性别比较图

❶《服饰志》中提及"讲究的人家，三日为小殓，给死者穿常服；五日为大殓，给死者男的换官服、女的换凤冠霞帔"。参见齐涛主编:《服饰志》，济南：山东教育出版社，2007 年，第 315 页。

二、僵尸形象的内卷化生产

1936 年上映的《午夜僵尸》可算是最早的中国僵尸片，而 20 世纪 60 年代之前共有 8 部中国僵尸电影上映。直至 20 世纪 80 年代，香港僵尸电影大量兴起的阶段，内地僵尸类型电影才开始出现。电影评论家普遍认为香港的僵尸类型片主要源于洪金宝的《鬼打鬼》。而开启香港僵尸片新时代的电影是《僵尸先生》，这部影片当年获得多项金像奖提名，插曲还斩获最佳音乐奖项。随后几年，涌现了大量以中国僵尸为主题的电影，如《僵尸家族》《音乐僵尸》等，这些僵尸影片因融合功夫喜剧、鬼怪元素等常被划归为“灵幻功夫片”类型。

20 世纪 60 年代以前的僵尸片中，僵尸通常是电影的唯一鬼物，而 80 年代开始的僵尸类型片中，常常会出现其他鬼物，如女鬼、异族吸血鬼（或类吸血鬼）等。以下是中国僵尸为主题的影视剧[1]中出现的鬼物详表：

中国僵尸影视剧目列表

电影名	上映年份	鬼物
僵尸皇仔	2017	男僵尸
僵尸英雄 2 古墓传说	2017	男僵尸
僵尸鬼王	2016	男僵尸、女僵尸
僵尸之蝴蝶怨	2016	男僵尸
僵尸也疯狂	2016	男僵尸
僵尸 2 之轮回恋	2015	男僵尸
僵尸归来	2015	男僵尸、女鬼
天师斗僵尸	2014	男僵尸、女鬼
僵尸	2013	男僵尸；女鬼
僵尸新战士	2010	男僵尸、吸血鬼（男、女）
有只僵尸暗恋你	2008	男僵尸
僵尸复活	2003	男僵尸、女僵尸
千年僵尸王	2002	男僵尸

[1] 本文只以中国僵尸为主题的影视剧，中国僵尸必须是该影视中的主要鬼物。并不讨论欧美的丧尸片或吸血鬼片。

（续表）

电影名	上映年份	鬼物
僵尸奖门人	2002	男僵尸、女鬼
赶尸先生	2001	男僵尸
僵尸福星（电视）	1996	男僵尸、女鬼
僵尸道长Ⅱ（电视）	1996	男僵尸、西方吸血鬼、女鬼
僵尸道长Ⅰ（电视）	1995	男僵尸、女鬼、日本行尸、西方吸血鬼
茅山学堂	1994	男僵尸
大头绿衣斗僵尸（电视）	1993	男僵尸、女鬼
新僵尸先生	1992	男僵尸
音乐僵尸	1992	男僵尸
僵尸至尊	1991	男僵尸、女鬼
僵尸福星仔	1991	男僵尸、日本吸血鬼王
非洲和尚	1991	男僵尸、非洲吸血鬼
霸王花遇鬼	1991	男僵尸
僵尸奇兵（电视）	1989	男僵尸、西方吸血鬼
僵尸叔叔	1988	男僵尸
僵尸翻生	1987	男僵尸
僵尸家族	1986	男僵尸、女僵尸
僵尸少爷	1986	男僵尸
僵尸怕怕	1986	男僵尸
僵尸再翻生	1986	男僵尸、女鬼
僵尸先生	1985	男僵尸、女鬼
僵尸复仇	1959	男僵尸
半夜奇谈	1955	男僵尸
午夜尸变	1955	男僵尸
古屋行尸	1949	男僵尸
李阿毛与僵尸	1940	男僵尸
三千年地底僵尸	1939	女僵尸
鬼屋僵尸	1939	女僵尸
午夜僵尸	1936	男僵尸

从上面的表格可以看出来，僵尸类型片中出现的鬼物主要有僵尸、女鬼、异族吸血鬼等。其中配角女鬼在34部影片（除20世纪60年代以前的电影外）中出现11次，异族吸血鬼出现6次。

在以上这些僵尸类型片中，中国僵尸的形象都是大同小异的：男性；身穿清朝官服；青面獠牙；双手平举蹦跳。凌晨等认为这种僵尸形象是来自20世纪80年代香港僵尸电影兴盛时期所拍摄出的僵尸片（凌晨2014）。香港僵尸类型片的大量生产更固化了僵尸形象，尤其是清朝官服与僵尸之间具有高度的关联性。

这些僵尸类型片中，无论僵尸形成于何历史朝代，又或是什么身份，僵尸都是身着清朝官服。比如电影《千年僵尸王》中千年的僵尸虽肌肉腐烂，却仍能看出僵尸头戴清朝礼帽，身着清朝的官服；电影《霸王花遇鬼》中，僵尸生前的身份是一个被判死罪的太监，但也是穿着清官服，这些是很显然有悖基本历史逻辑的。并且，僵尸被认为是需要官服的，2014年的《天师斗僵尸》电影中，当僵尸要杀与他有亲属关系的孙子亚强时，亚强说，“太公，我是亚强，你的孙子，我会买一套好的官服安葬你”，即刻僵尸便放过了亚强。更为夸张的是，身着清朝官服的就常被认为是僵尸。黄鹰[1]执导的《茅山学堂》（剧本名为《中国第一具僵尸》）中一段文字为：

将军一身清朝官服，老杜还不致醉眼昏花，一眼便看出来，这个年代有什么东西穿上清朝将军的官服？老杜心念一动，脱口一声“僵尸”！将军一听面色更白：“胡说，我不是僵尸”。老杜立时心头一宽，“那干吗扮成这样子……”[2]

对于为何僵尸身着清朝官服[3]，有学者指出，那些都是寿衣，这反映中

---

[1] 黄鹰被称为“灵异推理派”作家。在香港出版界、电影界、电视界及漫画圈内均享有盛名的作家和编剧家。曾凭剧本《僵尸先生》获1986年第五届香港电影金像奖最佳编剧提名。黄鹰所写的《僵尸先生》剧本中较少文字涉及僵尸形象的描述，仅提及“僵尸的面色灰白，肌肉已由丰满变得干扁”，并未提及僵尸身着的服饰。而在其后期其他僵尸剧本中，描写僵尸时大都会提及“一身清朝官服”的描写。这种转变可能是由于僵尸题材电影的风靡致使编剧本人也深受僵尸刻板化形象的影响，当然这只是笔者的推测。

[2] 第二章《阿历山大遇险记》此剧本来自网上的电子书城 http://www.gulongbbs.com/huangying/zg1js/

[3] 百度贴吧的“僵尸吧”和“遮天吧”中网友也对此表示关注，网友们的回答主要是“清朝衣服特别恐怖”；“清朝官服直挺挺的，颜色也严肃，正合适。”百度知道中也有同样的问题，网友们的回答中有：“清朝的官服就像僵尸”；“因为都是清朝的”；“因为僵尸是在清朝时期开始泛滥的，而且死去的冤魂很多！”；“官吏制度，所积压的怨气太重，所以才出现了僵尸穿着官服，一般死的都是含冤的官员！”。其中被提问者采纳的答案是：“清朝官服结果（构）与射击（设计）僵尸的形象就行（像），因为所有的清朝龙袍比较直，颜色较深，与官帽形状，整个服装和汉族中服装是不一样的，有一个凹陷，沉闷的味道，所以拍僵尸最合适。”

国人对死亡重视，尸体入殓时需表现死者生前最光辉的一面，官服成为尊贵身份的象征（很多是买回来的官衔，在所不计）（刘天赐 2008）。刘天赐所给出的解释确有其合理之处，然而用于解释那些客死异乡也身着清朝官服式服饰的僵尸就难免牵强，且几乎每部僵尸类型片中都会出现这样的僵尸（如电影中义庄存放的僵尸及道士驱动的僵尸群）。

给僵尸们穿上清朝官服在一定程度上可被视为是整理认同感的过程。香港成为城市历史不甚久远，加上清朝时被英国强行割占，香港人对于清朝更增添特殊的感情。因为同属于中华民族而认同，因为清政府长期的统治而畏惧，因为清政府的软弱而排斥，清政府的倒台也未消解这种记忆与情感。这样矛盾复杂的情感记忆多多少少地反映到了僵尸形象上，因为僵尸与普通的鬼物不同，僵尸被认为是某些人的祖先，而一定具有历史感，是找寻自身身份认同的过程体现。

僵尸这种形象的生产也可算是一个审美认知体系的构建，虽未创造僵尸实体，却再造了一种"活的形象"，一种感情。这种再现、创造的形象客体也可理解为香港人的心理外化，对清朝的想象、感情凝结成可视的"僵尸"。当然这种记忆和想象并非完整地被表达和传送，甚至可以说是零散地拼凑，而又在不同的僵尸电影中被不断修改，逐渐形成一些典型化的形象，而被观众接受，逐渐刻板化为某一形象。

与 20 世纪 60 年代以前多样的僵尸形象相比，中国僵尸形象不仅在影视作品中雷同，在各类娱乐商业产品中也呈现出单一化、模式化的特征。由于 80 年代香港电影市场辐射力极强，是亚太地区极具竞争力的电影产业。身穿清朝官服、面色煞白、双手平举的中国僵尸形象伴随着僵尸电影的推广而深入人心。身穿清朝品服、身体僵直或双手平举的男僵尸卡通形象令中国宝葫芦服装品牌成为知名潮牌。周杰伦《本草纲目》的 MV 中身着清朝官服蹦跳起舞的小僵尸。在东京电视台播出的儿童成长类游戏节目 Piramekino 中，中国僵尸深受孩子们的欢迎。[1] 另外游戏市场中，1988 年由日本的 PONY CANYON 在任天堂红白机上推出的一款改编自电影《僵尸先生》的怀古游戏——《灵幻道士》。2012 年发行的《植物大战僵尸中国馆》中的僵尸形象也是如出一辙。可见，香港僵尸题材电影的市场影响力范围之广，以及僵尸形象的刻板化、单一化。

---

[1] 《中国僵尸充当交流大使 风靡全日本》，http://games.qq.com/a/20121010/000032.htm。

由于电影市场的变化，中国僵尸题材的影视渐渐衰落，但近些年又开始复苏。2013 年于香港公映的《僵尸》，上映首周即登上票房榜冠军宝座，一个月后创下 1600 万票房纪录，并且这部电影还提名金马奖最佳造型设计等三个奖项。相较 2014 年香港上映的《天师斗僵尸》累积票房仅 209 万，但票房排名一直处于中游层次，说明其还是有一定的市场吸引力。由于网络剧的管制环境相对其他影视播放平台相对宽松，自 2015 年网络影视《道士出山》在各大主流视频网站取得不俗播放成绩后，如《僵尸归来》(2015)、《天师战僵尸》(2016)、《上古传说僵尸传》(2017) 等僵尸题材网剧大量涌现。

虽然僵尸影视作品数量在增加，但僵尸形象却仍旧在进行内卷化地生产。格尔兹、黄宗智等学者使用内卷化的概念是为了描述农业发展处于不断重复、精致化而没有实质变革的状态。自从 20 世纪 80 年代香港僵尸电影开始，僵尸影视中的僵尸形象除了在特效、化妆上持续精细外，身着清朝服饰、双手平举蹦跳的男性僵尸形象特点仍旧被不断复制，没有发生质的改变。

三、类型片中僵尸与其他鬼物的形象比较

黄鹰提及他“个人撰写的僵尸剧本事实已糅合了中外僵尸的特征与成因，可以说绝不真实，纯粹以娱乐观众为主，当然也娱乐了自己。电影原就不是真实的东西，小说也是的”[1]。但是，电影和小说等都是由人类在一定的社会语境中所生产出来的话语，这样的生产可说是一种符号工作、一种活动、一种实践，它必须不断给东西赋予意义，并向别人传达意义。在这些僵尸主题的影视作品中，鬼物类型的选择与分类，包括各种鬼物的形象，都是由社会的意义与认知构成。

(一) 男僵尸与女鬼

在僵尸类型片中，除了僵尸以外，常会有其他配角鬼物，女鬼就是出现频率较高的鬼物。男僵尸与女鬼虽是不同的鬼物，但是在影视中却又呈现出有趣的阴阳二元对立：肉体与灵魂；男性与女性。

中国文学史上女鬼形象较多，而男鬼形象却极少 (肖彬夫等 1989)，这样悬殊的性别比情况在影视剧也是如此，无论是阴森可怖的女鬼楚人美，美丽无害的聂小倩，还是我见犹怜的狐妖小唯，都是影视中刻画的经典女

[1] 引自黄鹰在其《中国第一具僵尸》剧本的楔子，此剧本来自网上的电子书城 http://www.gulongbbs.com/huangying/zg1js/。

性鬼物形象。但在众鬼物中，僵尸是个例外。

无论是清、民国时期的僵尸传说，还是僵尸类型片，僵尸的男性比例明显高于其他鬼物。清朝、民国的僵尸传闻中，僵尸中性别差异不大，男性僵尸占了54.5%。到了20世纪80年代的影视剧中僵尸全是男性，女性僵尸寥寥无几，即使有女性僵尸出现，也是作为给男僵尸配角的鬼物。这个转变一定程度上与当时香港功夫片的庞大市场影响力，以及僵尸片初创时的定位相关。功夫片代表了香港电影的辉煌（威尔辛 2014），因功夫片的强大影响力和票房号召力，洪金宝创作了一系列灵异功夫片，如《鬼打鬼》。[1]而后开创僵尸类型片先河的电影《僵尸先生》也是由洪金宝监制，林正英、元华等动作影星参演、创作的，因此，武打不仅是僵尸类型片的特色，也是促使僵尸类型片形成的因素之一。而香港武打演员主要出自武行，这也是僵尸类型片中的僵尸主要为男性的原因。

根据《礼记·祭义》对鬼的定义，“众生必死，死必归土，此之谓鬼”，僵尸与女鬼都属于鬼类。“鬼神，阴阳也”（《礼记·郊特性》），因此鬼物属于阴。鬼物类别中的僵尸与女鬼也就同属阴，但它们也分属于阴阳二极，“天地之间，无往而非阴阳”（《朱子全书》）。这个结构类似于杜蒙在《阶序人》中用于解释印度卡斯特体系的包含与对立理论结构，男僵尸与女鬼包含在鬼物（属阴）内，同时又作为阴阳两极相互对立、相互补充。

在僵尸类型片中，无论是男僵尸 / 女鬼的性别二元结构，或是肉体 / 灵魂的身心二元结构，都是阴阳思想的反映。自古性别就被类比为阴阳，男性为阳，女性为阴。《春秋繁露·循天之道》载“阴阳亦可以谓男女，男女亦可以谓阴阳”。影片中的僵尸被认为是某人的祖先，祖先的世界只有男性[2]，故属阳（华琛 2011:326），而女鬼则为极阴（蔡九迪 1996）。从性别角度看，男僵尸与女鬼处于阴阳二极。

从身心角度看，僵尸与女鬼也是阴阳二分的呈现。僵尸被认为是魄，“世之移尸走影，皆魄为之”（子不语·卷一）。女鬼则是无魄的魂灵，因为中国人认为“鬼”有魂无魄（阿城 2015:201）。因此，僵尸是具体、实在的肉体，女鬼则是游变、空虚的灵魂，在影片中他们构成身体 \ 灵魂的二元结

[1] 电影《鬼打鬼》1980年上映，被诸多电影评论家诸如刘天赐等人认为是开创灵幻功夫片的潮流，片中出现多种鬼物，僵尸只是其中一种，且并非主要的鬼物。

[2] 这也是上文僵尸以男性居多的原因之一。

构，也了阴阳二极。这也反映了中国自古以来身心二分的思维，“人生始化曰魄，既生魄，阳曰魂，魄则阴虚，魂则阳满”(《道德真经广圣义》)。

因为影片中男僵尸与女鬼形象构成男 / 女与身 / 心的阴阳二分结构，这两种鬼物分属的剧情功能也大有不同。男僵尸力大无穷的阳性形象，负责剧中激烈的武打戏份；而楚楚可怜的极阴女鬼则主要负责与剧中男性恋爱纠缠。而女鬼与僵尸之间的身体差异也是社会对性别理解的呈现。

（二）中国僵尸与异族吸血鬼

僵尸类型片中的与僵尸搭配的鬼物，异族吸血鬼的出现频次仅次于女鬼。吸血鬼在小说和影视剧中都是流传度很高的鬼物，在中国僵尸片中的异族吸血鬼包括优雅高贵的西洋吸血鬼[1]形象，凶狠丑陋的日本吸血鬼等。

当异族吸血鬼与中国僵尸这两种鬼物出现在同一画面上时，除了加强视觉上的冲突美感外，更多被强调的是族群和国家的认同。例如，在《僵尸道长》中，清朝僵尸王本是主角们一直力图消灭的鬼物，但西洋吸血鬼告鲁斯出现时，由于同为中国人的原因，主角们便与清朝僵尸王联合起来一起对付西洋吸血鬼。又如《僵尸福星仔》中日本吸血鬼王操控中国小僵尸为其找寻人血，结局也是主角们与中国僵尸联手除掉日本吸血鬼。《非洲和尚》的剧情中，中国僵尸主动与非洲僵尸作战，片中林正英饰演的道长还对中国僵尸说“民族之战输不得”。在这些影片中，相较于面容如常的异族吸血鬼，形容可怖的中国僵尸被暂时划归为同一民族的成员，其民族性被提高以忽略其鬼物的属性。

这两种鬼物也具有相同的特点：尖利的牙齿和指甲、嗜血。其中獠牙利爪是僵尸和异族吸血鬼共有特点中变化不大的形象[2]，但是嗜血特点则有所不同。

吸血鬼外形从最初传说中面目狰狞的魔鬼到今天荧幕上翩翩绅士已有很大变化，却始终保持吸血的特点。在清朝、民国时期的故事中僵尸的食物范围较广：有食人血的僵尸，《子不语·卷十三》描述僵尸“久不得血食”，或“伸掌遽攫其子，馔以血”(钱可居 1940)；也有食人肉的僵尸，《高辛砚斋杂著》中提及僵尸是吸脑攫肠胃为食物，“捩其头拔出吸脑有声，脑尽掷其头，复探手攫肠胃”，或“有披发头陀……持小儿足大嚼”(钱可居

[1] 这样的吸血鬼形象来自于受小说《德古拉》影响而生产的吸血鬼小说、电影，皮肤苍白、牙齿尖利、嘴唇鲜红、俊朗帅气、身披斗篷的中世纪欧洲绅士。

[2] 在少数几部僵尸影片如《我和僵尸有个约会》等吸血鬼的牙齿和指甲是伸缩自如的，只有在捕食时才会露出。

1940)；还有食鸡和鸡蛋的僵尸，“东厢厝棺后……鸡卵七……有僵尸据之”（猛龕老人 1916），或“僵尸鬼正捉了活鸡在里狂啖”（周薇庵 1947）。僵尸嗜血的特点到电影《僵尸先生》才开始模式化，有学者认为香港僵尸片吸收了西洋僵尸的“吸食人血”的特点（王俊秋等 2013）。

无论是血液还是牙齿和指甲在西方和中国都具有很强的生命寓意。《黄帝内经》谈到血液对于身体的重要性，“血盛则形盛，血弱则形衰”，《论死》更强调血液的生命特性，“人之所以生者，精气也……能为精气者，血脉也。人死血脉竭，竭而精气灭，灭而形体朽”。在西方的宗教信仰中，血液是生命可能的基础，《旧约》提及“肉体的生命来源于血液”。荧幕上吸血鬼和僵尸都是以血液为生的鬼物，他们获取血液的方式是通过尖爪利齿。而牙齿、指甲等与血液意义也是具有生命力象征的。江绍原通过历史古籍与社会上的习俗表明发须爪[1]在它们的自然的功用之外，又是富有生命力的东西（江绍原 2007:129）。《金枝》中列举了老挝、非洲一些地区身体的一部分如指甲或牙齿等被视为与人之间有感应魔力。影片中僵尸与吸血鬼作为亡去的鬼物，却必须用有生命力象征的牙齿指甲以获取血液为生。这两种鬼物通过尖牙、利爪、血液等身体中的组成部分暂时消解了生与死的对立，它们也只有通过不断地攫取血液，才能继续“永生”。

四、结语

从清朝时僵尸传说产生至今的僵尸影视，僵尸的形象包括僵尸的外形、性别、捕食范围、行动姿势等均发生了一定的变化。在香港电影的推动下，清时期复杂多元的僵尸形象，成为荧幕上嗜血、身穿清朝官服、双手平举蹦跳的刻板化形象。此外，在僵尸影片中，除了作为主要鬼物的僵尸，有时还会搭配女鬼、异族吸血鬼等鬼物。

本文将片中僵尸与女鬼形象的比较，反映出中国民间传统中肉体 / 魂灵二分的思维结构。程朱理学与笛卡尔关于身心二分理论受众颇广，而如梅洛·庞蒂的国外学者提出“身体化”、“具身化”等[2]试图反思身心二分的

---

[1] 江绍原的《发须爪》介绍《开元礼》《明会典》《大清通礼》等历史文献记载了丧仪中对指甲与牙齿的特别处理习俗。

[2] 具身理论试图跨越所谓的身 / 心二分，去理解在人生过程中重要经验的具身情境，这并不是指“身体”代替了“思想”被作为分析的对象，而是指一种新的整体化路径，思想、肉体及经验都被整合到了一起。参见 Stewart, P. J. & Strathern, A, *Humors and substances: Ideas of the body in New Guinea*, Greenwood Publishing Group, 2001.

思维传统，一些中国学者如张再林等从国学经典中回归身心一体论。但僵尸影片中比较男僵尸与女鬼，所呈现的身心二分结构对身心一体论也是一种有力的反驳。像僵尸影片这样的娱乐产品，其中掺杂着更多“下里巴人”的文化，身心一体论在“阳春白雪”类的修行中或许通行，普通民众的思维中却是难以与之切合的。

而中国僵尸与异族吸血鬼的形象比较中，血液、牙齿、指甲等具有生命寓意的身体部分都被强调，同时这两种鬼物所各自代表的民族身份也在影片中被突出表现。这些影片中鬼物都是被表述、被控制的身体，但是同时这些被形塑的鬼物身体也在向外传播、再生产这些形象，以及产生出相应的权力话语。

因此，鬼物形象除了作为具有社会符号意义的表征外，在其中我们能寻找到一些自身对非人、性别、民族等边界的理解。同时，鬼物形象也是生产话语的主体，尤其是僵尸片电影内卷化的生产，确立、限制了新的僵尸形象产生，也可以说已产生的僵尸形象控制着其形象生产的权力话语。

参考文献

[1] 华琛,华若璧.乡土香港:新界的政治、性别及礼仪[M].张婉丽,等,译.香港：中文大学出版社,2011.

[2] 阿城.阿城精选集[M].北京:北京燕山出版社,2015.

[3] 蔡九迪."女鬼"与"鬼诗":从《聊斋》看十七世纪中国文学中对"阴柔"的人格化与诗意化[J].学术月刊,1994(9):113-115.

[4] 曾薇.冻死的僵尸[N].新诗歌,1948(9).

[5] 董振舜.关于僵尸的话[J].浙江省立西湖博物馆馆刊,1935(3):64.

[6] 戈长云.僵尸[N].津汇月刊,1934(1).

[7] 谷万川.僵尸[N].语丝,1926(79).

[8] 河上公.道德经集释[M].杜光庭,等,注.北京:中国书店,2015.

[9] 旡咎.纪事:严墓:发现僵尸志异[N].吴江,1923(37).

[10] 剑青.怡庐笔记:僵尸遇镖客[N].小铎,1917(120).

[11] 江绍原.发须爪:关于它们的迷信[M].北京:中华书局,2007.

[12] 蒋镜芙.破除迷信三事:辟僵尸、辟鬼号、辟鬼火[N].少年,1913(2).

[13] 赖光临.七十年中国报业史[M].台北:日报社,1981.

[14] 李时珍.本草纲目类编:中药学[M].沈阳:辽宁科学技术出版社,2015.

[15] 凌晨,彭在钦.香港僵尸电影的发展历程[J].电影评介,

2014(14):62-63.

［16］刘天赐 . 僵尸与吸血鬼 [M]. 香港 : 三联书店 (香港) 有限公司 ,2008.

［17］庐隐 . 僵尸 [N]. 河北民国日报副刊 ,1928(13).

［18］栾保群 . 扪虱谈鬼录 [M]. 上海 : 上海文艺出版社 ,2010.

［19］末 . 僵尸 [N]. 新民 , 1932(35).

［20］钱可居 . 僵尸三则 [N]. 五云日升楼 ,1940(7).

［21］王俊秋 , 洪潇楠 . 香港鬼怪电影中的文化认同 [J]. 华夏文化论坛 ,2013(2).

［22］威尔辛 . 让你直呼过瘾的动作冒险片 [M]. 太原 : 北岳文艺出版社 ,2014.

［23］夏志强 . 僵尸 [N]. 都市生活 ,1943(7).

［24］肖彬夫 , 宁俊杰 . 中国文学史上的女鬼形象 [J]. 渤海大学学报 (哲学社会科学版),1989(1):52-55.

［25］燕探 . 青天白日见鬼 : 唐家湾小菜场发现女僵尸 !(附图)[N]. 海燕 ,1946(13).

［26］杨士猷 . 画 [N]. 之江画报 ,1914(5).

［27］姚霭园 . 谈僵尸 [N]. 社会医报 ,1930(131).

［28］佚名 . 寰球妙闻 : 僵尸被焚 [N]. 小铎 ,1917(160).

［29］佚名 . 僵尸拜月 , 黄鳝称仙 : 裸女避疯 , 狐精迷人 [N]. 海潮周报 , 1946(21).

［30］佚名 . 李阿毛与僵尸 (照片四幅)[N]. 电影世界 ,1940(15).

［31］佚名 . 有趣的研究资料 : 安徽广德发现僵尸供医学界研究 [J]. 光华医药杂志 ,1934(10):40-41.

［32］佚名 . 最近上海巨片一览 :“僵尸复仇记”(照片)[N]. 中国月刊 ,1941(2).

［33］莹 . 僵尸 [N]. 齐塘月刊 ,1931(1).

［34］应石麟 . 僵尸 [N]. 劝善杂志 ,1924(5).

［35］猛禽老人 . 然犀录 : 僵尸吃鸡卵 [N]. 小说海 ,1916(6).

［36］桢 . 僵尸与电 [N]. 学生 ,1944(5).

［37］周薇庵 . 飞头记 (六): 僵尸真在吃我们养的鸡 [N]. 中外春秋 ,1947,(21).

［38］朱熹 . 朱子全书 [M]. 上海 : 上海古籍出版社 ,2002.

Gender and Body:The Image of Devils in Chinese Vampire Movies

Li Jing

Abstract: There are quite a few studies on Chinese Vampire films, but few scholars pay attention to images of ghosts in Chinese vampire films and televisions. This paper tries to find the characteristics of Chinese vampire imagine from the legends and stories from the Qing Dynasty to the Republic of China (1912-1949), including the appearance of Chinese vampires, wearing costumes, gestures and gender differences. Until the 1980s, a large amount of Chinese vampire movies produced, and which resulted in a stereotyping of Chinese vampire with tooth and claw, dressed in official Qing dynasties and jumped hands and feet. In these films and TVs, Chinese vampires are the main devils but also includes other ghosts and different racial vampires. By comparing images of these devils from gender and body, we can figure out the distance between us and these ghosts, and how we construct ourselves and find ourselves in the order, like ethnic, yin and yang.

Keywords: Chinese Vampire;Ghost;Vampire; Gender;body

穿越两界的“第三者”

——岷江上游羌区“毒药猫”信仰研究

王海燕

摘要: 本文通过大量关于岷江上游羌区流传的“毒药猫”故事传说，对“毒药猫”信仰的语义、叙事进行梳理，结合羌区的自然生态特征和社会文化背景，分析“毒药猫”信仰的根源与本质。

关键词: “毒药猫”；民间信仰；社会功能

岷江上游羌区广泛流传着“毒药猫”信仰的相关故事传说，其大意是，人们认为在他们身边有一种很特别的人，且多数为女性，是一个家庭中的婆婆或媳妇。[1] 这种人白天和一般人没有什么差别，正常参与日常生产劳动，但是等到夜晚入睡后，她们的灵魂就会离开身体，变成任意的动物、植物出去作祟；她们身上藏着一种不示人的“毒”，能够通过指甲、眼光、呼气害人，甚至置人于死地。这类人就像具有特异功能一样，从青稞苗上走过却不会踩倒苗子，能站立于烧红的铁盘上却若无其事；能够预知村寨的祸福旦夕等，成为穿越人与鬼神两界的“第三者”。

“毒药猫”信仰是羌族文化的一个侧面，依附当地社会的自然与人文环境而发展兴盛，在岷江上游羌区范围内的语义及叙事都呈现极大丰富性，是理解分析羌族社会文化的重要切入点。但此文化现象神秘隐讳，它源于何时，如何演变，如何在羌民族的生活中起作用，至今未有一个清晰的线索。本文重新对“毒药猫”文化现象进行系统研究，意在探讨其形成本质，还该文化信仰一个本真面貌。

[1] “毒药猫”多数是指女性。羌村社会流传着“一百个毒药猫中有九十九个都是女的，只有一个是男的”的俗语。

一、相关研究回顾

关于羌族宗教文化方面的研究成果，从民国时候的华西边疆研究中就有不少的学者对其进行关注和解读。其中较为重要的有这么几位：20世纪初期来自英国的传教士陶然士，他通过在四川岷江上游传教的机会参与观察羌民社会，先后出版了《青衣羌——羌人的历史、习俗和宗教》《中国最早的传教士：古代的以色列人》《羌族宗教的基本灵性概念》等著作，探索了一些有关羌人的习俗与宗教观念。陶然士最后得出结论，认为羌人宗教为一神教，信仰唯一的最高天神——白石。继陶然士之后，来自芝加哥大学兼传教士与学者双重身份的葛维汉也在岷江上游进行人类学研究，其《羌人的习俗和宗教》一书列举了羌族的五大神、十二小神和一些地方神来反驳陶然士关于羌人一神论信仰的结论。在葛维汉的宗教研究中，“毒药猫”被归为邪魔，是一种神秘强大的力量，他认为导致人们信奉和害怕邪魔的主要原因是邪魔可以造成疾病和其他灾难。国内，四川大学胡鉴民教授遍访羌区，在其《羌族之信仰与习为》（《边疆研究论丛》1941）中认为，羌民宗教信仰还处在灵气和灵物崇拜阶段，即依赖鬼神、支配鬼神并信仰一切超自然力量。另外还要提到徐平的《羌村社会——一个古老民族的文化和变迁》（中国社会科学出版社1993），作者认为羌族宗教除了有自己的鬼神观念，还深受汉族道教与藏族喇嘛教影响，反映了羌族在外来文化强烈影响下的文化交融。

“毒药猫”故事在羌族地区流传如此广泛，作为一种社会文化现象进入学者研究视野的时间却不长，研究者或从族群或从象征或从性别角度对“毒药猫”信仰做过解释，研究资料较为丰富。特别是近几年学者们对羌族文化的关注，对“毒药猫”文化现象的分析也愈加多角度。“毒药猫”故事最初以文本形式出现在世人面前是在《羌族故事集》（阿坝州文化局1989）和《羌族民间故事》（茂县文化馆1993）中，一共有十则关于“毒药猫”的故事。《羌族词典》（周锡银2004）将“毒药猫”放在宗教类——神祇下面作为邪神进行解释，这种分类有何依据不得而知。有意思的是，羌族社会确实信仰“毒药猫”，然而在神灵信仰系统内却找不到“毒药猫”的“神”的位置。多数学者从女性角度分析“毒药猫”故事，认为“毒药猫”是母系社会残留在男权中心主义文化下的产物，“毒药猫”故事体现的是羌族男性对女性的畏惧，是男女性别斗争的结果（孟燕2000，张曦2009）。另外还有部分学者对“毒药猫”文化现象从象征的角度做了系统分析，将“毒药猫”之“毒”归结为人们思想中“洁净”与“污秽”这套整体观念的分类。认为“毒药猫”信仰是岷江上游地区居民对身体的一种主观文化建构，是当地文化对人的身体进行逻辑分类的一种产物，它背后的社会文化情境是人们对身体“疾病”和“灵魂”的认识观念，以及更广泛意义上人们对“秩序”与“失序”，“疾病”与“健康”的认同与区分（陈安强、扎西贡波 2006）。王明珂所著《羌在汉藏之间》的“毒药猫理论”，即以族群理论为主要思想，重点运用工具主义，首先展现羌族地区村寨生活中的资源利用存在分配与竞争的状况，反复强调羌族社会资源极端贫乏，由此产生各种矛盾和冲突，然后分析羌族婚姻与家庭、村寨认同的本质，以及女人在社会中扮演的角色。借着这些社会生活背景，去解读“毒药猫”故事中所蕴含的女性、动物、疾疫与死亡的象征意义，说明羌族社会将“毒药猫”作为“替罪羔羊”，通过对其进行排斥达到社会整合，并进一步解释了与此故事传说有关的神话、历史与个人经验如何相互构成，如何与各文化共同反映、建构当地的认同与人群区分体系，进而了解人类一般性的群体认同与群体内外区分上的意义（王明珂 2008）。

斯图尔德认为，文化是人类在适应当地环境的过程中逐渐形成的，地理环境无疑是影响或决定人类生活方式及文化形态最重要的自然基础。以往的学者多是从单一因素对“毒药猫”文化现象进行解释，本文则以岷江上游羌区作为田野调查点，从当地自然生态与社会文化背景入手，关注羌族社会结构、流言机制、自然宇宙观，试图从整体观的角度，去寻找“毒药猫”信仰更为深刻的文化诠释。

二、调查对象

（一）羌族历史文化简介

羌族族源最早可追溯于殷商甲骨文中所记述的“羌”。“羌”居西方，也称“氐羌”，活跃于中国的西北高原，以畜牧为生，过着游牧生活。从陕甘青及内蒙古地区东进，进入商的势力范围，为商人之敌，《诗经·商颂·殷武》谓“自彼氐羌，莫敢不来享，莫敢不来王”。《大雅·生民》说：“阙初生民，时为姜原”，意为周人始祖为姜原。姬姓周人源于姜，羌出自姜姓，周人与羌有直接的血缘关系，在周灭商的战争中，羌或羌姓部族是其中一股重要力量。周人掌权后，成为贵族，融入华夏，将其他部族与羌统称为“戎”，即为重兵尚武、争强好胜的西部人群之意。其他仍居于渭水流域的羌部族后来联合“戎”发动叛乱，导致西周结束。春秋战国时期羌是北方“戎人”的一部分。战国时候，部分“戎人”西迁，与先前居住于甘肃、青海黄河上游和湟水流域的羌融合，成为后来汉代的“西羌”。秦以来，河湟地区羌人迫于战争，继续大规模向西南迁移。其中最大的一部分向西北，经过祁连山迁移至新疆，称为“婼羌”。《说文 · 羊部》解释说:“羌，西婼羌，西戎牧羊人也。”向西进入西藏的“发羌”和“唐旄”部落后来发展成为藏族先民的一部分。更有大部分经松潘草地到达岷江上游和大渡河上游，又沿这两条河谷南下，通向西南广大地区，发展成为藏缅语族中的亲属各族。陆续迁到岷江上游的人群，形成冉、駹部族，后来历朝历代又有羌人不断迁居于此，与当地居民相融合，相继至今，演变为近代的羌、羌番或羌民。❶

现代民族国家建立之后，岷江上游羌民被识别为“羌族”。❷ 根据 2010 年人口抽样统计显示，岷江上游羌族人口为 15.8 万人，主要居于四川省阿坝藏族羌族自治州内的汶川县、理县、茂县、松潘县、黑水县。❸

（二）羌区自然地理环境

岷江上游羌区位于东经 102° 51'46"，北纬 30° 45'47"，北起松潘县小姓乡、镇江关一带，南至汶川县映秀镇，西抵卧龙自然保护区，东达茂县土门。

汶川羌族主要分布于龙溪、克枯、雁门、绵篪等地，这些乡镇受汉文化影响，羌语对内仍旧是主要语言，而居于县城及各村寨河谷地区居民则多数将汉语当作母语。理县是汉、羌、藏、回混居地，羌族村寨主要分布在甘堡以东蒲溪、通化、薛城各沟，其西侧居住的多是嘉绒藏族。其中通化、薛城深受嘉绒藏语言文化影响，而蒲溪沟的羌族语言文化保存较好。茂县是目前羌族人口比例最高的县，除县城凤仪镇及岷江两岸河坝地区，处于高山、深沟内的村寨都保持了比较传统的语言文化。茂县最西的赤不苏、沙坝等地区是羌族文化核心区。松潘羌族主要分布在县南部的镇江关、小姓与双泉，镇江关沿公路较近的羌族受汉化很深，而小姓沟内多数村寨则民族文化浓郁。❹

---

❶ 李绍明:《藏彝走廊民族历史文化》，北京：民族出版社，2008 年，第 179 页。

❷ 参见耿少将:《羌族通史》，上海：上海人民出版社，2010 年，第 35—93 页。

❸ 羌族分布除了我国四川省阿坝藏族羌族自治州外，其余还有绵阳市北川县、平武县、甘孜藏族自治州的丹巴县，陕西省宁强县和略阳县，甘肃省武都地区以及贵州省石阡县和江口县。

❹ 参见王明珂:《羌在汉藏之间——川西羌族的历史人类学研究》，北京:中华书局，2009 年，第 8—11 页。

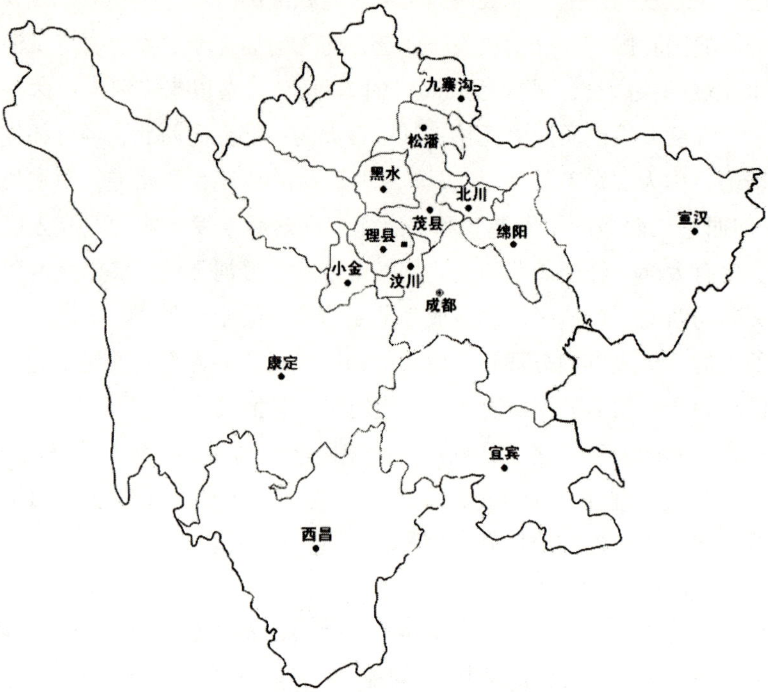

岷江上游羌区地形图（张曦制）

岷江上游羌区地形属青藏高原向四川盆地过渡的高山峡谷地区，河谷深邃而狭窄，山势峻峭，资源丰富，盛产名贵药材，是国宝大熊猫和珍稀的金丝猴生息之地。境内岷山山脉支系巴郎山、鹧鸪山等横贯境内，其主峰九顶山，高4200米，山顶终年积雪，如银柱擎天，甚为壮观。岷江是羌族人的母亲河，河水在崇山峻岭间自北向南蜿蜒而下，其支流黑水河与杂古脑河自西向东，横穿羌区。羌族一般聚族而居，几十上百户人家形成一个寨子，俗称“羌寨”。传统羌寨主要分布于岷江上游及其支流黑水河、杂谷脑河两岸的高半山台地，少数坐落在河坝地区，与藏、汉、回杂居，以农业为主，兼营畜牧业，以狩猎和多种副业为辅。随着“5·12”汶川地震灾后重建，羌区受城镇化、现代化等一系列因素影响，村落居址发生极大变化，高半山村落逐渐向更低海拔的河谷地带聚集，传统农牧生计方式也发生改变。这些变迁对羌区社会“毒药猫”信仰也有很大冲击。在这个时期重新从整体的视角思考“毒药猫”文化现象，亦是对正在发生变迁的羌族社会进行一个反刍式的文化探索。

三、“毒药猫”信仰的语义与叙事

（一）“毒药猫”的语义表述

岷江上游羌族地区普遍流传着一类传说，认为村寨中存在拥有神奇魔力的人群，汉语把这类人通称“毒药猫”，有的资料上也写作“犊疫”。在羌语各地方言中，“毒药猫”普遍被称为ddu[1]。这个词有两层意思，一层是“放毒”的意思；另一层是“活鬼”的意思。“鬼”也被分为两种，一种是人死后变的“鬼”，叫“死鬼”，羌语叫法为sha mu、ce bea或者mie xi mi（主要是黑水县瓦钵乡）；一种是活人变的“鬼”，也就是上面提到的ddu。

“毒药猫”的“毒”分三种：手毒、眼毒和邪气。可能是源于施毒方便的缘故，手毒是“毒药猫”故事版本中最常用的一种放毒方式。那些眼睛发红、指甲长、指甲盖发黄的老太太多半是故事的主角，据说她们的指甲缝里藏着“毒”，给人端水递饭时趁人不备，将“毒”放进食物中，使人食用后肚子痛，呕吐不止。身体之“毒”是成为一个“毒药猫”后，天生能产生的东西。在有些故事中，无论“毒药猫”本人是否愿意，“毒”会随时产生，并在“毒药猫”毫无意识的情况下，在做饭过程中，已经将“毒”放进了食物。

（茂县 曲谷）我们这个地方有个出嫁的女儿回娘家，母亲为了招待女儿，就给女儿做馍馍吃。母亲是会“毒药猫”的，在搓面的时候，“毒”发作了。正搓着的面看着看着就发胀起来。母亲就给女儿说：“姑娘啊，这个怪不得我，馍馍你吃不成了。”说着，就把那坨面扔了。不管在任何场合，“毒药猫”即使在面对面的时候，也可以把“毒”放到其他人身上。

眼毒也很普遍，“毒药猫”看人一眼，就可使人生病，特别是小孩子或者身体素质差的人；看一眼可以使东西变质、腐烂，比如伤口越来越大，化脓越来越厉害，导致人残疾或死亡。

（黑水 色尔古）有人说“毒药猫”就是黑热病。身体的某一个部位，比如脚上或者其他什么地方，要是有伤口，你必须要包得严严实实的，如果被那些“毒药猫”看见，伤口就会化脓。包括孕妇也是不能看这些伤口的，否则伤口变得更大。来我们医院看病的人，那些摔伤、割破，只要有伤口的地方，那些人不管夏天再热，都是包裹得严严实实。他们这里就忌讳这

[1] ddu，按照国际音标写法，羌语音译，下同。

些，生病的人在别人家里住的话不方便，房东害怕被传染。

邪气，也称为瘴气或者“毒气”，无论小孩还是成年人，据说只要被“毒药猫”邪气缠身，则精神萎靡不振，身体慢慢消瘦。

（汶川 威州）以前我们队上在集体的时候是每家每户轮流放牛、放羊。牛和羊集中在一起，都关在山上草场的圈里面。我有个老表（表兄弟），在我们队里一直都特别能干，有的是力气，挖地、砍柴都是一把好手。那年轮到他们家上山放牧，我这个老表就去了，没去半个月就说生病了，要回来。回来之后就一直没得精神做事，工分拿不到，一天只想睡觉，身体也越来越差。家里人把他再打再骂都没有办法让他清醒，还是就这么糊里糊涂的就死了，听人说被“毒药猫”（邪气）缠身了。

ddu 是民众对“毒药猫”较为普遍的称呼，其中代表“活鬼”意义的羌语叫法具有更丰富的多样性。汶川县萝卜寨称“毒药猫”为 ddu-mia-kua，是“夜里会变成各种动物的人”，多数是指女人。

理县薛城叫 se yi ner，意思是“放毒的人”。理县蒲溪土话叫“毒药猫”为 mo ddu。理县下孟周边称“毒药猫”为 dda do ge la。

黑水的“毒药猫”一般被称为 dduzh gvebi，比如在色尔古、洛多、龙坝都是这个叫法。dduzh 是“毒”的意思，gvebi 是“最坏的，低贱的”意思。在以色尔古为中心的周边地区，“毒药猫”是相互骂人的词，是“不好的、不洁的”的意思。在瓦钵梁子一带，“毒药猫”被称为 dduh xia b 或 ddush gvebi，是“有毒的”的意思。在黑水石雕楼地区，叫法变为“ddush zhum”，是“会放毒的”的意思。在维古地区，ddur gvebi 就是指“毒药猫”，仍旧是“会放毒的，能施毒的，有毒的”的意思。黑水县麻窝叫 ho ze yi。

茂县三龙乡的“毒药猫”叫 ddub，是“会放毒的”的意思，当地还有一种叫法为 ddu ge rim，表示“她会放毒的”。曲谷叫 ddu ba hhrre，ddu 是“毒”的意思，hhrre 是能愿动词“会某事的一类人”，ba 是动词“做”的意思，整个词的意思是“会毒的，变鬼的一类人”。曲谷的热尔寨叫 ddu ba，是“正在施毒”的意思；河西村叫 ddug mi，是“活鬼”的意思。麻窝乡叫 dduhh hhrre，意思是“会毒的，根根就是毒药猫”。飞虹乡黑虎寨叫 dduzh。在赤不苏地区叫 dduhh xia bu。而在雅都，“毒药猫”则又被称为 ddugv vhinnae bu。

松潘县小姓乡的埃溪，“毒药猫”叫法为 ddu ngean，ddu 是“会法术，会妖术”的意思，ngea 是系词“是”的意思，而后缀 -n 是指“你”的意思，整个词的意思是“会鬼的那一套法术的人”。在大尔边村，又恢复到 ddu ba 的叫法，意思是“女鬼，吃人的”。在朱尔边，“毒药猫”笼统的叫法是 ddu bu ga te，其意思是“会变各种动物的，会施毒的人”，非常有意思的是，当地的“毒药猫”叫法还有男女性别之分，男性“毒药猫”叫 wuddu zu，是“毒药猫”中当官的一类;女性“毒药猫”叫 wuddu ngean，意思是“会变的，能变各种动物的”。

岷江上游羌族地区由于地理封闭，交通隔绝，有“十里不同天，三里不同腔”的俗语，是说羌语方言较多，甚至同一条沟同一片山上的各个寨子在语言上也存在细微差别，因此当地四川汉语土话反而成了大家沟通的重要工具。“毒药猫”这个汉语地方词汇在当地几乎是尽人皆知。一个民族的文化随着该社会政治、经济、生态的改变也不断发生变化，只有语言是古老文化残存中最后的一片保留地。从语义上来看，“毒药猫”的羌语原型在整个流传地区都有其完整的意义：放毒和能够变成各种动、植物。

（二）“毒药猫”信仰的叙事探究

道教、苯教与喇嘛教在岷江上游羌族地区长期斗争、吸收、接近、融合，羌族宗教信仰观念中，深受周边不同宗教影响，既有本民族信仰的神鬼观念，又汲取了汉族道教与藏族本波教、喇嘛教的宗教观念。“毒药猫”信仰的各种故事传说版本也因此开始在叙事形式上出现分野，呈现出不同的特点。

道教发源于四川青城山，与岷江上游地区相邻毗连。该教以“道”为根本信仰，并加以神秘化，同时承袭了中国古代社会的巫术和求仙方术，宣扬用咒符可以“召请鬼神”，炼丹修持可以得“道”，叫人逃避现实斗争。本波教是一种生根于原始公社时期的，崇拜鬼神、自然的宗教。“本”字原意指“瓶”，系早期巫师施行法术时所依助的神坛或一种宗教器皿，遂称巫师为“本”，逐渐异变称谓，成为一种宗教的教称名号。喇嘛教是藏传佛教的一种，传入阿坝地区极早，据说 8 世纪时便有藏族大师到马尔康地区译经。[1]

“毒药猫”即是一种被神秘化的对象，有时被想象成一种看不见摸不着就能使人生病的戾气；有时又是确指的某个人物变成动物害人；有时直接是以人的原型实施法术；有时又如仙丹是一种实物——“毒”，放到饭菜之中

[1] 燕松柏，雀丹:《阿坝地区宗教史要》，成都：成都地图出版社，1993 年，第 37，42，43，48 页。

能致病。

受不同宗教思想影响，“毒药猫”信仰的故事传说在岷江上游有其明显的区域特点。以汶川威州、绵篪为中心，向东到漩口、映秀和都江堰，向西到茂县两河口，向北到理县薛城，“毒药猫”意义包含三个方面：首先是放毒，“毒药猫”或多或少都有毒性，要看个体差异；其次是变成各种动物，这些动物多为村寨人们所常见，或是所养牲畜的种类，或是游离于村寨与野外的动物；最后是一种附体，即“毒药猫”的灵魂附在他人身上，而“鬼”的灵魂被看作不干净。这种认识是在我们认为完整的“毒药猫”意义上衍生出来的第三种表现方式，类似上文提到的“邪气”。灵魂附体这种说法是对村寨中人们的各种病症，如无力、消瘦的最笼统解释，至于归罪于哪一个“毒药猫”，则需要请释比[1]出面做法事才能看到。

“毒药猫”作为“第三者”，以一种亦人亦鬼的“活鬼”形象活在人们的心中。常人与活鬼同住在村寨这个小社会中，抱着“井水不犯河水”的态度与“毒药猫”和谐共存。正如有学者通过对羌族释比文化的研究，提出的以释比代表的羌人宇宙观一样：“羌族文化系统中，对于鬼害不是彻底地敌对与势不两立，而是有条件地共处。这是一种与万物，与他者、他类、他族，包括鬼灵在内，采取的于自无害也不害他的共存、亲和的价值立场与原则。”[2]但是这种共存，会伴随自身的生存环境，生活条件，族群间的文化交流影响而表现出不同地区的普遍价值观念。

由于羌藏汉文化的长期交融，汶川地区的“毒药猫”在人们的记忆中已经不那么让人痛恨了。虽然偶有听说“毒药猫”给人下毒的传闻，但仅仅是把“毒药猫”害人的想象放在人的一生生老病死中微不足道的位置，而且是在病因未明的情况下才寻求的寄托。汶川的“毒药猫”更倾向于变成各种实用的东西，引起人的注意，继而捉弄人，与人开玩笑，却多不伤害人。

（汶川 威州）我们这个村以前还是有好些“毒药猫”，现在没有以前信得厉害，所以比较少了。“毒药猫”以前都是些老太婆，指甲发黑，眼睛发红。没有“毒夜猫”的话连玉米都不开花。在以前，我们经常都是大晚上去磨坊磨面，因为白天都要在地里干活，只有到了晚上才有空。那个时候，我们这里闹水灾，都不敢住在河坝，村村寨寨都在山上，只有水磨房修在

[1] 释比为羌族社会传统宗教职业者。

[2] 赵曦：《神圣与亲和——中国羌族释比文化调查研究》，北京：民族出版社，2010年，第20页。

山下。一个人去山下磨面，“毒药猫”就经常在磨面坊外面吼，开玩笑似地吓人。“毒夜猫”还要坐在石磨子眼上，看着磨子在转动，粮食却怎么都不下去。她把磨心都堵住了，粮食怎么下去嘛，只有放空磨，把磨子都磨平了粮食还不下去呢。你要跟她开玩笑也整她的话是整不到的，只有踹她睡在床上的身体时，她才会醒。

从两河口顺着黑水河到芦花镇的子母林、麻窝等地，“毒药猫”表现了自己完整的意义，体现在放毒和能够变成各种动、植物作祟，伤害人。“毒药猫”作为村寨人们的敌人，与常人是对立的关系。人们已习惯了这套生存的方式，即使现代化的医院就修建在村子中心，早已查明病因，人们还是不明白为什么他们会得这种病而别人不会，所以归罪于“毒药猫”是再简单不过的解释方式。

（黑水 色尔古）我的兄弟在石雕楼乡上，脾气比较差，喝酒也很厉害，一次喝十几碗咂酒不成问题。喝了酒之后常和邻居闹事，就骂开了，说谁谁是“毒药猫”，害了哪家人。结果那家“毒药猫”就一直怀恨在心，想整我兄弟。没过两年，我兄弟就得病死了。我还有一个更小的弟弟，刚死七天，今天才烧第一个七。我这个弟弟得的是肺癌，这个病没有办法医治，在我看来这个病也是“毒药猫”害的，我以前是不信的，但是经过我自己的亲身经历我是相信这个的。这个世界的所有疾病，肺癌，肝癌，各种癌症都是“毒药猫”整的。

茂县两河口以下“毒药猫”故事传闻和汶川的说法没有很明显的区分，放毒与变成各种动物的情形都有。从茂县两河口开始，顺着黑水河往上，大概到芦花镇，这些地区的人在讲述故事的时候则往往会提到“毒药猫”变成各种动、植物，伤害人。村寨的人们与“毒药猫”之间关系紧张，但是人们在没有确凿证据的情况下，不会轻率与某个被称为“毒药猫”的人发生冲突。

（黑水 洛多）在色尔古，一家人和有“毒药猫”的那家有仇。这家人生了个小娃娃，会“毒药猫”的那个女的就去看那个小娃娃。那天下雨闪电，那个“毒药猫”正要吃小娃娃的时候，闪电窜到房子里，在“毒药猫”脖子上转了一圈就把“毒药猫”砍死了。

村寨的人由于各种意外总会丢掉性命，死亡让人恐惧，特别是没有任何征兆的离去，给活着的人留下的是无尽的猜测与想象。“毒药猫”成了最直接的替罪羊。

从理县薛城、下孟一带沿杂古脑河而上，“毒药猫”主要表现为放毒，很少有关于其变成他类的说法。

（理县 通化）三岔沟寨子上还有“毒药猫”。听说吃不得“毒药猫”给的东西，她们要在饭碗里面放毒，吃了就肚子胀。我们这儿的“毒药猫”老太婆已经不在了，她的女子都嫁到外面去了，这儿也没有传过其他人。不过旁边山上听说还有。我们现在上山耍，也不敢到那家人屋头去，还是害怕被放毒，都是自己带吃的。

理县杂古脑河一直向北，到古尔沟嘉绒藏族地区，较少听说有“毒药猫”变化为动物出去害人。村寨的人们是用一种更严肃的态度来对待“毒药猫”，因为“毒药猫”偏重施毒、放毒，这关系个人的生命安全，因此大家“打开天窗说亮话”，把事实摆在明处，两方通过协商决定如何处置“毒药猫”。

（理县 杂古脑）“毒药猫”放毒一般整不死人，我们也有一些办法对付，但是严重了还是要死的。晓得哪个是“毒药猫”的话，就集体商量，在村外头给她找个崖窝，没有崖窝就搭个棚子，就是不能住在村里面。“毒药猫”放毒也不是故意的，她不愿意害人，所以一般都同意。

松潘小姓、镇平一带，“毒药猫”没有放毒的形式了，大多是具有变化技能，且“捉弄人走两个极端，要么被人弄死，要么置人于死地”。村寨的人在意识上对“毒药猫”就是身边的人这种概念不太重视，“毒药猫”亦人亦鬼亦神。这主要源于松潘羌族“毒药猫”缺少放毒的功能，减少了与人们日常生活的联系。在某种意义上说，活人与“活鬼”是在两个空间中生存，即使碰巧凑在一起，也多数不是平等的关系，总有一个高低等级之分，要么人在上，将“毒药猫”制死；要么“鬼”在上，让人不得翻身。

（松潘 小姓）我的老丈人是下寨的，有次去上寨耍，到半夜回下寨。到了guo gei da[1]他们家门口碰到一个A li，挡在路中间。我老丈人叫她让一下，那个A li也不让，两个就开始打起来，后来抽刀的时候，我老丈人的那个刀就拔不出刀鞘，他就连着刀鞘整个刀都提起来打。过一会儿那个A li就不动了，好像被打死了。老丈人用泥巴把尸体盖上。回家后，见到火塘中的明火就倒在地上不动了。家里人就把筛子盖在他身上，用扫把抽打，边打边问，老丈人就啥都要说。说了之后，家人就跑到泥巴堆那里找尸体，结果什么都没有，没几天，guo gei da他们家的老婆子就死了。

[1] 羌语，人名。

“毒药猫”是一种既可怜又可畏的“人”，说她们可怜，是因为一旦成为“毒药猫”便意味着脱离社会群体，被孤立，被隔离；说她们可畏，是因为“毒药猫”的存在意味着他人的安全没有保障。在个人性命安全受到“毒”的威胁的情况下，人们小心翼翼对待“毒药猫”，与“毒药猫”保持一定距离，却又不能让这种距离太明显而惹怒她们。

松潘小姓地区的“毒药猫”故事版本与现今羌族地区的“毒药猫”故事主体一致，但其叙事则很少涉及“放毒”的内容。故事当中“毒药猫”也可以变成他物，但是这类物所具有的特性多是将“毒药猫”神话化，比如“能够施法，具有法术”，这倒正好为“毒药猫”作为羌族社会神灵信仰中的“邪神”提供了些许证据。虽然人们没有在神圣领域给“毒药猫”安排一个位置，却在每个人的心中时刻为“毒药猫”保留着一些空间。

（松潘 大尔边）旧社会的时候，我爷爷在小姓乡猪尔边租地种，白天劳动，到晚上回大尔边来。有一天晚上劳动到很晚，天都黑了，我爷爷才走，刚从地坎子下到路上就看见一个女人。这个女的问爷爷：“天都这么晚了还要回啊，就在这儿睡了嘛。”我爷爷想大晚上的，这个女的在这里做啥哦，就开始警惕了。在回家的路上走到一个小山坡上，又看见那个女的，这次是迎面走过来，边走还边搓毛[1]，走到我爷爷身边的时候就转身跟着爷爷的脚印走了。我爷爷走过一条小河，那女的到河边闻不到爷爷的气味了，就在河边转，开始哭，后来不晓得又想什么办法走过了那条河。我爷爷呢以为摆脱了那个女的，又累得很，就在一棵树下睡着了。女的跟上了我爷爷，走到身边就开始摸刀，爷爷一下惊醒，也从自己身上一把把刀抽出来。女鬼在前三招都很厉害，摔跤的时候把我爷爷都摔到天上去了，三招之后，女鬼还没有把爷爷制服，就开始不行了。我爷爷就开始反击，砍这个女鬼，女鬼就跑了。爷爷回到家中看到火塘中的明火就直挺挺倒在堂屋中间。我们村有经验的人就拿了筛子盖在爷爷身上开始说话，问爷爷是怎么回事，我爷爷就躺在那里，嘴上说话，迷迷糊糊把什么都说了，还说女鬼给了鸡蛋，还在怀里。结果掀开衣服一看，哪里来什么鸡蛋，全是马粪。爷爷还把这个女鬼的名字都说了。后头就全村人都晓得这个女的是“毒药猫”了。

以上对“毒药猫”信仰在岷江上游羌族地区的各种叙事做了大概的归纳，也基本是现今“毒药猫”在羌区各种说法的统一。这样的表述方法也

[1] 将羊毛搓成线，再织成衣服。

可以给人一个总的直观印象，以便理解羌文化在受不同文化因素影响下，“毒药猫”传说的叙事到如今是如何呈现的，以便下文对“毒药猫”信仰来由进行详细分析。

四、“毒药猫”信仰的本质探析

列维·斯特劳斯说：“各种神话在我们的研究中占有重要的地位，它们的真谛是唤起一个已经毁灭的过去，并且像一幅格栅一样被用来比照现实的维度，以求从中破解出某种意义。”“毒药猫”信仰的故事传说正是在羌族特定的族群历史、自然、人文环境中发生、形成的文化现象。比照先定事实构成的现实维度，以求能够盘剥出“毒药猫”信仰的本质。

“毒药猫”是确指的村中某人，他们有变异性，白天是活生生的人，到夜晚就变成鬼，所以“毒药猫”在有些人眼中也被称为“毒药鬼”。在羌族社会文化中，被称为“毒药猫”的这些人无论是女人还是男人据说都是命中注定要做这一行，上一辈人是“毒药猫”，后代也必定有“毒药猫”的根根。从这个意义上来说，“毒药猫”不归于正常的人，是妖。但是“毒药猫”的魔法技艺不具有遗传性，需要从小习得，这又是其作为巫的特征。

马林诺夫斯基认为，巫术之所以为巫术，是因为其实用性。巫术的产生是由于情感的需要，巫术能够产生一种为人支配的力量。这种支配的力量可能在于面对无法解释的现象，如人的突然死亡，牛羊的莫名失踪，而想象出来的一种自我说服的原因。这种解释问题的方法原本是建立在人类探索自然世界的智慧基础之上，是一种积极的生存方式。早期的人类智力要科学解释生死、意外实属困难，那么原始人也乐于寻找一种能解决所有未知问题的终极答案。正如埃文斯·普理查德说：“巫术的概念给阿赞德人提供了一种自然哲学，根据这一哲学，可以解释人与不幸事件之间的关系。”[1]那么在羌族社会，“毒药猫”信仰也给人们提供了一种现成的、定性的对不幸事件做出的反应方式，并且包含了这个社会人的行为价值体系。

（一）“毒药猫”信仰依附的生态土壤

自然是文化和其他事物归属于其中的支配性系统。[2]人类生存的地理条

[1] E. E. 埃文斯－普理查德：《阿赞德人的巫术、神谕与魔法》，覃俐俐译，北京：商务印书馆，2006年，第82页。

[2] 凯·米尔顿：《环境决定论与文化理论》，袁同凯，周建新译，北京：民族出版社，2007年，第144页。

件从热带到寒带，从森林地带到热带草原，直至干旱的沙漠地区，环境变化幅度十分显著。漫长的历史过程中，人类所形成的适应环境的生存方式，正是今日人类文明的基础。那些与环境共生的智慧和经验也在一定程度上折射出文化现象的实质。“毒药猫”这种具有惊人的、强大的、神奇的和神秘的力量的信仰是理解和解释民间宗教的关键。民间对这种神秘力量的反应多是和人们对未知的、充满危险的环境相联系。[1]

1. 羌区整体生态条件

现今羌族居于青藏高原东南面，是第一阶梯向第二阶梯过渡的地区，地貌比较复杂。历史上，这一地区一直受到地震、洪水、雷电、泥石流、山体滑坡及其他自然灾害的威胁。气候上该地区属季风气候，冬季寒冷漫长，夏季温热短暂，干雨季分明，垂直差距大。由于多山及地形起伏，土壤植被呈规律性垂直变化。羌族大致分布于海拔 1000—4000 米的地区，生产以农耕为主，兼及牧业。农作物有玉米、青稞、荞麦、小麦等，兼养牛、羊、马、猪、鸡等畜禽。

羌族生业方式及高度分布表（张曦制）

高　度	气　候	地理状况	生　业
3500—4000m	亚寒带 山地寒温带	草原及部分森林地带	中草药、山货、牦牛、羊、牛、马
3000—3500m	山地寒温带 山地凉温带	草原及森林地带 高山田地	牦牛、羊、牛、马、猪、中草药、山货、青稞、荞麦
2500—3000m	山地凉温带 山地温暖带	高山田地及部分森林地带	牦牛、羊、牛、马、猪、中草药、山货、小麦、玉米、青稞、荞麦、蔬菜、花椒、土漆、蜡、蜂蜜
2000—2500m	山地温暖带	梯田、河谷地带	苹果、梨、桃、羊、牛、猪、小麦、玉米、蔬菜、花椒、土漆、蜡、蜂蜜
1000—1500m	山地温暖带	梯田、河谷地带	苹果、梨、桃、羊、牛、猪、小麦、玉米、蔬菜、部分大米、花椒、土漆、蜡、蜂蜜

羌族与汉藏为邻，不同村寨间也常发生械斗，历经战乱的羌人从耕牧

[1] David Crokett Graham, *Religion in Sichuan Province*, p.79.

方便并兼具安全的方面考虑，多选择依山傍水、地势险要的高半山台地为村落基址，一般由三五十户聚族而居，河谷地带亦有分布。村寨之间的路很窄，是未经铺设的、很窄的步行道。人要沿着山边尺宽的小道贴着绝壁行走。在有些地方，他们精巧地把石头砌筑到峭壁的一端。在这些地方，行人随时有跌落悬崖或被滚动的岩石击伤的危险[1]。羌区河流湍急，难以行舟，人们利用溜索、索桥、拱桥、偏桥过河，或直接安置大的石块跨过。时常发生人、货物或牲畜跌落到激流中的惨剧，灾难过后，人们把桥修复，依旧义无反顾走上同样的道路。

2. 羌寨内外自然环境

寨子布局随山依势，坐落于山坳里，墙随坡走，屋屋相连，中间只留一狭窄通道，整个寨子环环相扣，浑然一体，宛如城堡。房屋内部结构上，由于侦查防范的需要，墙体上只留很小的窗户，里大外小呈扇形，通风排气极差，屋内空气不流通，烟雾弥漫。羌族妇女操持家务、做饭等，房屋内的烟熏对眼睛产生很大伤害，很容易患眼疾，导致眼睛红肿、怕光、流泪，眼皮被分泌物粘住等症状。与此同时，传统羌民所处的地区几乎毫无科学的普及，他们没有环境卫生的概念，不懂得用科学的方法解释疾病、灾祸和死亡，“恐惧第一次创造了神”[2]。宗教成为理解和治疗防御最好的工具。

羌族各村寨寨子后面有一片田地，田地附近的山上均有一片茂郁的树林，称为神林。神林中严禁狩猎、放牧，甚至采摘一枝一叶。林中树木则自生自灭，每年的“吊狗祭山”等活动旨在告诫人们不要毁林坏树。森林为羌族提供了各种野物、食用菌类及野果。进山打猎要遵循一定的法则，不能过度狩猎，破坏生态平衡，否则会惹怒神灵，招致灾难。由于羌族对自然的自觉敬畏，“毒药猫”信仰中也包含了生态平衡与保护的思想。

（汶川 威州）“文化大革命”的时候，我们天黑就去白子塔打猎，但是俗话说：“久走夜路就会遇到鬼。”有一次我在渔捞依这个地方碰到一群野鸡，就一直小心翼翼藏在那里，等着野鸡上树，我就可以开枪了。结果等

[1] 葛维汉:《羌族的习俗与宗教》，见《葛维汉民族学考古学论著》，耿静译，成都：四川出版集团巴蜀书社，2004年，第16页。

[2] 乔治·桑塔亚纳:《宗教中的理性》，犹家仲译，北京：北京大学出版社，2008年，第27页。

了很久，我一只野鸡都没有看到，不知道飞到哪里去了。我正打算回家，就听到远处山上的叫声，人们都说鬼叫是没有回音的，“wuer wuer……”。我没在意，觉得自己有枪所以不害怕。正想着，那个声音已经在我头上叫了。我把枪提起来打算给她一枪，结果却怎么也打不响。“毒药猫”就一直跟着在我头上叫，我说：“你再叫，再叫我打你。”“毒夜猫”又不叫了，我不作声，她又开始叫。就这么跟我开玩笑，一直把我烦到村口的川主庙她才没有影子。

还有一次，也是晚上打猎，我在老玉皇庙也是把一群鸡给跟丢了，却怎么也找不到返回的路，我觉得特别奇怪，平时每天都到这些地方来，可以说眯着眼都可以找到路，现在却找不到了。我想肯定遇到鬼了。就将火药枪从胯下穿过，扣动扳机打了一枪，结果路就出现在我旁边。

“毒夜猫”是不害人的，只是和人开玩笑。她要真的整人的话，只有请端公踩铧头才可以。原来我也是可以架得住铧头的，但是我的小孩死了几个，就请刘三和[1]来给我看一下。他跟我说叫我不要杀生害命，不要打猎了。因为我以前打猎一个早上就可以打两只老熊，獐子、野猪打了无数。端公说我杀生多了，“毒夜猫”整不到我，就只有整我的儿女，所以我丢了几个孩子。

茂密的森林与人的住宅距离是如此之近，人、家畜常常有被野生动物袭击的威胁。于是田地便成为村寨与神林之间的一个分界，是明与暗、已知与未知、安全与危险、保守与冒险的边界。当自然灾害或其他意外导致村寨某人生病或死亡时，人们也将其遭遇与“毒药猫”联系在一起。

（松潘 埃期）一个人要是在路上遇到“毒药猫”及其他不干净的东西之后，他到了哪家人家里，那家就要倒霉。我们村新上任的书记在路上遇到“毒药猫”之后，就直接往老书记家里去，结果老书记的老婆没两天就死了。

我的两个侄儿在旁边原始森林放牛，听到“毒药猫”变的狐狸的大叫声，两个人吓到了就一趟跑回村里来，直接跑到村子第一家人家里去，结果这家人就倒霉了。如果各人回各自家里，那两家人都要遭殃。

我自己很相信这种说法，因为我也亲身经历过。1986 或者 1987 年的时候，我们村里遭受洪水，我和一个同伴去乡上领炸药修路用。我们都喝了些

---

[1] 一位羌族释比。

酒，在我们村沟口这个地方，我们也听到“毒药猫”变的狐狸叫声，之后我们就各自回到家里，结果我们两家人都遭到不幸。我在后来修磨坊的时候，出事故，我的后颈上被砍了一刀，差点死了。我的同伴生了一个儿子也死掉了。所以这种不祥是可以传染的，我很相信。这种听到狐狸叫声带来霉运类似于乌鸦叫不吉祥的道理一样。前一个月不到，我们村里也有个女的被雷打死了。她死的前一天，我们村上那些乌鸦就叽叽喳喳像说话一样一直不停闹，没想到当天晚上那个女的在原始森林里面放牛就被雷劈死了。你可以根据乌鸦的叫声来判断吉祥祸福。如果乌鸦“wu---a---wu---a---”叫的话就是天晴，如果是“wu-a-wu-a”尖声叫就是有人要死了。

以上是由一个30多岁的男性提供的故事。他所在的村子寨前寨后都是松柏密林，虽然能识字，也学过现代自然科学方面的知识，但是生活的环境与人生经历中某些巧合也让这位年轻人完全臣服于当地传统文化对未知世界想象，将灾难带来的不幸都解释为“毒药猫”。

羌族信奉万物有灵，认为一切自然物和自然现象都有神灵。他们所信奉的自然界诸神主要包括天神、地神、山神、树林神等。羌族至今保留着白石崇拜习俗，羌寨户户都供奉白石。关于羌族白石崇拜的研究很多，但是通过“毒药猫”信仰这一角度，其崇尚白石的最终原因是因为白石相撞能产生火花。火给人们带来光明，与黑夜相比，白石代表着白昼。到了夜晚，只有家内才是人们活动的空间，外面漆黑的世界只能给坐在屋里火塘边没有多少娱乐生活的人们提供漫无边际的想象空间。人们相信那些在夜间出没的动物，无论是飞禽还是走兽都与危险相关。

人类的夜间视力不强，而猫科动物，无论是家猫还是野猫，都是在夜晚睁大眼睛捕猎，那双眼睛，在夜色中发亮，令人毛骨悚然，甚至在文化象征上成为村寨人与鬼两个世界的穿越者，并且能够预知死亡，能看见从冥府来到世间抓人魂魄的鬼车。这种象征意义，即使在世界范围内也是存在的，波德莱尔在其诗《猫》中写道：“它们乃是学问和喜悦的朋友，它们探求沉默和黑暗之恐怖；如果它们肯屈尊为冥王服务，可以代替马匹拉出殡的柩车。”[1] 荣格的集体无意识认为：“每个人童年皆有的恐惧，如怕黑、

[1] “它们”指猫，“学问”可能指带有神秘性的魔术，“冥王”指希腊神话中的混沌之子，夜之兄弟，与冥王普路同（哈得斯）二人，该处又解释为地下黑暗的幽冥之所，鬼魂先通过此处而入冥府哈得斯。波德莱尔：《恶之花 巴黎的忧郁》，钱春绮译，北京：人民文学出版社，1991年，第269页。

怕陌生人、怕快速追近的物体，都是‘远古的残余物’，因为人类的远祖经常处于潜伏危险的环境，早期进化便安排了这种警示机制。”[1] 这种担心“可怕的东西”袭击的感觉是与生俱来的。处于岷江上游崇山峻岭间的羌族居民，走出家门是鳞次栉比的房屋，夜晚中只能看见野猫发亮的两只眼睛在房檐间飞来窜去或转瞬即逝，况且猫的叫声阴森、凄惨，民间自古有“猫有九条命”的说法。“毒药猫”名称的叫法是根据野猫作为原型产生出来的：一般眼睛发红，脸色发白，不合群，独来独往。而野猫也是夜间单独行动，与家猫不和，孤僻。同样在社会中，有很强嫉妒心的女人若是不与他人团结，不合群就会被人传为“毒药猫”，把女人与猫联系在一起。“毒药猫”信仰从某个方面再现了羌族传统的价值观和宇宙观，是羌族人对自身所生存发展的自然环境、社会条件与文化生态的一种适应性的精神产物。

3. 羌民生产与饮食特点

羌区广泛种植青稞、小麦、豆类等，到清嘉庆年间，玉米和马铃薯才传入该地种植开来。虫灾、旱涝灾害对农作物造成严重威胁。由于地势不同，即使同一天气，不同地区损益亦不同，如高山区风调雨顺，半山区就会有旱灾，如半山区雨量合适，则高山区要受涝灾。此外，野猪、熊等野兽也对作物危害极大，因此，每年农作物成熟之际，农民都要到地里搭棚子轮流看守。深更半夜在家外，稍有动静都以为是“毒药猫”作祟。人们普遍认为“毒药猫”具有踩在麦苗上却不会将麦苗踩倒的本领。

（茂县 河西）我的父亲有次和同伴去山上地边的棚子守野兽，那边野猪、老熊厉害得很。半夜的时候听到“wo wo……”的声音，我父亲就想大半夜怎么会有人的声音哦，肯定是鬼，就喊他的同伴，同伴睡得沉，怎么也叫不醒。那个声音又变成赶牛的吆喝声：“hairouhai, hairouhai……”，我父亲又喊他的同伴。他的同伴说：“怕什么哦，她都一个变两个了，怕什么嘛。”说完继续睡。没想到那个“毒药猫”在牛棚上面“砰砰”跳起来了。父亲的同伴贪睡，怎么也拉不起来，父亲就把同伴给打醒了。两个人拿了火药枪就往棚子上面打，就听到“jijier……”的声音，尖叫着飞了。第二天就听说父亲的九奶奶死了，我父亲就背着酒、粮食去赶丧礼。我父亲一进

[1] 安东尼·史蒂文斯:《私密的神话——梦之解析》，薛绚译，北京：三联书店，2009 年，第 101 页。

门，那个尸体就像杀猪那个场景，血马上开始大量流。我父亲才知道把自己奶奶给打了。

岷江上游“毒药猫”信仰在一定程度上还与咂酒的盛行相关。羌族酿酒的历史非常悠久，古羌人的一支首先从事农业，能够生产粮食才有了酿酒的基础。羌族日常生活中常饮用由小麦、青稞等粮食自酿的酒，饮时用长管轮流吸咂，称为“咂酒”。作为羌族传统的吸饮方式，在各种重要的仪式中都要欢饮。咂酒营养丰富，味道甘甜，但是过度饮用能使人昏醉。尚且不论人们长期用同一根吸管在同一个坛子中轮流饮酒导致的疾病传染，仅从羌区地理状况来看，羌族所居地方山高坡陡，醉酒之后走夜路，很容易发生意外，胆小之人碰到夜禽，不免浮想联翩。

（二）“毒药猫”信仰的文化解释

“毒药猫”的认定由村寨中的个体和群体联合完成，是一种“底层文化”。笔者曾与四川省民族研究所的李星星研究员交流过对“毒药猫”文化现象的解释。李老师常年在藏彝走廊做民族学田野调查，他认为“毒药猫”文化成因涉及极其复杂的因素。如果要厘清这种文化现象，要有一个全局的认识。首先需要明确，文化的起源、发展是建立在人类生理发育、成长、成熟的过程中，当人这种动物开始对自然世界、未知宇宙的象征有了表达之后，才拥有了文化。只有从生物学上梳理“人”是什么，人在生命周期的每个阶段如何思考，才可能寻找到“毒药猫”这种根基文化的起源。笔者也曾试图根据羌族社会的发展历史去建构“毒药猫”信仰的形成，却不幸落入进化论的窠臼。

探索人的生物性是为了理解其文化性，但人的进化历程有很多细节连考古学都不能为其提供证据。针对“毒药猫”这种隐晦的文化现象，笔者将从个群二者的心理意识角度对其进行探索。

1. 个体的身体观

当自然人面对生老病死开始对自己的身体建构起一套认知体系时，意味着人具有了社会文化属性。英国人类学家泰勒（Edward B. Tylor）在《原始文化》中谈“万物有灵”观念时说，原始人类认为灵魂虚无缥缈、不可捉摸，能赋予个体肉身以生气与意识；能离开身体到处游走，睡眠、梦幻、疾病、死亡等现象即是如此；甚至能进入其他动物或物体内部，对其进行影响和控制。这种以灵魂或精灵为信仰的思想构成了原始人的哲学基础，也形成一个民族的哲学基础。[1]

羌族社会宗教信仰也以“万物有灵”为特征。正如笔者在前文提到，“毒药猫”作祟、伤害人分为眼毒、手毒及变化成各种动物。村民们传说“毒药猫”拥有一个隐秘口袋，袋中装着各种动物的皮毛。当夜晚入睡后，“毒药猫”的灵魂离开身体，从袋中取出一种动物的毛，随口一吹，灵魂便能变成这种动物悄然出行，如羊、牛、鹰等，最常变化的动物就是猫。笔者收集的一个案例来源于汶川威州地区乡村的一位老人，她说自己曾有一个年幼的儿子被“毒药猫”附体，后请释比[2]进行禳除仪式，却为时已晚，小孩的脑袋都快被“毒药猫”吃空了，因而夭折。由此可见，羌民对身体疾病的观念来源于自然万物有灵认知的结果，而不是医学唯物主义上的病理病症认识。

岷江上游羌族史诗唱经中专门叙述了人们受到“毒”侵害的各种情状：

毒公名叫“吉略母尔”，毒母名叫“吉邪母尔”；吃的不对受了毒，喝的不对受了毒，迈步不对受了毒，脚踩不好受了毒，微风之中受了毒，灰尘多处受了毒；受毒之后头昏沉，受毒之后眼花缭乱，受毒之后嘴无味；走出门口受了毒，寨子巷道受了毒；受毒凡人手也痛，受毒凡人肋骨痛，受毒之后内脏痛，受毒之后脚也痛，凡人受毒脚趾痛；山沟沟处受了毒，山梁山包受了毒，道路之上受了毒，坪坝之处受了毒，凡人房背受了毒，凡人房内受了毒，巷道之中受了毒，矮土墙处受了毒，房内门处受了毒。[3]

经文中反映了羌民对身体疾病来源的分类：饮食、摔倒跌伤、风寒、病菌侵蚀，由此产生头晕、眼花、肋骨痛、内脏痛、脚痛等病症。同时，他们也将发生于自然世界，如山梁坪坝、道路房屋上的灾害看成是“毒”。因而，人们相信“毒药猫”作为村寨中危险的存在，能释放使人得病甚至死亡的“毒”。这是一种观念之“毒”，通过文化建构将人们认为“不洁”

[1] 另外，瑞士心理学家、发生认识论创始人皮亚杰（Jean Piaget）对儿童出生以后认识的形成、智力思维的发展、制约因素、内在结构等问题的研究恰是李星星研究员提醒笔者要关注的全局。在此，笔者借用皮亚杰关于儿童“认知发展论”的观点，认为儿童在个体意识的发展过程中，重演了人类意识发展所经历的宗教意识的阶段与过程，其表现为儿童泛灵论，再次为“万物有灵”思想寻找生物学、心理学、逻辑学上的依据。

[2] 释比，羌族宗教祭司，是“毒药猫”的克星。但在特殊场合，比如释比手艺学成，在谢师仪式上必须要请出“毒药猫王”才算出师。

[3] 四川省少数民族古籍整理办公室主编：《羌族释比经典》，成都：四川民族出版社，2008年，第1169—1170页。

的人作为“替罪羊”。

2. 群体的分类观念

首先，我们要问一个问题，有哪些人会被认为是不洁、能放“毒”，甚至是危险的呢？

羌族传统社会的基本组织是个体家庭，每个家庭都是一个生产和生活单位，家庭成员一般限于祖孙三代，尤以父子两代居多。从家庭向外推延三代，构成近亲范围的“家门”，从“家门”再向外推延五六代，构成远亲范围的“亲房”，“亲房”再往外推，构成同姓“族房”。[1] 羌族就是按照血缘关系的亲疏远近来划分“我族”与“他族”的。各村寨基本都建于高半山的偏远地带，他们依靠血缘关系的远近而形成的群落布局也是按照这种规律排列。这样明显的一种社会认同与区分的现象导致了家庭间、家族间、村寨间存在着紧张的对抗关系。[2]

当地人往往根据血缘关系的亲疏远近来确定盟友和对手。盟友的规模主要取决于对手是谁，对抗的双方小到可以是兄弟之间，大到可以是村寨之间，甚至是不同民族之间。为了缓和矛盾，敌对双方开始依靠婚姻建立互惠的关系，从而形成一定的社会秩序与社会关系网。泰勒认为要么与外人结婚，要么被外人杀死。列维－施特劳斯认为互惠构成了人类社会的基础，是缓和社会对抗性引起的矛盾的主要途径。互惠同时包括自我克制和利他主义，并在人与人之间建立起交往的结构。最完整的礼物，即最完全的互惠行为就是馈赠一名妇女。这种交换使不同的社会群体通过女人来完成最为全面的社会关系交换和结盟。但是通过婚姻交换达到暂缓矛盾的目的只是表面的。实际上接受外来“成分”的群体，他们认同自己身体的“纯洁”，认同家族、家门的“纯洁”，区分出外面嫁入的女人或是村寨中杂姓的个别男女，认为是这些“野的”、“外来的”污染了自我“纯正根根”的“洁净”，是有“毒”的。

对于一个十分关注“自我”纯洁程度的社会群体来说，总是会担心外来的人给本寨或本族带来污染。这种污染无论是外部进来的“他者”对社会规范的挑战还是对仪式的破坏，在玛丽·道格拉斯看来，源于社会

[1] 李鸣:《羌族家庭习惯法试析》，见张中秋主编:《法律史学科发展国际学术研讨会文集》，北京：中国政法大学出版社，2006 年，第 399 页。

[2] 王明珂:《羌在汉藏之间——川西羌族的历史人类学研究》，北京：中华书局，2008 年，第 81 页。

体系的外部边界处于压力之下，边界污染的担忧笼罩在内部每个人的身上。借鉴美国著名汉学家孔飞力（Philippe Alden Kuhn）对妖术的定义，在某个历史点上借助特殊自然地理而滋生的“毒药猫”也具有:“并不依赖于天生的内在力量而只需要使用魔法技艺，因而本质上是不以人性人格为转移的。由此而产生的恶行更像是野蛮的破坏行为而不是血亲间的复仇。”[1] 在这样的文化意识下，社会内部的人就把这种担忧转到了既不属于内部，也不属于外部，仅仅处于边缘地带那些姻亲关系的联结者身上。她们偶尔离开这个村寨回到父母的村寨中，对于这个村内来说，外来的人缺乏联系纽带，同样也缺乏社会制约与社会责任感，很自然地成为“可疑分子”。

其次，我们想知道，“毒药猫”的认定是在怎样的社会制度体系下完成的?

以家族血亲和近亲婚姻为基础的群体，在社会发展中不可避免地加入更大范围的姻亲交换关系中。“不洁”的外来者给一个信仰万物有灵且对身体观念、疾病产生等认识都归因于“毒”的群体造成“失序”，带来了恐慌。这种恐慌又转化成“集体无意识”。

分析心理学的创始人荣格（Carl Gustav Jung）将集体无意识描述为“包含在每一个体大脑结构中更新的人类进化的整个精神遗产”[2]。从大脑的一致性中，荣格在其老师弗洛伊德个人潜意识的基础上，推演出新的集体无意识假说，即人的集体无意识“包含了从祖先遗传下来的生命和行为的全部模式”[3]。这样，作为遗传原型观念的潜在物，原始意象和本能应是以原型的形式预先形成在大脑之中的。荣格界定的集体无意识实际上是指有史以来沉淀于人类心灵底层的、普遍共同的人类本能和经验遗存。这种遗存既包括了生物学意义上的遗传，也包括了文化历史上的文明的沉积。这种观点是对法国人类学家列维－布吕尔（Lucien Lévy-Bruhl）的“集体表象”理论的进一步发展。列维－布吕尔认为集体表象的大体特征为:“这些表象在这个集体中世代相传；它们在集体中的每个成员身上留下深刻的烙印，同时根据不同情况，引起该集体中每个成员对有关客体产生尊敬、恐惧、崇拜等

[1] 孔飞力:《叫魂——1768年中国妖术大恐慌》，陈兼、刘昶译，上海: 上海三联书店，1999年，第158页。
[2] 孔飞力:《叫魂——1768年中国妖术大恐慌》，陈兼、刘昶译，上海: 上海三联书店，1999年，第158页。
[3] 孔飞力:《叫魂——1768年中国妖术大恐慌》，陈兼、刘昶译，上海: 上海三联书店，1999年，第158页。

等感情。”[1] 列维－布吕尔举了一个例子，他说：“例如语言，实在来说，虽然它只存在于操这种语言的个人意识中，然而它仍是以集体观念的总和为基础的无可怀疑的社会现实，因为它是把自己强加给这些个体中的每一个；它先于个体，并久于个体而存在。”[2]

“集体无意识”的心理以及对自己和他者进行区隔的认知模式，导致群体内部一旦发生不幸，总会归罪于“不洁的他者”。恐惧最终演变为以流言为手段的“集体暴力”。

关于“毒药猫”的形成有几个由来。一种是梳理“根根”，如果一个家庭的母亲是“毒药猫”那么其女儿也一定是，这种技能是可以遗传的；第二种是习得，那些是“毒药猫”的人有天生的使命要把自己的“毒”传给后代（子女中的一个或几个），否则会遭“天谴”。在“毒药猫”的故事传说中有一段，学习“毒药猫”技能以能够站立于烧红的铁锅上而不动为出师的标准。第三种则是因偶然因素被认定。这第三种情况值得探讨，价值就在于这种过程代表的是一个社会变迁的过程。

偶然成为“毒药猫”的人是当地人根据情境，猜测、指认，随后再通过事件证明。这一系列过程是在复杂的话语权力的博弈之下进行。当一个历史事件、一个社会事实成为一种话语，那么它本身就已具有一定的社会文化意义。话语的表达方式背后隐藏的是多种深层原因，因为话语的操纵需要控制能力，谁有能力控制话语，那么谁就掌握了权力——话语权。话语权在一定程度上对社会控制起着引导的功能。为什么一定要这样说，而不能那样说，话语背后都隐藏着各种深层的原因。话语自身就是权力的表征，是权力在说

---

[1] 列维－布吕尔：《原始思维》，丁由译，北京：商务印书馆，1981 年，第 5 页。

[2] 如果还要往上追溯，我们不得不说，列维－布吕尔的“集体表象”说也是深受法国社会年鉴派杜尔凯姆（E. Durkkeim）“集体意识”的影响。杜尔凯姆认为宗教作为一种社会现象，是集体思维的产物。从一开始，杜尔凯姆就坚持认为，宗教信仰中所谓神圣的东西其实是一种象征，这种象征就是社会。在人类学中，列维－斯特劳斯（C. Levi-Strauss）著名的结构主义背后就隐藏着深深的“集体无意识”思想。他强调图腾是一种象征系统，但不是社会的象征，而是逻辑思想的象征。认为，人类的一切习俗制度都可以溯源到潜意识的基础结构。当然，列维－斯特劳斯的这种思想也是吸取了前人研究的成果，除了以上提到的各位大家之外，文化人类学中最早注意到人类社会共同结构与人类意识中心理共性之间相互关系的，是德国的巴斯蒂安和英国的弗雷泽。他们认为，凡属于同一种族的人必然具有心理共性或“基本观念”。同时，心理语言学专家指出，各种语言的文法虽然各不相同，但是其基本形式，即乔姆斯基（Noam Chomsky）称之为“深层结构”的东西却是普世共通的。即在人类神经心理的最深层结构之中，存在着所有文法据为基础的共同的原型文法（安东尼·史蒂文斯：《私密的神话——梦之解析》，薛绚译，2009 年）。

话，并且引导着权力网络的运作。它无须人们去证明或证伪，只要人们相信，它就形成一种社会力量和舆论氛围，迫使人们去顺从和屈服。

因而，被确认为“毒药猫”人群的特征也显而易见。村寨的外来者，无论是嫁过来的女人还是上门的女婿，他们不完全属于这个村寨，时不时地离开村寨就脱离了这个小社会的监督与控制。那些不守本分之人：这常常是针对女人而言，那些不守妇道，没有女人该有的品质，穿着、说话、行事都超出了社会规范的人。女强人：本来身为女人却干男人才做的事，比如犁地，都会引起别人的非议；有的人不惧怕与“毒药猫”人家通婚或亲近，人们往往对这些“胆大者”采取敬而远之或不理睬的态度，将其边缘化，毕竟通婚或者亲近也就意味着同类关系的承认，承认异类即意味着自己也是一个异类。性格孤僻者：这种人因为不善于交际，一方面可能会给人留下心高气傲、看不起他人的错误印象，一方面独来独往又让人觉得神秘，恰好让人捉了口实，比如孤寡老妇等。长相不一般的人：分两种，漂亮的和奇怪的，长得漂亮的，特别是女人，自然会引起他人的注目，人们出于嫉妒或其他原因而进行污蔑；长得奇怪或者丑陋的，此类人本来因为外貌上的缺陷就有心理阴影，在与人交往中就更显敏感，要么很自卑，要么很强势，都不好相处。富裕之人：“毒药猫”信仰的故事中有很多都提到做了“毒药猫王”的人家很富裕，不当“毒药猫王”之后家中就开始衰败。同质性很高的村寨内部，那些在强调从众、平等均衡思想的影响下，地主等富裕之人自然成了“为富不仁”，也就被划为“另类”。

流言或闲话发挥的巨大作用就是不需要事实作为依据，只根据各个利益个体或团体的动机，仅仅通过一种臆测和各种潜在的想象进行流言散布。正所谓“众口铄金，积销毁骨”，人们根据利害的规避，或者主动，或者被动，都使秩序得以在“失范的”群体内部重新确认。

另一方面，根据前文的分析，羌人社会各群体与外部世界的界限是非常清楚的。群体内部，社会对个人行为、道德规范的控制很严格，一切都要按规矩行动。这种社会类型正是属于玛丽·道格拉斯分析的强群体强格栅社会。道格拉斯认为这样的社会人际关系会出现许多仪式行为，人们借仪式行为来表达人与人之间的形式关系，连带人与神的关系也是如此。在这种被称为“仪式主义”的社会中，人的身体常被用作表达人际关系与人神关系的符号或象征。

羌族这样一个讲究形式的社会中，服饰的整洁适宜，身体的装饰打扮，甚至发型的样式都是表达人际关系的象征，人际交往时身体之间的距离以及注意种种生理上的禁忌等，也都是以身体作为符号来表示人际关系的。当然，这些社会仪式更多的时候是用来规范女人的。比如女人不能披散着头发或在生理期内及生育之后等特定时间段内去串门，不能坐家门槛，不能在别人家中哭泣等，这些都是在人际交往中禁忌方面的例子。由于女性生理结构的特殊性，身体上流出的乳汁、经血、眼泪等已经越过了边界，从身体上剥落的东西——皮肤、指甲、头发等已经到了身体的边缘，这些越过边界或处于边缘的事物在任何观念中都是薄弱的，所有的边缘地带都有危险。同时由于村寨中人群对女人地位的歧视，使得女人所具有的身体边界的象征也最容易落入被当作给社会带来不洁的危险之物的口实。由于女人在各种社会文化中地位被边缘化，因而在族群中心主义下，她们被用于作隐喻，以此影射“他族”，成为“毒药猫”的例子也比比皆是，将社会内部人为分隔。因此“毒药猫”信仰的各类传说通常以女性为主体，将其妖魔化。

受害者无论如何声辩自己的委屈和清白，呼冤喊屈，群体社会这座大的权力机关、暴力机器还是毫不犹豫地从其身上碾了过去。所以为了不成为社会机器的牺牲品，个体主动运用各自的策略手段和方法去操纵社会规范，结成各种利益集团以求掌握权力话语从而免受其害。争夺资源、利益和权力的双方，一方会利用流言诬陷另一方为“毒药猫”，达到在人际交往上孤立对方的目的。最后一种人可能是很平常的普通人，一切都很正常，却由于偶然巧合的各种因素而被认定为“毒药猫”。

“毒药猫”的标签伴随一个人一生，对其产生诸多不利影响。“毒药猫”在日常生活中，几乎没有社交圈，处处被人防备，在村寨婚丧嫁娶活动中，也没有人敢与他们在同一个桌子吃饭，更不敢吃他们夹的菜。羌民结儿女亲家，最重要的是要看对方家中是否“根正”，如果有“毒药猫根根”，那是没有人家愿意与这样的家庭建立姻亲关系的。所以“毒药猫”的儿子只能继续娶外面的女子，女儿只能嫁到这个群体之外去。如果寨子中有某人突然生病、意外受伤、去世，甚至某家财物被盗，“毒药猫”都可能会被认为是事件发生的罪魁祸首，会遭到流言蜚语袭击。因为这些闲言碎语，“毒药猫”常常会与村寨中的人发生争吵、斗殴，由此引起更多攻击，形成恶性循环。总之，“毒药猫”家庭在村寨中总是受到歧视。

最后，我们要知道，除了前文已经提到的，由群体内部的释比所实施的一系列针对“毒药猫”所产生“毒”的禳除仪式；在群体外部，同样也存在一种牵制这个群体“集体暴力”的力量。

谈到外部，我们再说说送出女人的群体。列维－斯特劳斯研究亲属关系基本结构时认为，亲属制度关系结构不只是一种一夫一妻制的二元对立关系，还包括那些使夫妻婚姻得以成立的条件，即为男人提供女人的那个群体。在列维-斯特劳斯那里，亲属基本结构包括夫妻、舅甥、父子、兄弟姐妹。而丈夫与妻子同兄弟与姐妹之间存在对立关系，父亲与儿子同舅舅与外甥之间同样存在对立关系。

羌族俗语说“天上的雷公，地上的母舅”，意思是天上雷公为大，而在羌族社会，权力最大的是母舅[1]。舅舅的话一言九鼎，能担负起父亲的责任。直到新中国成立时期，羌族姑舅表优先婚还普遍存在；婚后第一年多居娘家；寡妇再嫁或招赘不受限制；入赘后男子要随女家姓氏等。“毒药猫”故事中有一则讲到：一男子发现自己的妻子是“毒药猫”，就打算不要她了，让“毒药猫”妻子的兄弟把她领回去。“毒药猫”妻子的兄弟与这位男子协商，保证自己的姐妹以后再也不当“毒药猫”了，他把自己的姐妹带到河里洗掉了身上的毒。这个男子与他的“毒药猫”妻子又重归于好。舅权是羌人社会关系中不可忽略的重要组成部分，它对父系家庭形成一种社会牵制力量，对父权、夫权有平衡、监督和矫正的作用，促使羌族社会处于和睦、民主的氛围之中[2]。

结语

前文呈现了“毒药猫”在岷江上游羌区不同方言中的发音及含义，了解到其完整意义包括用手指甲和眼睛放“毒”，能够变化成各种动物。笔者还对“毒药猫”故事传说在受不同宗教文化影响的区域中所表现的叙事意义进行了分类。在此基础上探讨“毒药猫”信仰产生的自然环境与社会文化根源。由此，笔者认为“毒药猫”并不是真的能产生一种无形的“毒”或者变化成任意的动物，之所以有这样的文化现象产生是基于当地人万物有灵的观念和对身体疾病的认识。同时，还需要明确的是，“毒药猫”是被当地人认为能游离于人鬼之间的活生生的人，这是一个群体对“自我”和“他者”进

---

[1] 母舅，即母亲的兄弟。

[2] 参见李鸣:《碉楼与议话坪——羌族习惯法的田野调查》，北京：中国法制出版社，2008 年，第 148—152 页。

行人为区分的结果。“毒药猫”成为群体内各种不幸事件发生的“替罪羊”。

在“集体无意识”的遗传心理影响下，“毒药猫”的认定标准甚至已经形成群体规约。羌族社会杜撰或想象的“毒药猫”损害了个体在社会中自由生存与发展的权利，那些被当作“替罪羊”的个人或家庭长期被排斥疏离，很难融入村寨社区生活，甚至无法与外界正常通婚交往，成为村寨中的边缘群体。个别人还利用“毒药猫”这个符号，基于特定场合，借助谣言舆论，利用语言指控另一个人为“毒药猫”，使其成为博弈的工具。“毒药猫”信仰背后隐藏的是封闭的村寨社会权力争夺、财富攀比和性别斗争等动机，是理解分析羌族社会关系结构的重要切入点，也传递出这个群体曾经共同拥有的集体意识和世界观。

“毒药猫”信仰本质乃是人对自身身体认知的结果。随着岷江上游地区与外界高速通道的修建，城镇化进程不断加快，大多数羌族人的生境已经发生根本性改变，因而“毒药猫”的角色、信仰与观念终将会消失吗？我们不得而知。

参考文献

专著类

[1] 耿少将 . 羌族通史 [M]. 上海 : 上海人民出版社 ,2010.

[2] 王明珂 . 羌在汉藏之间 : 川西羌族的历史人类学研究 [M]. 北京 : 中华书局 ,2009.

[3] 燕松柏 , 雀丹 . 阿坝地区宗教史要 [M]. 成都 : 成都地图出版社 ,1993.

[4] 赵曦 . 神圣与亲和 : 中国羌族释比文化调查研究 [M]. 北京 : 民族出版社 , 2010.

[5] 邓启耀 . 中国巫蛊考察 [M]. 上海 : 上海文艺出版社 ,1998.

[6] 陆群 . 湘西巫蛊 [M]. 北京 : 民族出版社 ,2006.

[7] 宋兆麟 . 巫与民间信仰 [M]. 北京 : 中国华侨出版公司 ,1990.

[8] 汪宁生 . 文化人类学专题研究 : 关于母系社会及其他 [M]. 甘肃 : 敦煌文艺出版社 ,2007 年 .

[9] 李鸣 . 碉楼与议话坪 : 羌族习惯法的田野调查 [M], 北京 : 中国法制出版社 ,2008.

[10] 李绍明 . 藏彝走廊民族历史文化 [M]. 北京 : 民族出版社 ,2008.

[11] 荣格 . 荣格性格哲学 [M]. 李德荣 , 编译 . 北京 : 九州出版社 ,2003.

[12] 米尔顿 . 环境决定论与文化理论 [M]. 袁同凯 , 周建新 , 译 . 北京 : 民族出版社 ,2007.

[13] 布吕尔 . 原始思维 [M]. 丁由 , 译 . 北京 : 商务印书馆 ,1981.

[14] 涂尔干 . 宗教生活的基本形式 [M]. 渠东 , 等 , 译 . 上海 : 上海人民出版社 ,1999.

[15] 莫斯 , 于贝尔 . 巫术的一般理论 献祭的性质与功能 [M]. 杨渝东 , 梁永佳 , 赵炳祥 , 译 . 桂林 : 广西师范大学出版社 ,2007.

[16] 桑塔亚纳 . 宗教中的理性 [M]. 犹家仲 , 译 . 北京 : 北京大学出版社 ,2008.

[17] 特纳 . 戏剧、场景及隐喻 : 人类社会的象征性行为 [M]. 刘珩 , 石毅 , 译 . 北京 : 民族出版社 ,2007.

[18] 葛维汉 . 羌族的习俗与宗教 [M]. 耿静 , 译 // 葛维汉 . 葛维汉民族学考古学论著 . 成都 : 四川出版集团巴蜀书社 ,2004.

[19] 孔飞力 . 叫魂 :1768 年中国妖术大恐慌 [M]. 陈兼 , 刘昶 , 译 . 上海 : 三联书店 ,1999.

[20] 道格拉斯 . 洁净与危险 [M]. 黄剑波 , 等 , 译 . 北京 : 民族出版社 ,2008.

[21] 埃文斯 – 普理查德 . 阿赞德人的巫术、神谕与魔法 [M]. 覃俐俐 , 译 . 北京 : 商务印书馆 ,2006.

[22] STEWART P J, STRATHERN A. Witchcraft, Sorcery, Rumors and Gossip[M]. Cambridge: Cambridge University Press , 2004.

[23] Graham D C. Folk Religion in Southwest China[M]. Washington: Smithsonian Institution, 1961.

[24] FRAZER. Myths of the Origin of Fire[M]. London: Macmillan,1930.

[25] LEVI-STRAUSS. The Raw and the Cooked[M]. NewYork: Harper&Row, 1969.

期刊类

[26] 陈安强 , 贡波扎西 . 神话传说与故事 : 毒药猫文化现象探秘 (一)[J]. 阿坝师范高等专科学校学报 ,2006,23(3).

[27] 刘永清 . 河湟地区猫鬼神信仰习俗述略 [J]. 青海师范大学民族师范学院学报 ,2004(2).

[28] 鄂崇荣 . “猫鬼神” 信仰的文化解读 [J]. 青海民族大学学报 (社会

科学版).2010(1).

［29］袁定基 . 论放蛊和防蛊治蛊习俗 [J]. 西南民族学院学报 (哲学社会科学版),1995(2).

［30］洪涵 . 巫蛊信仰与社会控制 [J]. 云南大学学报法学版 ,2009(5).

［31］金泽 , 陈进国 . 宗教人类学 : 第一辑 [C]. 北京 : 民族出版社 ,2009.

“The Third One” Between Two Worlds: “Poison Cats” Belief in The Upper Minjiang River Valley

Wang Haiyan

Abstract: This paper takes a lot of “poison cats” stories spreaded in the upper Mingjiang river valley. From those legends combing the semantic and narrate of the belief, combing the natural ecological characters and the background of the social culture to analyze the origin and essence of the “poison cats” belief.

Keywords: “Poison Cats”; Folk Belief; Social Function

“边城”之外

—— 一个文学作品经典化的个案研究

杨思奇

摘要:《边城》的经典化历程作为中国现代文学史中文学作品经典化历程中的个案，颇具代表性，亦能引人深思。《边城》经典化的最终实现是各种复杂多变的因素共同作用的结果。沈从文作为一个具有自觉“经典”意识并在文学实践中积极践行其思想的作家，在《边城》经典化过程中赋予了其必要的先在条件。然而“经典”的实现并非完全依赖于文学层面，而更是一个历时性的、受到多重“非文学”因素影响的过程。1949 年之前对沈从文及《边城》毁誉参半的评说具有“共时性”，它们构成了《边城》经典化进程中虽然微弱却不可忽视的前奏。1949—1978 年的 30 年间，中国文学史中有关沈从文的“空白”和域外沈从文在文学成就上获得多重赞誉这两者的迥异对照，为 80 年代以来《边城》的经典化提供了潜在的空间和动力。新时期以来，在与新的政治文化环境之中，随着“重写文学史”的一步步进展和“文化熟知化”现象的达成，通过学术机构、大众传媒以及普通大众对沈从文和《边城》的重新评议和积极接受，沈从文及《边城》的文学经典地位最终得以确立。

关键词: 沈从文；边城；经典；经典化

沈从文（1902—1988）是中国现代文学发展史上不可忽略的一位重要作家，是“20 世纪中国文学的一座高峰”[1]、“为数不多的‘大师’级作家”。[2] 无论是作家一生几度起落堪称“传奇”的遭际经历，[3] 还是其洋洋洒洒数百万字的作品，都值得读者和学者们去仔细思考和探究。

---

[1] 《沈从文:“二十世纪中国文学的一座高峰”》,《人民日报》2000 年 5 月 18 日。

[2] 刘洪涛:《沈从文小说价值重估——兼论 80 年来的沈从文研究》,《北京师范大学学报（社会科学版）》2005 年第 2 期。

[3] 周文、旷新年:《沈从文的三重“传奇”意义》,《读书》2008 年 7 月。

当然，作为一名作家，衡量其文学地位高下最重要的标尺，还是其取得文学成就的大小；换言之，也就是对作家作品蕴含的价值和带来的影响力的优劣评判。对于一生结集出版过80余部作品，被称为现代文学史上成书最多的作家之一的沈从文来说，他的诸多作品中获得赞誉最多、影响范围最广的，莫过于小说。

从1925年2月20日第一篇小说《三贝先生家训》刊载于《晨报副刊》第37号，到1947年11月1日在《文学杂志》第2卷第6期上发表《传奇不奇》，24年间沈从文共创作小说200余篇（部）。“学者们公认，小说是沈从文文学成就最重要的代表，小说是他奉献给现代中国文坛最具特色的艺术成果，小说是他荣誉之冠上最耀眼的一颗明珠。”❶

沈从文用小说构筑起来的文学世界里，黯淡的都市人生和多彩的乡村社会这两样迥然不同的主题贯穿始终。较之于作者自诩“乡下人”❷对城市题材的冷眼和隔膜，沈从文湘西题材的作品被视为他文学贡献的主要代表。在“湘西世界”这一曲作者精心谱写的清新流畅的“人性美”歌谣中，成书于1934年的中篇小说《边城》又是个中翘楚，其身后的美誉和声名也颇为隆重。从《边城》问世至今80余年，它被一代又一代读者和学界追捧和推崇，被誉为“本身从内蕴到技法独一无二”❸，是“一颗千古不磨的珠玉”❹、“古今中外最别致的一部小说，是小说中飘逸不群的仙女。她不仅是沈从文的代表作，也是30年代文坛的代表作”❺，在世界范围内也获得了高度评价。❻到如今，甚至人们说起《边城》便想到沈从文，提到沈从文便不得不说《边城》。“作品”《边城》似乎已经成为“作家”沈从文的一张标志性名片，二者相依相从，密不可分。

沈从文一生大起大落，名满文坛功成名就时有之，岑寂落寞湮没无闻时有之，浴火重生名至实归时亦有之：作为与作家命运密切相关的作品，小

---

❶ 刘洪涛:《沈从文小说新论》，北京：北京师范大学出版社，2005年，第5页。

❷ 沈从文:《习作选集代序》，原载1936年3月1日《国闻周报》第13卷第1期，见《沈从文全集》第9卷，太原：北岳文艺出版社，2002年12月，第3页。

❸ 王新玲:《沈从文〈边城〉接受研究》，《保定师范专科学校学报》2007年第4期。

❹ 刘西渭:《〈边城〉与〈八骏图〉》，原载1935年6月《文学季刊》第2卷3期，见刘洪涛、杨瑞仁编:《沈从文研究资料》，天津：天津人民出版社，2005年，第203页。

❺ 司马长风:《中国新文学史·中卷》，香港：香港昭明出版有限公司，1980年，第38页。

❻ 这包括小说译介和研究两个方面，可参看罗宗宇、曾婷:《论小说〈边城〉的当代传播》，《创作与评论》2015年10月；张晓眉:《沈从文文学在欧美国家传播及研究述评》，《楚雄师范学院学报》2014年11月，等等。

说《边城》生命轨迹的跌宕起伏与它的主人几如一辙。从1949年之前多元评价标准之下的毁誉交加，到1949—1979年30年间在国内文学界的湮没无闻，再到20世纪80年代以来的声名鹊起多方推崇，被称为沈从文“玲珑剔透牧歌式的文体”中“最完善的代表作”[1]、“沈从文理想主义创作艺术的一个典范”[2]。作为作品的《边城》，其生命开始于它问世在沈从文笔下的那一刻；然而最终被贴上“文学经典”的标签，是否是小说《边城》生命轨迹的必然走向？如果不是，那么是什么原因和力量促成并赋予了《边城》“经典”这一地位；如果是，为什么《边城》获得“经典”桂冠的历程却又如此一波三折姗姗来迟呢？

回顾80年来《边城》伴随其作者所经历的褒贬沉浮，使人不免发出这样的问询：文学作品的生命轨迹究竟是何者在主导？“文学经典”的裁定权到底掌握在谁的手中？走上“经典”神坛的作品，其作为“经典”的生命又靠什么来延续？

一、作家 vs 经典

沈从文1922年从湘西北上北京，投考大学未成，多方辗转之后最终选择以写作为生。[3] 他晚年谈及自己20世纪20年代走上文坛的这段经历时，还多次提到自己算得上是那时国内“第一批职业作家”[4]，“第一个职业作家，最先的职业作家”。[5] 在创作早期（1923—1929），沈从文更多是出于生计的考虑，追求作品数量的积累[6]——“是为了挣一千字五角钱稿费而把刚刚读到过、体验到、道听途说或空想出来的东西，匆匆拼凑成篇”[7]，以至于“把自己丰富的想象力都滥用了”[8]，这些因素也使他早期的小说创作呈现出强烈的自我宣泄和无意识抒写的倾向。

1929年，胡适聘请沈从文前往由其担任校长的吴淞中国公学任教，沈从文的经济状况终于好转，成为“当时的中产阶级”[9]，不必再卖文为生。在

---

❶ 夏志清：《中国现代小说史》，刘绍铭等译，香港：香港中文大学出版社，2001年，第176页。
❷ 金介甫：《沈从文的〈边城〉》，《上海师范大学学报（哲学社会科学版）》，1982年第1期。
❸ 金介甫：《沈从文传》，符加钦译，北京：国际文化出版公司，2010年，第102页。
❹ 沈从文：《19590312复沈云麓》，见《沈从文全集》第20卷，第296页。
❺ 沈从文，《沈从文先生在吉首大学的讲话》，《吉首大学学报（社会科学版）》1985年第3期。
❻ 肖垚：《沈从文早期经济状况与他的创作》，《哈尔滨学院学报》2010年1月第31卷第1期。
❼ 金介甫：《沈从文传》，符加钦译，北京：国际文化出版公司，2010年，第101页。
❽ 夏志清：《中国现代小说史》，刘绍铭等译，香港：香港中文大学出版社，2001年，第167页。
❾ 金介甫：《沈从文传》，符加钦译，第114页。

经历了数年的试验写作并辗转经历了湘西、北京、上海的不同文化形态之后，从20世纪30年代开始，沈从文在创作上日趋成熟。[1]他逐步建立起对文学创作的明晰而独特的认识，与20年代迫于生计天马行空的写作方式相比，从这一时期开始，作为“职业作家”的沈从文开始有了一种创造经典的自觉，并积极将这种理念付诸自己的文学实践之中。

(一)“重造经典”的小说家

这种自觉首先表现在沈从文对创造新的经典作品的“宏图”和“野心”上。在沈从文逐渐熟悉了20世纪二三十年代中国新文学的流变和动向之后，他便踌躇满志地开始了重建中国新文学的理想，并信心十足地指出了新文学的走向是用文学作品抑或小说代替旧的“经典”——“经典的重造，不是不可能的。经典的重造，在体裁上更觉得用小说形式为便利”。[2]在沈从文看来，“两千年来经典的形成，多用格言来表现抽象原则。这些经典或已失去了意义，或已不合运用”,[3]“在过去两千年来，哲人的经典语录可做到的事，在当前一切经典将失去意义时，推动或执行这个工作，就唯有文学作品还相宜。若夸大一点，尚可说到近代，别的工具都已办不了时，尚唯有‘小说’还能担当这种艰巨……用‘小说’来代替‘经典’，这种大胆看法，目前虽好像有点荒唐，却近于将来的事实。”[4]

沈从文之所以选择小说来作为他“重造经典”的载体，是与19世纪晚期以来中国发生的现代文学革命分不开的。在西学东渐的大浪冲击之下，传统中国的文学秩序开始渐次松动和崩解，新的文学观念不断酝酿并确立起来；其中显著的特征之一是小说这一体裁取代传统经典观之下最为看重的经史诗文，被赋予了前所未有的重要价值和崇高地位。[5]

小说被视为堪为经典的体裁，自严复、梁启超开始。1897年10月16

[1] 学者们多认为沈从文创作的成熟期在20世纪30年代，沈从文自己也说1929年是他的作品成熟的一年。(见《二十年代的中国文学》,《海内外》1980年第11、12期；凌宇:《从边城走向世界——对作为文学家的沈从文的研究》，上海：三联书店，1985年，第183—184页；夏志清,《中国现代小说史》，刘绍铭等译，香港：香港中文大学出版社，2001年，第166—169页，金介甫,《沈从文传》，符加钦译，北京：国际文化出版公司，2010年，第101页)

[2] 沈从文:《长庚》，原载出处不详，收入上海文化生活出版社1941年8月初版《烛虚》，见《沈从文全集》第12卷，太原：北岳文艺出版社，2002年，第40页。

[3] 沈从文:《学习写作》，本文写于1942年6月3日，原载报刊不详，见《沈从文全集》第17卷，第332页。

[4] 沈从文:《短篇小说》，原载1942年4月16日《国文月刊》第18期，见《沈从文全集》第16卷，第494—495页。

[5] 黄曼君主编:《中国二十世纪文学理论批评史》，北京：中国文联出版社，2002年，第110页。

日至11月28日，天津《国闻报》连载了严复、夏曾佑合写的长文《本馆附印说部缘起》，以西方进化论学说为理论基础，阐述了对小说这一文学体裁的新认识。认为小说相比于史书著作更为通俗简单、引人入胜，故而"说部之兴，其入人之深，行世之远，几几出于经史上。而天下之人心风俗，遂不免为说部之所持"[1]。梁启超次年也作《译印政治小说序》说:"仅识字之人，有不读经，无有不读小说者。故六经不能教，当以小说教之；正史不能入，当以小说入之；语录不能谕，当以小说谕之；律例不能治，当以小说治之"，因此，"小说学之在中国，殆可增《七略》而为八，蔚四部而为五者矣。……英名士某君曰：小说为国民之魂。岂不然哉！岂不然哉！"[2]

1902年，梁启超又写《论小说与群治之关系》，公开宣扬"小说有不可思议之力支配人道故"，并将之推为"文学之最上乘"[3]。到了新文化运动时期，胡适等从事古典小说研究，对中国传统文学进行重新评估，称"今日之文学，其足与世界'第一流'文学比较而无愧色者，独有白话小说一项"[4]，从学术层面进一步提高了小说的地位。这一场深受西方文学理论影响的"小说界革命"在几十年的时间里改变了人们的观念，使小说这一体裁开始成为大部分经典的代言者。

沈从文显然相当赞同这一"从文学中取得人生教育"的文学观，称"这种激发生命离开一个动物人生观，向抽象发展与追求的欲望或意志，恰恰是人类一切进步的象征，这工作自然也就是人类最艰难伟大的工作。我认为推动或执行这个工作，文学作品实在比别的东西更甚相宜"，并且认为，到了近代唯有小说能够担当这一职能，因为"小说既以人事为经纬，举凡机智的说教，梦幻的抒情，都无一不可以把它综合组织到一个故事发展中"。[5] 他认为在20世纪三四十年代，"一般印象虽好像还把小说当消遣品，小说作家和作品在受过初级教育以上的年轻人方面，却已具有'先知'、'经典'意味。……近二十年来的习惯，比我们更年轻一辈的国民，凡是受中等教育的，都乐意从一个小说接受作者的热诚健康人生观，好作

[1] 严复、夏曾佑:《本馆附印说部缘起》，见陈平原、夏晓虹:《二十世纪中国小说理论资料》第1卷，北京：北京大学出版社，1989年，第10—12页。

[2] 梁启超:《译印政治小说序》，见《二十世纪中国小说理论资料》第1卷，第21—22页。

[3] 梁启超:《论小说与群治之关系》，见《二十世纪中国小说理论资料》第1卷，第33—34页。

[4] 胡适:《文学改良刍议》，见《胡适文集》第2卷，北京：北京大学出版社，1998年，第8页。

[5] 沈从文:《小说作者和读者》，原载1940年8月15日《战国策》第10期，见《沈从文全集》第12卷，第66—67页。

品能引起良好作用，实在显明不过”[1]。

在这种观点的鼓舞之下，沈从文俨然对这份文学事业充满了豪迈的雄心：“一个有成就的作家，所能引起读者给予的敬意和同情，若从过去历史追溯，竟可说是空前的！就拿来和当前社会上一般事业成功比较，也可以说是无与比肩的！”[2]他对“重造经典”的执着甚至到了将其确立为人生目标的程度，“生命个体虽不免死亡，保留下来的东西却可望百年长青（这永生愿望，本不是文学作家所独具，一切伟大艺术品就无不由同一动力而产生）……写作是一种永生愿望。试从中国历史上几个著名不朽文学作家遗留下来的作品加以检查，就可明白……写作之后，愿望已足……人虽死去，然而作品永生，却无多大问题。”[3]

中篇小说《边城》的诞生便是作家这一理念在时代浪潮下的产物。《边城》创作于1934年，正属于中国现代文学发展史上的“第二个十年（1928—1937）”。经历了“第一个十年（1917—1927）”的探索和实践，这一时期的中国现代文学走向了丰收期，无论是创作艺术的水准、思想内涵的深度、还是文学书写的题材，文字表现的体裁，都远远超越了之前。作为“现代中国文学最重要的一种文类”[4]的小说，此时也得到了长足的发展。作家们大都满怀气魄，力求创造出与当时“伟大事变”同在的“伟大作品”，中长篇小说尤其是中篇小说的繁荣，乃是这一时代最引人瞩目的现象。[5]

《边城》的出现，用沈从文日后自己的话来说，只是“偶然完成”[6]的；然而实际上，对这样一部作品的构想和完成绝非作家随手拈来，其背后有着作家丰富的思考和确凿的目标：“两年前，我常见有人在报章杂志上写论文和杂感，很对着‘民族文学’问题‘农民文学’问题，而有所讨论。讨论不完补充辱骂。我当时想，这些人既然知识都丰富异常，引经据典头头是道，立场又各不相同，一时必不会有如何结论。即或有了结论，派谁来

[1] 沈从文:《小说与社会》，原载1942年10月25日《世界学生》第1卷第10期，见《沈从文全集》第17卷，第303页。

[2] 沈从文:《小说与社会》，见《沈从文全集》第17卷，第303—304页。

[3] 沈从文:《小说作者和读者》，原载1940年8月15日《战国策》第10期，见《沈从文全集》第12卷，第71—72页。

[4] 王德威:《序·小说中国》，见《想象中国的方法》，北京：三联书店，1998年，第1页。

[5] 杨义:《中国现代小说史》第2卷，北京：人民文学出版社，1988年，第28—30页。

[6] 沈从文:《答凌宇问》，见刘洪涛、杨瑞仁编:《沈从文研究资料》，天津：天津人民出版社，2005年，第140页。

证实，谁又能证实？我这乡下人正闲着，不妨试来写一个小说看看吧。因此《边城》问了世。”❶

《边城》发表后虽然为沈从文赢得极大声誉，但雄心勃勃的他并不满足于此。在为《边城》撰写《题记》中，沈从文就对自己接下来的写作计划进行了预告：“我……将在另外一个作品里，来提到20年来的内战……”，这即是承接《边城》而来，作家20世纪40年代最重要的作品之一长篇小说《长河》。❷即使在后来抗战爆发的动荡年代里，沈从文也未曾放弃这样的努力；1942年在给友人的信中，他仍在积极地谈及要用文字召唤民族品德的重造，要创造“20世纪新的经典”❸。他还曾经有以王村、沅陵、凤凰等湘西小城为背景，继续摹写包括《边城》《长河》在内的“湘西世界”《十城记》的宏大目标。❹然而美好的设想不敌严峻的现实，“时华北闹‘独立’，时局日益紧张，编《大公报·文艺》，大部分时间都为年轻作者改稿件费去了。来不及，只好放弃。”❺连他“用心最深、致力最大”❻的《长河》，也因为种种原因，只完成了第一卷，成为令人无比遗憾的未竟之作。❼

（二）“文体作家”的志向

沈从文不仅有“重造经典”的理想，更将其积极践行于自己的写作活动之中，这集中地体现在他将作为经典作品具现化工具的语言文字的极端重视。他在当时就被称为“文体作家”“文学界的魔术家”。❽

“文体作家”这一称呼在最初的时候不无贬义，但沈从文却十数年如一

❶ 沈从文：《习作选集代序》，原载1936年1月1日《国闻周报》第13卷第1期，见《沈从文全集》第9卷，第4—5页。

❷ 沈从文在《长河·题记》中说：“我还将继续《边城》，在另外一部作品中，把最近二十年来当地农民性格灵魂被时代大力压扁压曲失去了原有的朴素所表现的样式，加以解剖和描绘。”原载1943年4月21日重庆《大公报·战线》，见《沈从文全集》第10卷，第5页。

❸ 沈从文：《学习写作》，本文写于1942年6月3日，原载报刊不详，见《沈从文全集》第17卷，第332页。

❹ 沈从文：《194205致沈云麓》，《沈从文全集》第18卷，第402页。

❺ 沈从文：《答凌宇问》，见刘洪涛、杨瑞仁编：《沈从文研究资料》，天津：天津人民出版社，2005年，第140页。

❻ 司马长风：《中国新文学史·下卷》，香港：香港昭明出版有限公司，1980年，第77—79页。

❼ 沈从文的《长河》原计划写四卷，但是因为内容上的“现实”，在20世纪40年代屡遭国民党机构阻挠，设想1942年出版的14万字书稿，被反复检审直拖至1945年方才第一次出版，成书更被删去三万字有余，这也导致沈从文最终放弃《长河》，使得故事刚刚开始便被迫中止。有关《长河》创作出版始末，可参看糜华菱：《沈从文〈长河〉的多舛命运》，《新文学史料》2005年第1期；张永禄：《〈长河〉：未竟的中国式“战争与和平”》，《社会科学》2009年第9期。

❽ 苏雪林：《沈从文论》，原载1934年9月《文学》第3卷第3期，见刘洪涛、杨瑞仁编：《沈从文研究资料》，天津：天津人民出版社，2005年，第51，189页。

日地坚持着这种探索和尝试。[1] 他本人常将自己的作品视为“习作”，也是中国现代作家中唯一有改写习惯的人。[2] 他对文体的注重并不仅表现在他的作品在语言、结构、表现手法等方面的独树一帜，还包括从这些细节中展现出来的统一而和谐的审美价值。

沈从文在自己的创作生涯中一贯强调文字的使用之于经典的重要性，在这一方面，他深受京派前人周作人、废名的影响。周作人认为：“文艺之美，据我想形式与内容要各占一半。近年来创作不大讲究文章，也是新文学的一个缺陷”[3]，而他主张的好文章则是“兼具健全的物理与深厚的人情之思想，混合散文的朴实与骈文的华美”。[4] 废名对文字的苛求则更进一步，“就表现的手法说，我分明地受了中国诗词的影响，我写小说同唐人写绝句一样，绝句20个字，或28个字，成功一首诗。我的一篇小说，篇幅当然长得多，实是用写绝句的方式写的，不肯浪费语言。”[5]

沈从文也同样如此。他在与读者的通信中直言不讳：“一个作家不注意文字，不懂得文字的魔力，有好思想也表达不出这种好思想。……一个作家应了解文字的性质，这方面知识越渊博，越容易写作品。”[6] 在另一封读者回信中，他甚至把文学形容为“把一组文字，变成有魔术性和传染性的东西”，“是精巧的说谎”。[7]

在沈从文看来，创造经典的理想是一定要通过“调排文字的技巧”来实现的，“一个作品的成立，是从技巧上着眼的……一个作品的成败，是决定在技巧上的。……若希望本人作品成为光明的颂歌，未来世界的圣典，既不知如何驾驭文字，尽文字本能，使其具有光辉、能力，更不知如何安排作品，使作品似乎符咒，发生魔力，这颂歌、这圣典，是无法产生的。”[8] “凡希望重造一种新的经典，煽起人类对于进步的憧憬，增加求进步

---

[1] 张德明：《沈从文“文体作家”称谓的内涵流变》，《民族文学研究》2012年第1期。

[2] 夏志清：《中国现代小说史》，刘绍铭等译，香港：香港中文大学出版社，2001年，第176页。

[3] 周作人：《苦雨斋序跋文·桃园跋》，见《周作人自编文集》，石家庄：河北教育出版社，2001年，第104页。

[4] 周作人：《苦竹杂记·后记》，见《周作人自编文集》，第221页。

[5] 废名：《废名小说选·序》，见《废名集》第6卷，北京：北京大学出版社，2009年，第3268页。

[6] 沈从文：《给一个读者》，原载1935年6月《中学生》，第6期，见《沈从文全集》第17卷，第226页。

[7] 沈从文：《“诚实的自白”与“精巧的说谎”》，原载1935年6月23日天津《大公报·文艺副刊》，见《沈从文全集》第17卷，第390页。

[8] 沈从文：《论技巧》，原载1935年8月31日天津《大公报·小公园》，见《沈从文全集》第16卷，第471，472—473页。

的勇气和热情，一定得承认这种经典的理想，是要用确当文字方能奏效的。旧有经典的完成，若用的是有光辉的文字，新经典成功条件之一，便是同样要用那个有光辉的文字来装饰”。❶ 那些“伟人巨匠，千载宗师，无一不对于美特具敏锐感触，或取调和态度，融会之以成为一种思想，如经典制作者对于经典文学符号排比的准确与关心”。❷ 这里的“经典文学符号”，毫无疑问指的正是文学语言。因此简言之，在沈从文看来，“一切经典的制作，不离乎文字”。❸

沈从文所谓的写作中文字使用的技巧，并不局限在单纯的文字层面，而是应扩展至文学创作的方方面面。他认为文字与文学的其他因素不可分离，要求“人类高尚的理想，健康的理想，必须先融解在文字里，这理想方可成为‘艺术’”❹。小说作为“用文字很恰记下来的人事，包含了两方面内容：一是社会现象，便是说人与人相互之间的种种关系；二是梦的现象，便是说人的心或意识的独种种活动。……必须把人事和梦两种成分相混合，用语文字来好好装饰剪裁，处理得极其恰当，才可望成为一个小说。”❺ 而这“恰当”，则必须使文字能文字能“平铺成为湖泊，凝聚成为渊潭”；对自己的作品，要有耐心与残忍，肯“扭曲文字试验它的韧性，重摔文字试验它的硬性”。❻ 这就要求作家不断地进行“文字实验”，而沈从文正是这一“实验”的先行者。

1949 年之前，《边城》共有三个版本，依次是 1934 年 1 月 1 日至 4 月 23 日最初在《国闻周报》上分 11 次连载的正文加上 4 月 25 日发表在天津《大公报 · 文艺副刊》第 61 期上的《题记》，是为《边城》的初刊本；1934 年 10 月上海生活书店出版单行本《边城》（有《题记》）是为初版本；1936 年再度校改，1943 年 9 月桂林开明书店出版了改订本；1948 年作家又于北平写作

❶ 沈从文:《谈进步》，原载1938年9月《文艺季刊》第1卷第3期，见《沈从文全集》第16卷，第487页。

❷ 沈从文:《潜虚》，原载出处不详，收入 1941 年上海文化生活出版社初版《烛虚》，见《沈从文全集》第 12 卷，第 33 页。

❸ 沈从文:《“文艺政策”检讨》，原载 1943 年 1 月 20 日《文艺先锋》地 2 卷第 1 期，见《沈从文全集》第 17 卷，第 282 页。

❹ 沈从文:《论技巧》，原载 1935 年 8 月 31 日天津《大公报 · 小公园》，见《沈从文全集》第 16 卷，第 473 页。

❺ 沈从文:《短篇小说》，原载 1942 年 4 月 16 日《国文月刊》第 18 期，见《沈从文全集》第 16 卷，第 493 页。

❻ 沈从文:《一般或特殊》，原载 1939 年 1 月 22 日《今日评论》第 1 卷第 4 期，见《沈从文全集》第 17 卷，第 261 页。

了一篇《新题记》，更加清晰地交代了《边城》的创作意图和故事原型。

这些版本之间均存在不同程度的增删修改，其中开明书店改订本相比与前一版本的修改多达约700处。修改范围涉及了对人物、环境描述的遣词造句、对故事框架和背景的搭建、作者自身的情感倾向等诸多方面；小至一字一词的增删润色，大至人物、背景设定，甚至包括作者表达自己创作意向和文艺理想的《题记》，作家几乎字斟句酌，无处不改；其中甚至出现字词、语句乃至场景经过反复修改后又保持初版本甚至初刊本原貌的情况。[1]

沈从文对《边城》苦心孤诣、力求“恰当”的修改，堪称作家进行文字实验的一个范例。他的这种努力显然也得到了读者的认可：如当时京派最重要的批评家之一李健吾所言，《边城》“正是这样一部 idyllic（田园牧歌式的）杰作，这里一切是谐和，光与影的适度配置……一件艺术作品，正要叫人看不出是艺术的。一切准乎自然，而我们明白，在这种自然的气势之下，藏着一个艺术家的心力。细致，然而绝不琐碎；真实，然而绝不教训；风韵，然而绝不弄姿；美丽，然而绝不做作”。[2]

（三）“创作室批评”下的作品

在写作了大量小说和散文的同时，沈从文也发表了不少文学批评文章，这是他在从事文学创作时的副产品。他有关小说的理论和批评可称为典型的“创作室批评”；易言之，他只评论影响过自己的作家和作品，只讨论自己有兴趣又努力去创作的作品。[3]沈从文对创作小说的看法之所以具有权威性，并非因为他对小说及其系统理论的精擅，而是来源于一个有丰富创作经验的艺术家的经验之谈。[4]他从自己的创作经历中总结出对文学的独到看法，又用这些观点指导自己的创作。这就使沈从文的文学批评和他的小说创作互相影响，彼此作用，具有了某种程度上的“互文性”。

前文已述，沈从文在不同的文章中反复提到“经典”一词，就什么是新的经典、如何创造经典等问题，也有着自己别具一格并身体力行的看法。此外，沈从文也为自己的小说写作序跋，并经常在这些序言或后记中直接发表

[1] 可参看曹青山:《〈边城〉版本汇校述评》,《江汉大学学报》(人文科学版)，2010年4月第29卷第2期。

[2] 刘西渭:《〈边城〉与〈八骏图〉》，见吴福辉编:《二十世纪中国小说理论资料》第3卷，北京：北京大学出版社，1989年，第393—395页。

[3] 王润华:《从艾略特“诗人批评家”看沈从文的文学批评》，见《沈从文小说新论》，上海：学林出版社1998年，第60页。

[4] 王润华:《沈从文小说创作的理论架构》,《中国文化研究》1997年1月第15期。

自己对小说思想或艺术手法的看法，甚至会针对具体文本进行详尽的自我阐释。这些与正文关系密切的“副文本”“为文本提供了一种（变化的）氛围，有时甚至提供了一种官方或半官方的评论”；[1] 对于正文文本来说，标题、前言、“告读者”等等所谓的“副文本”就如同进出文本的“门槛”，它的存在并非“让文本周围显得美观，而是保证文本命运和作者的宗旨一致”。[2]

这些或许不成系统的文字并非作家茶余饭后的无病呻吟，它们同作家写作的作品一样是有目的、有意识的。它们首先体现出了沈从文对自己作品的认可，即使这种认可暂时没有大众的支持；“我写小说，正因为与一般作品不大相同，人读它时觉得还新鲜，也似乎还能领会所要表现的思想内容。至于听到我说起小说写作，却又因为解释的与一般说法不同，与流行见解不和，弄得大家莫名其妙了。”[3] 但他对此却抱持着冷静的心态，并对作品和自己充满了信心，“一个伟大作家的经验和梦想，既已超越世俗甚远，经验和梦想所组成的世界，自然就恰与普通人所谓‘天堂’和‘地狱’鼎足而三，代表了‘人间’，虽代表‘人间’，却正是平常人所不能到的地方。读者对于这种作品的欣赏，绝不会有许多人。”[4] 他甚至绝不谦虚地表示，“什么是我所谓的‘短篇小说’，要我立个界说时，最好的界说，应当是我作品所表现的种种”[5]；故而“说句公道话，我实在是比某些时下所谓作家高一筹的，我的工作行将超越一切而上。我的作品会比这些人的作品更传得久，播得远。我没有方法拒绝”[6]。所以“一时之间读者有无是件小事。我的理想是慢慢地写，慢慢地求进步，目前无读者，无出路，不足介意。我却希望好好写 30 年，到 20 世纪末还有读者”[7]。在作家自存的短篇小说集

[1] 热拉尔·热奈特:《隐迹文稿》，史忠文译，见《热奈特论文选·批评论文选》，开封：河南大学出版社，2009 年，第 58 页。

[2] “门槛”的比喻出于热拉尔·热奈特 1987 年著《副文本：阐释的门槛》一书，参看朱桃香:《副文本对阐释复杂文本的叙事诗学价值》,《江西社会科学》2009 年第 4 期。

[3] 沈从文:《短篇小说》，原载 1942 年 4 月 16 日《国文月刊》第 18 期，见《沈从文全集》第 16 卷，第 501 页。

[4] 沈从文:《小说作者和读者》，原载1940年8月15日《战国策》第10期，见《沈从文全集》第12卷，第 72 页。

[5] 沈从文:《短篇小说》，原载 1942 年 4 月 16 日《国文月刊》第 18 期，见《沈从文全集》第 16 卷，第 492 页。

[6] 沈从文:《横石和九溪·湘行书简》，写于 1934 年 1 月，见《沈从文全集》第 11 卷，第 181—182 页。

[7] 沈从文:《给一个军人》，原载刊物不详，收于《云南看云录》，重庆：重庆国民图书出版社，1943 年 6 月初版，见《沈从文全集》第 17 卷，第 328 页。

《八骏图》卷末，1947年前后作家还写过这样一段话："从这个集子所涉及的问题、社会、人事，以及其他方面看来，应当得到比《呐喊》成就高的评语。事实上也如此，这个小书必永生。"1956—1957年，他又加上了四个字："毫无疑义"。[1]

其次，这些文字作为作家对作品自我期许的一种表达，是以作者的立场为作品谋求理想定位的一种主动诉求。这在沈从文为具体文本撰写的"副文本"中表现得尤为明显。1934年为《边城》写作的《题记》中，作家主要涉及了两个问题：其一，明确写作对象，"对于农人和士兵，怀了不可言说的温爱"；其二，指明理想读者，"我这本书只预备给一些……'极关心整个民族在空间与时间下所有的好处与坏处'的人去看"，"我的读者应是有理性，而这点理性便基于对中国现社会变动有所关心，认识这个民族的过去伟大处与目前堕落处，各在那里很寂寞的从事于民族复兴大业的人"。[2]

到了1936年的《习作选集代序》中，沈从文除了较全面地表达了对小说创作的独特看法如创作时要"独断"、自己的作品供奉的是"人性""乡下人"的创作视角，等等，再次提起了《边城》。这一次他着重阐述的则是《边城》的主题，"我要表现的本是一种'人生的形式'，一种'优美，健康，自然，而又不悖乎人性的人生形式'。我主意不在领导读者去桃源旅行，却想借重桃源上行七百里路酉水流域一个小城小市中几个愚夫俗子，被一件人事牵连在一处时，各人应有的一份哀乐，为人类'爱'字作一度恰如其分的说明。"[3] 这一段不足200字的论述，后来却成为各路学者们解读《边城》不可绕过的基本依据。

沈从文在这些"副文本"中对自己作品的自我阐释形成了强势的"前理解"，成为后来的研究者挖掘其作品经典意义的基础，"可以构成种种没有答案的问题的矿井"。[4] 这种专注到具体文本的阐述与沈从文的"创作室批评"前后呼应，共同成为沈从文作品经典化的建构因素之一。

---

[1] 沈从文：《沈从文全集》第14卷，第465页。

[2] 沈从文：《〈边城〉题记》，原载1934年4月25日天津《大公报·文艺副刊》第61期，见《沈从文全集》第8卷，第59页。

[3] 沈从文：《习作选集代序》，原载1936年3月1日《国闻周报》第13卷第1期，见《沈从文全集》第9卷，第5页。

[4] 热拉尔·热奈特：《隐迹文稿》，史忠文译，见《热奈特论文选·批评论文选》，开封：河南大学出版社，2009年，第59页。

二、1934—1949：毁誉参半的作品和作家

一部文学作品想要成为经典，首先需要有一套具体的评价标准，更重要的是它必然是一个具有时间跨度的历史化过程。从《边城》面世的1934年至1949年，或可称为作品和作家的“自在”时期，不管是作品还是作家本人都并未成为学术界自觉的研究对象。[1] 有关其作品或作家本人的评论数量不多，前期毁誉兼有；到了后期，“左翼”运用阶级斗争理论、典型化理论指导下的消极评论占据了主流。这无疑在《边城》走向“经典”的道路上埋下了重重阻碍，甚至成为1949年后的30年中作家及其作品被“遗忘”的序曲；然而从历史发展的角度，却使后来者得窥这一事件背后诡谲复杂的历史信息，进而透视中国现代文学发展的一种曲折维度。

（一）片面的褒美

小说《边城》发表的1934年，正是沈从文声誉日隆、影响日增、文坛地位不断提高的时候。通过将近10年的摸索和奋斗，以及与徐志摩、胡适、凌叔华、林徽因、叶公超、朱光潜等西洋名校深造归来的“教授作家”们的交往，20世纪30年代的沈从文已经是当时文坛“京派”的领衔者。“当时住在北平的有两位作家威望很高，人们称作‘京派作家’。老一代的作家以周作人为代表，好像是居于‘盟主’地位，人们尊称他‘知堂老人’……在北平的年轻一代的‘京派’代表是沈从文同志，他在当时地位之高，今日的读者知道的很少。”[2] 在当时的京派阵营中，沈从文的地位和在小说方面的影响力可谓一枝独秀；“论学问渊博的有胡适自己，论新诗才华的有徐志摩，可是在小说方面，除了凌叔华外，就再没有什么出色的人才堪与创造社的作家抗衡了。……胡适后来致力于历史研究和政治活动，徐志摩于1931年撞机身亡，而陈源退隐文坛——只剩下沈从文一人，卓然而立，代表着艺术良心和知识分子不能淫不能屈的人格。”[3]

作家自身的影响力能转化为对作品的号召力，作家地位的权威性也能相当程度地作用于作品的地位。《边城》出自文坛重镇名家之手，甫一问世，便受到不少关注。当时人们对《边城》的口头评谈如今已无从知晓，只能从留下来的材料之中略窥端倪。有关《边城》的评论，较早的有代表

[1] 刘洪涛：《前言》，见刘洪涛、杨瑞仁编：《沈从文研究资料》，天津：天津人民出版社，2005年，第1页。

[2] 姚雪垠：《学习追求五十年（一）》，《新文学史料》1980年8月22日第3期。

[3] 夏志清：《中国现代小说史》，刘绍铭等译，香港：香港中文大学出版社，2001年，第177页。

性的主要有三篇文字。汪伟 1934 年 6 月 7 日在《北平晨报 · 学园》上发表的《读〈边城〉》，同年 12 月 16 日罗曼在《北辰报 · 星海》上发表的《读过了〈边城〉》，以及 1935 年 6 月刘西渭（真名李健吾，1906—1982）在《文学季刊》第 2 卷第 3 期上发表的《〈边城〉与〈八骏图〉》。

从这些评论中首先可以看到的，是对《边城》艺术成就和审美价值的共同肯定，这也是《边城》至今为人们津津乐道的经典元素之一——《边城》"不愧精心结撰之文"，"能够融化唐诗的意境而得到可喜的成功"；❶作者"精心体贴，描绘深刻，并且在平淡的行文里绝找不出半句危峭的字句来耸动读者而取巧的地方"，在"取材和意识上"，也"有着同样的成功"；❷《边城》中的"一切准乎自然……在这种自然的气势之下，藏着一个艺术家的心力。……这是一颗千古不磨的珠玉……"❸

对《边城》所要表达的牧歌情调和"自然优美的人性"，这些评论也有大略一致的看法："说起牧歌情调，茶峒的风土人情可真美……连那当兵的、做妓女的，也都给诗化了"，"最让人难忘的是老船夫，在他身上我们看到一种男性的伟大"；❹沈从文"在他艺术的制作里，他表现一段具体的生命，而这生命是美化了的，经过他的热情再现的"，沈从文"对于美的感觉叫他不忍心分析，因为他怕揭露人性的丑恶"。❺

然而，对于《边城》的思想内涵，评论中却缺乏如上述慷慨赞誉般的积极评价，有人读出了悲剧意味："《边城》也可说是淡淡的一幕悲剧"，可是对悲剧的原因却只肤浅地理解为"天保大佬的失恋"；❻有人读出了这一幕悲剧中"人性的情爱的矛盾"❼，然而又把这种"情爱"囿于低层次的、具体的"小情小爱"；只有作为京派重要的批评家之一的刘西渭敏锐地认识到《边城》人物"本身含有悲剧的成分"，而且"这种悲哀，不仅仅由于情结的演进，而是在于带在人物的气质里"。"一个更大的命运影罩住他们的生

❶ 汪伟：《读〈边城〉》，原载 1934 年 6 月 7 日《北京晨报 · 学园》，见刘洪涛、杨瑞仁编：《沈从文研究资料》，天津：天津人民出版社，2005 年，第 179 页。

❷ 罗曼：《读过了〈边城〉》，原载 1934 年 12 月 16 日《北辰报 · 星海》，见《沈从文研究资料》，第 195 页。

❸ 刘西渭：《〈边城〉与〈八骏图〉》，原载 1935 年 6 月《文学季刊》第 2 卷第 3 期，见刘洪涛、杨瑞仁编：《沈从文研究资料》，天津：天津人民出版社，2005 年，第 203 页。

❹ 汪伟：《读〈边城〉》，见《沈从文研究资料》，第 178 页。

❺ 刘西渭：《〈边城〉与〈八骏图〉》，见《沈从文研究资料》，第 202 页。

❻ 汪伟：《读〈边城〉》，见《沈从文研究资料》，第 178 页。

❼ 罗曼：《读过了〈边城〉》，见《沈从文研究资料》，第 194—195 页。

存”[1]，这似乎更加贴近了沈从文所说“作品背后隐伏的悲痛”[2]。然而这种只立足于单一作品、鉴赏随感式的分析，仍然只是浮光掠影，尚没有触到沈从文寄托于《边城》之中的灵魂，用沈从文自己的话来说：“没有一个人知道我是在什么感情下写成这个作品，也不大明白我写它的意义。”[3]

相对于以上对《边城》不尽人意的解读，苏雪林（1897—1999）的《沈从文论》倒提出了一些颇有创见的观点。《沈从文论》发表于1934年9月，虽对《边城》仅仅一笔带过未有评价，却从整体上肯定了沈从文作品的艺术，如“能创造一种特殊的风格”“结构多变化”“造语新奇”，等等。作者还对沈从文的前途做了光明的预言：虽然沈从文因为“玩手法”，使得他“不能如鲁迅、茅盾、叶绍钧、丁玲等成为第一流作家”，但只要作家好好利用他的“天才”，“光明灿烂的黄金时代”还是等待在他面前！[4]

当然，《沈从文论》中最有价值的部分，当是对沈从文作品中“还没有成为系统”“又没有明目张胆替自己鼓吹”的“理想”做出了相当精当的概括和一定程度的认可。苏雪林认为，沈从文写作的理想，“就是想借文字的力量，把野蛮人的血液注射到老态龙钟，颓废腐败的中华民族身体里去，使他兴奋起来，年青起来，好在20世纪舞台上与别个民族争生存权利”，虽然不免带有浓厚的时代特色和过激倾向，却与沈从文在《边城·题记》中对《边城》的期待解读颇有些契合。[5]

苏雪林之后，对沈从文及其作品进行了全面评价的还有朱光潜（1897—1986）。这位与沈同样作为京派文人心目中的领袖之一的著名文艺理论家和文学批评家对沈从文的评价十分之高，称他为当时“中国的数一数二的小说家”。[6] 虽然他没有对《边城》做出具体的评论，但他在1937年在本人主编的《文学杂志》上连续发表沈从文的《贵生》《大小阮》《神之再现》等小说，并附以专论，这足以证明他对沈从文文学创作的高度肯定。

[1] 刘西渭：《〈边城〉与〈八骏图〉》，见《沈从文研究资料》，第203页。

[2] 沈从文：《习作选集代序》，原载1936年3月1日《国闻周报》第13卷第1期，见《沈从文全集》第9卷，太原：北岳文艺出版社，2002年12月，第4页。

[3] 沈从文：《水云》，原载《文学创作》1943年1月第1卷第4期和1943年2月第1卷第5期，见《沈从文全集》第12卷，太原：北岳文艺出版社，2002年，第113页。

[4] 苏雪林，《沈从文论》，原载1934年9月《文学》第3卷第3期，见刘洪涛、杨瑞仁编：《沈从文研究资料》，天津：天津人民出版社，2005年，第51，194页。

[5] 苏雪林：《沈从文论》，见《沈从文研究资料》，第51，189页。

[6] 朱光潜：《给申报周刊的青年读者》，原载1936年8月《申报周刊》第1卷第30期，见《朱光潜全集》第8卷，合肥：安徽教育出版社，1993年，第429页。

同时，他犀利地指出沈从文的小说有浓厚的“湖南边境的人情风俗”[1]，“所创造的世界是很真实的而同时也是很理想的”[2]，认为沈从文小说“常给人留下这么一点悲剧意识”[3]；这种完全从艺术审美的角度对沈从文作品的积极评语，在当时是十分少见的。

此外，如鲁迅、毕树棠、叶圣陶等著名文人，也在当时给予了沈从文不少的赞誉。如毕树棠称赞沈从文之文笔，“久写小说，文笔独造，习惯成自然，有 Simplicity 之美，非偶然所能至者。”[4] 叶圣陶为《边城》所写广告词曰：“作者写人物心性、山水风景，又素有特长这篇小说就成为朴实美妙的叙事诗。”《春灯集》《黑凤集》的广告词又说：“作者被称为美妙的故事家，小说当然得有故事，可是作者以体验为骨干，以哲理为脉络，糅合了现实跟梦境，运用了独具风格的语言文字，才使他的故事成了‘美妙’的故事。我国现代文艺向多方面发展，作者代表了其中的一方面，而且达到了最高峰。读者要鉴赏现代文艺，作者的作品自不容忽略。”[5] 虽有为宣传所作夸饰，却精辟地指出了沈从文小说的独特之处，并给予了沈从文文学地位的极高评价。

鲁迅与沈从文虽然在20世纪30年代的文艺界就“京派”与“海派”“文人相轻”等问题有过论争，但这并未影响到鲁迅对沈从文文学创作的好评。1936年鲁迅与美国作家埃德加·斯诺（Edgar Snow，1905—1972）的一次谈话中就当时的小说家们进行了评判：“自从新文学运动开始以来，茅盾、丁玲女士、郭沫若、张天翼、郁达夫和沈从文和田军大概是所出现的最好的作家。这里包括了最好的短篇和长篇小说家，到现在为止，还没有真正重要的小说家。沈从文、郁达夫、老舍等人的‘小说’实际上只是中篇小说或长的短篇小说，他们是以短篇而闻名的，不是由于他们对长篇小说的尝试。”[6]

---

[1] 此为朱光潜评论《贵生》之语句。朱光潜：《编辑后记一》，原载1937年5月《文学杂志》第1卷第1期，见《朱光潜全集》第8卷，第530页。

[2] 朱光潜：《编辑后记三》，原载《文学杂志》第1卷第3期，1937年7月，见《朱光潜全集》第8卷，第557页。

[3] 朱光潜：《编辑后记四》，原载1937年8月《文学杂志》第1卷第4期，见《朱光潜全集》第8卷，第565页。

[4] 毕树棠：《〈从文自传〉赏析》，《宇宙风》第1卷第10期，1936年2月。

[5] 此为叶圣陶为沈从文1943年出版的小说集《春灯集》《黑凤集》所写广告词。叶圣陶：《叶圣陶集》第18卷，南京：江苏教育出版社，2004年，第354—355页。

[6] 尼姆·威尔士：《鲁迅和斯诺的一次谈话》，《新文学史料》1978年第1期；又见埃德加·斯诺：《现代中国短篇小说选：活的中国》，长沙：湖南人民出版社，1983年，第355页。

无论是对沈从文的认知，还是对小说《边城》的解读，在这一时期均还处于相当稚嫩的阶段；这固然是由于当时的人们缺乏一种“历史的距离”，但这些对作家作品的褒扬和理解却并不能被就此忽略，它们构成了考察沈从文及其作品经典特质和经典化历史的一重最早的积累，直至今天仍被研究者们不断提起。

（二）尖锐的批判

在沈从文及其小说收获了众多赞誉和褒奖的同时，也有一些不同的声音。这些评论一般并不看重沈从文作品传达出的审美内涵和艺术情趣，而更加关注作品的内容及其与现实相关的思想旨趣；在将文学批评这一活动变得简单粗暴的同时，也使得出的结论变成了从思想政治方面攻击作品甚至作家的尖锐武器。

早在 1931 年，韩侍桁就发文称沈从文是一个“空虚的作者”，从内容到形式全面否定沈从文小说的价值。韩认为沈从文写的作品在文体方面，几乎没有任何形式技巧可言，“是轻轻地以轻飘的文体遮蔽了好多人的鉴赏的眼”，“对于社会的进展与对于个人在社会上的责任的认识毫无启示；并且就是从美的观点看，他们也不能发展出美的外形或给读者以美的感觉”。而在作品的内容方面，取材范围很小，多描写城市或乡村男女恋爱与性的诱惑，等等，都是些“无聊的事件”，趣味低级、内容空虚。这导致这一切的根源，在于“他的思想不正确而缺少根底”。❶

贺玉波写于 1936 年的《沈从文的作品批判》也是一篇对沈从文进行全面批判的檄文，作者考察了沈从文 1931 年以前的作品，认为因为沈从文说过自己不站在任何派别或任何主义的立场上来从事创作，故而沈从文的作品中便无法找出一定的思想。沈从文的“创作哲学”是不求思想的表现，只求作品有趣味，倾向于“为艺术的艺术”。在谈到沈从文的文学技巧时，贺玉波认为沈从文的小说结构平面板滞、描写琐碎、“方言和成语太多……不容易使读者明了”。因此，沈从文的作品既不是“为人生的艺术”，也不是“为艺术的艺术”，最终，他只能送给沈从文两个头衔，即“一个趣味文学作家”和“一个空虚的作家”。❷

---

❶ 韩侍桁:《一个空虚的作者——评沈从文先生及其作品》，原载于 1931 年 3 月 1 日《文学生活》第 1 卷第 1 期，见刘洪涛、杨瑞仁编:《沈从文研究资料》，天津：天津人民出版社，2005 年，第 167—169 页。

❷ 贺玉波:《沈从文的作品批判》，原载 1936 年上海大光书局版贺玉波著《中国现代作家论》第 2 卷，见《沈从文研究资料》，第 252 页。

相比于上述对沈从文及其作品的全面批判和贬抑，有些评论虽然相对委婉，但其指向仍然是从现实出发，落脚于对沈从文思想的诘难。比如有人对沈从文在《边城·题记》中的思想表示了赞同，但同时又认为，“这思想是神往于过去的思想，其所体现的世界是过去的世界，与现实的状况和要求不适合，所以这又伤害了小说《边城》之社会的艺术价值”。❶ 有人虽然承认沈从文作品的艺术之美，“有一个晶莹的形式的外壳，这外壳是由于被人称为文体的作者独具的种种技巧上的特色造成的：文字惊人的明朗，有单纯的美和魅力。……用字大胆、简练——有时简练到吝啬的程度”；然而恰是这种精致看似的艺术损害了作品内容和思想的传达，“语言这东西，它一方面表现思想内容，一方面也限制思想内容的表现”。作者义愤填膺地指出，沈从文为了随意编排故事，故意漠视生活，“没有勇气正视现实的人，必然不能表现现实……即使你以艺术家自命，也绝不会被读者承认；在读者的眼中，他只是一个，客气点说：一个文字的魔术师，不客气地说：一个挂着艺术招版的骗子而已”，❷ 从而彻底否认了沈从文作品的价值。

随着“五四”热潮渐远，现代文学“第一个十年”时期那种比较抽象的思想文化启蒙和个性解放的主张逐渐隐退；随着中国局势的变化，迫切的社会革命、社会解放的愿望极大地影响了文坛。五四时期“文学革命”的旗帜逐渐被“革命文学”的潮流所取代，“政治化”的文学成为这一时期的风向标。❸ 在革命与救亡成为时代精神的大语境之下，沈从文及其《边城》就显得有些另类了。在许多人都致力于描绘革命运动和人民苦难等具体明确的社会、阶级现象的时候，沈从文《边城》中表现出的那个不分贫富、不讲地位、一律以诚相待、到处充满了爱的“桃花源”实在是有些“不合时宜”。在这里，作家的作品与读者的期待出现了脱节，“沈从文，一个多么

---

❶ 汪馥泉、王集丛:《一年来的中国小说——沈从文的〈边城〉》，原载《读书顾问》第1卷第4期，南京：正中书局，1935年;《从文学刊（第一辑）》，北京：中国文史出版社，2004年，第252页。

❷ 凡容:《沈从文的〈贵生〉》，原载1937年5月《中流》第2卷第7期，见刘洪涛、杨瑞仁编:《沈从文研究资料》，天津：天津人民出版社，2005年，第261页。

❸ 此口号由成仿吾在《从文学革命到革命文学》一文中提出：“我们要研究文学运动今后的发展，必须明白我们现在的社会发展阶段；要明白我们的社会发展的现阶段，必须从事近代资产阶级社会全部合理的批判（经济过程的批判，政治过程的批判，意识过程的批判），把握着唯物的辩证法的方法，明白历史的必然进展……我们如果还挑起革命的‘印贴利更追亚’（Intelligentsia）的责任起来，我们还得再把自己否定一遍（否定的否定），我们要努力获得阶级意识，我们要使我们的媒质接近工农大众的用语，我们要以工农大众为我们的对象。换一句话，我们今后的文学运动应该为一步的前进，前进一步，从文学革命到革命文学！”载1928年2月1日《创造月刊》第1卷第9期。

令人向往的名字……有人说他走的是偏路，他的作品渐渐被人们忽略了，轻视了。而把热情赋给了那些有激情，有烈响的大作品。”❶

在这样的情境之下，作家与作品遭遇批判似乎是理所当然，但也不得不承认，有些批判已经大大超出了文学批评的范畴，甚至成为沈从文、《边城》、作家其他“湘西”题材作品甚至全部作品在这之后相当长的时间之内被视为“反动”大加批判乃至被弃置被遗忘的一枚火种。

三、1949—1978：被“放逐”的30年

民国时期，《边城》在艺术上的价值得到不少赞扬，在思想上的追求却应者寥寥，甚至被批为毫无价值；尽管作家在小说连载完立即发表的《边城·题记》、之后的《习作选集代序》（1936年）、《水云》（1946年）中一再提及《边城》的创作理想和写作意图，却仍然不能得到多方的认同；相反，作者之后追随着《边城》之路继续向前的文学探索之路也因为当时剧烈震荡的残酷社会现实以及作者本人40年代陷入创作转向的困境坎坷不前，内外交困的情况迫使沈从文最终“主动”远离文坛，由此导致了作家与作品在中国现代文学界长达30年的缺席。这固然与沈从文个人思想立场和文学追求“和普通社会权量不合”❷直接相关，却也是当时时代环境之下的必然结果。在这30年中，文学被强力纳入为政治服务的轨道，对文学的研究主要聚焦于政治、阶级斗争等非文学因素；政治定性代替了文学评判，思想的人民性往往成为作家“成分”和作品价值的第一条判断标准；对作品的艺术审美等文学因素的考察则要退居第二位了。

（一）“不合时宜”的作家

1942年，毛泽东发表了《在延安文艺座谈会上的讲话》（以下简称《讲话》），总结了20世纪30年代以来左翼作家所倡导的无产阶级文艺思想，确立了文艺为人民服务且首先为工农兵服务的方向，要求把文学事业看成“无产阶级整个革命事业的一部分”，认为文艺是从属于政治的，必须为无产阶级政治服务。❸毛泽东从当时的军事、政治斗争出发，极为强调文艺

❶ 林茨：《评主妇集》，原载1940年11月1日《中国文艺》第3卷第3期，见刘洪涛、杨瑞仁编：《沈从文研究资料》，天津：天津人民出版社，2005年，第265页。

❷ 沈从文：《水云》，原载《文学创作》1943年1月第1卷第4期和1943年2月第1卷第5期，见《沈从文全集》第12卷，太原：北岳文艺出版社，2002年，第94页。

❸ 毛泽东：《在延安文艺座谈会上的讲话》，见《毛泽东选集》第3卷，北京：人民出版社，1991年，第847页。

的革命性，将政治标准排在第一位而非文艺的独立性、审美价值和艺术规律。[1] 这一思想和方针对20世纪40年代以后的中国文学界带来了极其重要的影响。

在40年代尤其是抗战胜利后中国现实政治的急迫形势下，文学的发展进程不可避免地被卷入“光明的中国之命运和黑暗的中国之命运”[2] 的政治选择之中。虽然当时包括沈从文在内的坚持文学“独立性”、对文学与商业和政治结缘持怀疑或批评态度的“自由主义作家”仍具有一定的影响力，但他们已经无法撼动以左翼文学为主导的主流文学力量。

在左翼作家积极传播《讲话》思想和进行相关实践的同时，对当时的作家和文学派别依据文学观念、政治诉求、阶级立场等因素划分为革命作家（左翼作家）、进步作家（广泛的中间作家）和反动作家等三类的活动也开始进行。这种以政治定性代替文学批评、严格区分敌我、将作家和文学统统贴上政治标签的描述和划分，正是1949年之后文学转折的开端。

沈从文不幸成为这场转折中受到极大冲击的作家之一，从“一个空虚的作家”到“桃红色的作家”，左翼批评家最终将他划入“有意识的反动派”，连带他的作品自然也都不值一提了。

20世纪30年代中后期至40年代，沈从文及其创作进入转折期。1934和1938年两次返乡之旅，古老宁静的“湘西世界”在现代文明冲击之下逐渐走向衰落的现实让他不再仅仅沉醉于古老悠远的牧歌情调，而更多地着眼于湘西社会现实的苦难与危机；1938—1946年在昆明郊区的八年“相当长，相当寂寞，相当苦辛”[3] 的生活经历，又使他开始沉思人生和生命的意义。他“力图确立一种具有诗人气质的思想体系，在世界本体（生命本体）、审美主体的沉醉状态，对社会文化的批判等方面，都做出自己的独特表述”，因此各种各样的“文本实验”“构成了他40年代创作的主体”。[4]

---

[1] 蔡双全:《试析革命家毛泽东与文学家鲁迅文艺观的差异》,《湖北大学学报》（哲学社会科学版）2007年第1期。

[2] 毛泽东:《两个中国之命运》，此为1945年7月23日毛泽东在中国共产党第七次全国代表大会上的开幕词，见《毛泽东选集》第3卷，北京：人民出版社，1969年，第1025页。

[3] 沈从文:《从现实学习》，原载1946年11月3、10日天津《大公报·星期文艺》第4—5期，见《沈从文全集》第13卷，第389页。

[4] 钱理群:《1948：天地玄黄》，北京：中华书局，2008年，第204页。

这种追求探其本质，仍然与《边城》一脉相承，承载着作家对于“生命”“爱”与“美”的信仰，然而贯彻这种信仰，他也必须为之付出：生活中“与社会隔绝”，写作上“与社会需要脱节”，[1] 使得沈从文及其创作在不同的时期，得到了完全不同的对待。

创作《边城》，带给沈从文的是赞誉与肯定，尽管也有着质疑的声音；创作所谓“实验小说”（如《看虹录》等），沈从文却遭到了在抗日战争及之后的解放战争中发展壮大、并逐渐掌握文艺界话语权的左翼作家们的群起批判和排斥，并进而延伸到对作家本人“政治属性”的论定，将作家和作品一并划入了“反动派”阵营。如《新文学》编者认为《看虹录》表现了作家“一贯的肉欲追求”；批评家许杰将其列入“色情文学”，指责其会“毒害青年”；[2] 1948 年郭沫若发表于《大众文艺丛刊》上的《斥反动文艺》更以激烈的语气，刻薄地斥责沈从文的“《摘星录》《看云录》[3]”等低俗如“文字上的裸体画”“文字上的春宫”，是不折不扣的“粉红色的反动文艺”；作家本人则是“御用文士”中的“桃红小生”，是“摩登文素臣”，甚至“一直是有意识地作为反动派而活动着”。[4]

不仅在文学创作上遭到左翼阵营的否定，“游离”国共两党政治之外的“中间路线”、超越具象的战争关照、自由主义的文艺追求[5] 这些沈从文一以贯之的对政治的偏见以及对内战的消极态度，因其“不合时宜”，也不断地为他招来争议和批判。抗日战争开始之后，沈从文就因一系列有关“文学”与“作家”的言论引发数起文坛论争。他在“京派”与“海派”（1933）、“禁书问题”（1934）、“差不多”问题（1936—1937）、“与抗战无关论”（1938—1939）、“战国策派”（1940）、“反对作家从政”（1942—1943）等一

[1] 钱理群：《1948：天地玄黄》，第 204 页。

[2] 钱理群：《1948：天地玄黄》，第 205 页。

[3] 即《看虹录》，郭沫若原文如此。

[4] 郭沫若：《斥反动文艺》，原载 1948 年 3 月 1 日《大众文艺丛刊》第一辑《文艺的新方向》，见刘洪涛、杨瑞仁编：《沈从文研究资料》，天津：天津人民出版社，2005 年，第 289—290，292 页。郭沫若对沈从文的恶感由来已久，两人从 20 世纪 30 年代以来多有文字论争。郭沫若此篇檄文虽应时而作，然难免有过激之嫌。参看华麦：《郭沫若和沈从文的文字恩怨》，《新文学史料》2001 年第 3 期；傅国涌：《1949 年：中国知识分子的私人记录》，武汉：长江文艺出版社，2005 年，第 241—243 页；糜李扬：《从佚文〈新书业与作家〉看沈从文与郭沫若关系》，《新文学史料》2012 年第 1 期。

[5] 凌宇：《沈从文传》，北京：十月文艺出版社，2003 年，第 338 页。

系列笔墨官司中，被左翼文学阵营视为“官的帮闲”的“学者文人”；[1] 为“主子”“越俎代谋”的“忠而获咎”者；[2]“对大多数应社会要求而写作的作家们”“作敌意的挑战者”；[3]“停止作战”论的制造者；[4] 认为他“血管已硬化，耳聋听不到无产阶级的呼声”[5]，他不过是“闭起眼睛说大话”，其“厚诬了作家们之力求服务于人群社会的用心”几“不可恕”。[6]

20 世纪 40 年代中后期，由于沈从文将解放战争视为“民族自杀的悲剧”[7] 的论调与《芷江县的熊公馆》而引发的轩然大波，更引发了对作家及其作品“政治属性”的论定：冯乃超《略评沈从文的“熊公馆”》将沈从文的《芷江县的熊公馆》定义为“典型地主阶级”之“最反动的文艺”，沈从文本人即为不折不扣的“地主阶级的弄臣”；[8] 之后郭沫若凭借权威地位的致命一击（见前述《斥反动文艺》），新中国成立前夕北大校园里“打倒新月派、现代评论派、第三条路线的沈从文！”的标语[9]，北平解放后《新民报》记者火上浇油的采访和《莫辜负了思想自由》中的意有所指的贬沈报道[10]，更将沈从文及其作品和创作推入了几近绝望的境地。

同时，随着新中国的成立，社会各方面都产生了极大的变化，文学也不例外。承接着毛泽东的《讲话》思想，当时的文学与政治的关系不可不为密切；而在这样一种文学对于政治具有工具性地位的主张支配着文学界的情况下，20 世纪四五十年代之交的社会转折，也必然影响和推动了中国文学的构

---

[1] 鲁迅:《“京派”与“海派”》，原载 1934 年 2 月 3 日《申报·自由谈》，见《鲁迅全集》第 5 卷，北京：人民文学出版社，2005 年，第 435 页。

[2] 鲁迅:《隔膜》，原载 1934 年 7 月 5 日上海《新语林》半月刊第 1 期，见《鲁迅全集》第 6 卷，北京：人民出版社，2005 年，第 45 页。

[3] 矛盾:《新文学前途有危机么》，原载 1937 年 7 月 1 日《文学》第 9 卷第 1 期，转引自凌宇:《沈从文研究的回顾与前瞻》，《中国现代文学研究丛刊》1995 年 第 2 期。

[4] 巴人:《展开文艺领域中反个人主义的斗争》，原载 1939 年《文艺阵地》第 3 卷第 1 期，见《文学运动史料选》第 4 册，上海：上海教育出版社，1979 年，第 258—259 页。

[5] 金介甫:《沈从文传》，北京：国际文化出版公司，2009 年第 2 版，第 243 页。

[6] 茅盾:《关于“差不多”》，原载 1937 年 7 月 5 日《中流》第 2 卷第 8 期，见刘洪涛、杨瑞仁编:《沈从文研究资料》，天津：天津人民出版社，2005 年，第 264 页。

[7] 沈从文:《从现实学习》，原载 1946 年 11 月 3、10 日天津《大公报·星期文艺》第 4—5 期，见《沈从文全集》第 13 卷，第 392 页。

[8] 冯乃超:《略评沈从文的〈熊公馆〉》，原载 1948 年 3 月 1 日《大众文艺丛刊》第 1 辑，见刘洪涛、杨瑞仁编:《沈从文研究资料》，第 297 页。

[9] 凌宇:《沈从文传》，北京：十月文艺出版社，2003 年第 2 版，第 340 页。

[10] 1949 年 2 月 15 日北平《新民报》。

成因素及它们之间关系的剧烈错动，发生了文学的“转折”[1]，这也是作家沈从文创作生涯的再次转折——正如他在一封信中所表露的那样：“中国行将进入一个崭新时代……对于过去种种，得决心放弃……人近中年……用笔方式，二十年三十年统统由一个‘思’字出发，此时却必须用‘信’起步，或不容易扭转。过不多久，即未被迫搁笔，亦终得把笔搁下……”[2] 外在环境的剧变与内心追求之间强烈的落差，终于使得沈从文在不久便亲身应验了自己的预言。

1949 年 7 月，第一次全国文学艺术工作者代表大会在北京召开，作为北大教授、著名作家、北方文坛领袖、身兼平津四份文艺副刊主编[3] 的沈从文却榜上无名。“表面上看不出他有情绪，他脸上仍然露出微笑。他向我们打听文艺界朋友的近况，他关心每个熟人。然而文艺界似乎忘记了他。”[4] 无论是偶然还是刻意，这一现象似乎也同样昭示着一个作家创作生命的结束。

在北京解放后的三年中，报刊上完全消失了沈从文的踪影——既无作品发表，也无人事消息。1951 年 11 月 14 日发表于《大公报》的《我的学习》，是沈从文解放后写的第一篇文章，即沈从文之前十个月中央革命大学研究班学习完成之后所做的自我检查，在文中他直言自己“在自己作成的思想战争中病倒下来”，尽管这场病有些长久，他还是迎来了“生命的复苏”，[5] 但作为作家的沈从文却已经一去不返。

1953 年 9 月 23 日，第二次全国文代会召开；彼时沈从文已经转入历史博物馆工作两年有余。在毛泽东对他说“年纪还不老，再写几年小说吧”的时候，以工艺美术界代表的身份参加会议的他却未能作答。

在沈从文作家身份销声匿迹的同时，沈从文作品也被尽数“封杀”。同样是在 1953 年，与沈从文合作多年的开明书店告知他“作品已过时，凡在开明的已印未印各书稿及纸型，已全部代为焚毁”[6]；稍后，香港也传来消息：台湾当局也认为他是“反动文人”，而禁止出版他的作品。然而，虽然沈从文一再表示远离文坛，有时却也忍不住想要重拾旧业。从 1950 年 5 月

[1] 洪子诚:《中国当代文学史》，北京：北京大学出版社，1999 年，第 3 页。

[2] 转引自汪曾祺:《沈从文转业之谜》；沈虎雏:《团聚》，见《长河不尽流》，长沙：湖南文艺出版社，1989 年，第 141—142，502 页。

[3] 这四份刊物分别是《大公报 · 星期文艺》《文艺》《益世报 · 文学周刊》和《平明日报 · 文学副刊》。

[4] 巴金:《怀念从文》，见《长河不尽流》，长沙：湖南文艺出版社，1989 年，第 11 页。

[5] 凌宇:《沈从文传》，北京：十月文艺出版社，2003 年第 2 版，第 345 页。

[6] 凌宇:《沈从文传》，第 358 页。

起，沈从文悄悄地创作了纪实性的小说《老同志》，到1951年11月已经三易其稿；但辗转数家报刊，没有一家愿意刊登。最后，这位昔日名满天下的作家，不得不给老朋友丁玲写信，请她予以推荐，“寄了篇文章来，还是去年11月在四川写的，5月中寄到一个报纸编辑处，搁了四个月，现在才退回来，望为看看，如还好，可以用到什么小刊物上去，就为转去，不用我名字也好。如要不得，就告告毛病。多年不写什么了，完全隔了。”[1] 沈从文把要求降到最低，只求能发表这篇小说，但事与愿违，此文在沈从文生前一直未能与读者见面。

1957年因为“百花齐放、百家争鸣”政策的号召，出版界出现了重新出版“五四”以来有代表性的作家作品的热潮。包括《边城》在内、29万余字的《沈从文小说选集》由人民文学出版社出版（1973年曾再版），但这本《选集》对选入其中的作品进行了不少删改。基本可以分为三类：其一是为了迎合新的语言规范要求所做的语言文字方面的修改，其二是“凡与性有关的句子都遭到一定程度的修改”，其三则是“政治删改”。

以《边城》为例，1957年校正本是之前和之后诸版本中改动最大的一版，共修改900余处。除为了适应新时期的写作规范和阅读习惯对部分字词进行删改，对人物对话、故事背景等进行增删修改之外，还有一些看起来十分突兀、甚至不甚恰当的补充：

如作者试图在文中表达对劳动者的赞美：

1943年改订本：正因为处处有奇迹，自然的大胆处与精巧处，无一处不使人神往倾心。

1957年校正本：正因为处处若有奇迹可以发现，人的劳动的成果，自然的大胆处与精巧处，无一地无一时不使人神往倾心。

翠翠不去玩耍而变成了勤劳老成的样子：

1943年修改本：平时在渡船上遇陌生人对她有所注意时，便把光光的眼睛瞅着那陌生人，作随时皆可举步逃入深山的神气，但明白了人无心机后，自然就又从从容容地在水边玩耍了。

1957年改定本：平时在渡船上遇陌生人对她有所注意时，便把光光的眼睛瞅着那陌生人，作成随时都可举步逃入深山的神气，但明白了面前的人无心机后，就又从从容容地来完成任务了。

---

[1] 沈从文:《19520818致丁玲》，见《沈从文全集》第19卷，第353页。

在新社会之中，连动物也要参加“劳动”：

1943 年改订本：于是这黄狗赶快跑到船上来，且依然满船闻嗅不已。

1957 年校正本：于是这黄狗赶快跑到船上来，参加工作，依然满船闻嗅不已。

……

这些修改固然是作家主动顺应新的社会意识形态的表现，但也同样是新形势下共和国文艺观念的结果。在这本新中国成立后 30 年间唯一与公众见面的选集题记中，沈从文满怀感慨地写道：“习作中文字风格比较突出，涉及青年男女恋爱抒情事件，过去一时给读者留下个印象的，怕对现在读者无益有害，大都没有选入。……我和我的读者，都共同将近老去了。”[1] 这确然是作家历尽沧桑的肺腑之言。虽然在题记篇末，他又表达了“希望过些日子，还能重新拿起手中的笔”的热切意愿，却因随后的“整风运动”，再次熄灭了他的创作热情。

1961 年的井冈山之行，沈从文本来也几度抱有创作的希冀，然而现实的变化却让他根本无从下笔[2]，从此，他再也不言文学写作，而是将自己的全部身心投入浩瀚的文物工作中。在沈从文的作家身份逐渐不再被人们淡忘之时，《边城》也无声无息地湮没在了历史的阴影之下。

新中国成立前后的一系列剧变，以其外在的无可抗拒的巨大力量，也促成了作家本身的巨变，沈从文从一个曾经的“职业作家”变为再也不愿拿起笔写小说的博物馆工作人员，实在是从“因文废人”到“因人废文”的必然结果。

（二）文学史的空白

民国时期，虽然已经有大量有关“五四”以来新文学的论作，但大多带有“共时”评论的性质，既未有为这一时期的文学发展建立起系统的论述体系的自觉，也缺乏一种历史的视角。

1949 年前提到沈从文的文学史作品中，有三部较有代表性。一部是李何林的《近二十年中国文艺思潮论》(1939)。该书以“思潮史”为框架，主要关注 1917—1937 年中国文学界的屡次文艺论争事件。在第二编《“大革命时代”前后的“革命文学”问题》第五章《“新月派”及其他反对者的论调》

---

[1] 沈从文:《沈从文小说选集·题记》，原载人民文学出版社 1957 年初版《沈从文小说选集》，见《沈从文全集》第 16 卷，第 377 页。

[2] 井冈山之行始末，可以参看凌宇的《沈从文传》。

中对沈从文的文艺思想进行了批评，提及“沈从文的‘反差不多’的用意并不是善意的反公式主义，是恶意的反对一切以现实为内容的文学作品。自己既然不敢或者不愿正视现实，当然也就谈不到去实践或者表现现实”。❶

杨荫深《中国文学史大纲》（1947）将新文学作为中国文学史的附尾，在第十三章《新文学运动的起来》中认为新文学运动以来，最有造就的即是小说。当时的小说有三派不同的作风，一以鲁迅、叶绍钧为代表，多取材于古老社会的人物，或讽刺，或评述，或幽默，并将沈从文的创作也归入此派；但后文只具体分析了三派中的鲁迅、叶绍钧、茅盾、郭沫若、郁达夫、张资平六位作家，并未对沈从文及其作品有过多关注。❷

唯一对沈从文做了较为详细介绍的是李一鸣的《中国新文学史讲话》（1943）。著作第五章《小说》总说中同样认为新文学运动发生以后最有成就的是小说，并根据作家所属的流派和创作风格将小说创作分为四派。第一派以鲁迅、叶绍钧为代表，第二派是文学研究会的大部分作家，第三派是创造社前期的作家，第四派是承续第一派的新写实主义者、新浪漫主义者，有茅盾、巴金等。沈从文仍然被归入鲁迅、叶绍钧等写实主义者一派。在本章中先介绍了鲁迅（大约650字）和叶绍钧（大约420字），又用大约470字评述了沈从文。将沈从文视为这一派中比较晚出的作者，是一个努力多产的作者；沈从文虽然被归入新月派，但在新月派中“总算比较前进”。著作认为沈从文的文学成就主要是小说，尤其是短篇小说。小说题材颇具湘西地方色彩，人物形象生动朴实，文句描写也有一定的特色；但沈从文主张为艺术而艺术，只求作品有趣味，不求表现思想，所以内容和思想好像空虚，而这正是新月派一切文学作品的通病。❸

上面三部著作，前两部对沈从文都是一笔带过；李一鸣虽然抓住了沈从文作品中的一些艺术特点，但和李何林一样，对其作品的思想价值评判都偏向于左翼的观点，前者直接将沈从文及其作品作为“脱离现实”的反面例证，后者虽然相对温和，但也并不认可。虽然受限于时代和论者，沈从文及其作品在这些著作中距离“经典化”还很有距离；不过一个客观的事实是，沈从文在1949年之前就已经进入了文学史写作的视野，是中国新文学

---

❶ 李何林:《近二十年中国文艺思潮论》，上海：上海生活书店，1939年，第246页。

❷ 杨荫深:《中国文学史大纲》，上海：商务印书馆，1947年，第557页。

❸ 李一鸣:《中国新文学史讲话》，上海：世界书局，1943年，第95—98页。

史上的一位不能忽略的作家。

另外，虽然并非文学史著作，由鲁迅、茅盾、周作人、朱自清等编选、1935—1936年出版的中国现代文学第一个十年即1917—1927年的理论和作品选集《中国新文学大系》（十卷）在现代文学史上也有着举足轻重的意义。《大系》作为整理、保存、评价五四文学的重要文学选本，与五四文学经典化和相关文学批评、理论、史观、流派、社团等经典地位的确立密不可分。一个有趣的现象是，《大系》划定的下限年份1927年，正是沈从文开始在文坛崭露头角的时期；然而茅盾编选的《大系》“小说”卷却并未收录沈从文的任何一篇作品。阿英编选“史料·索引”卷虽然为顾及资料完整性，将时间限度上延至20世纪30年代初，并在“作家小传”部分介绍了沈从文，然而偏重其经历，对其作品并未多有推介。

《大系》的编纂作为现代文学初创者自我经典构造的一次集体行动，反映了20世纪30年代新的文化语境和文学权力话语场中“五四”一代作家们借助经典遴选和界定，对中国新文学体系的重新整顿；[1]沈从文虽然失去了这样一个“被经典化”的机会，然而《大系》本身也因为其所包含的知识分子启蒙立场与个性主义诉求，自从出版之后就一直在国内遭遇意识形态的冷遇，直到20世纪80年代，才与这位它有意无意忽略了的作家一起，被中国文学界重新发现。[2]

如果说1949年之前，评判经典作品与构建经典秩序的权力还是各个分散在学者、学术部门、出版社、报刊和政府相关部门之手，并没有一个大家统一认可的标准或机构；那么新中国成立之后，这一“分散”的状态开始受到控制。随着中央权力的回归，文学作品也出现了事实上的统一审定机制。它对文学作品的审定，主要是运用国家权力，通过确定不同文类、不同作家作品的价值等级，来建构一个根据等级排列的基本“秩序”，并监督、维护这一秩序的存在。20世纪50至70年代的中国，正是在一整套由国家权力赋予权威性的文学理论体系指导下，通过选本出版、文学教育和文学史撰写达成“合法化”，将这套文学秩序贯彻了30年。[3]

❶ 黄轶:《〈中国新文学大系〉与现代乡土小说研究及其经典化》,《东岳论丛》2016年12月第37卷第12期。

❷ 王永祥:《由文化商品到学术经典的转化——以〈中国新文学大系〉（1917—1927）为例》,《社会科学研究》2012年第5期。

❸ 洪子诚:《中国当代的“文学经典”问题》,《中国比较文学》2003年第3期。

第一次文代会后，新文学史写作很快被提上日程。1949 年秋，时任文化部长的茅盾在《一致的要求和期望》一文中就说:“对于中国文学史，尤其是‘五四’到现在的新文艺运动史，也应该组织专家们从新的观点来研究。这一切，都应当放在我们今后工作的日程上。”❶1950 年 5 月，中央教育部颁布了《高等学校文法两学院各系课程草案》，规定各大学中文系开设新文学课程，提出“应用新观点，新方法，讲述自五四时代到现在的中国新文学的发展史，着重在各阶段的文艺思想斗争和其发展状况，以及散文、诗歌、戏剧、小说等著名作家和作品的评述”。这意味着中国现代文学研究作为一门独立的学科被建立起来，且被正式纳入大学教学计划，因此相关文学史教材的编写便成了当务之急。

一般认为，1951 年和 1953 年王瑶《中国新文学史稿》（上下册）的出版，是中国现代文学学科成立的标志。这本著作作为第一本新文学成为一门学科后出版的文学史教材，本身具有专著的性质，同时采用了课程的规模和系统；写作方式是以文学现象串联历史发展的描述式；这一多描述、少判断、重证据的叙史方法，使《史稿》充分涉及了大量在以后的文学史著作中未曾被提及的作家和作品；是 1949 年之后第一本为许多大学广泛采用的现代文学史教材。❷

王瑶的《新文学史稿》中共有三处提到了沈从文：第一处在上册第二编“左联十年（1928—1937）”第八章“多样的小说”第四节“城市生活的面影”具体谈到了沈从文的作品，这一节包括了老舍、叶绍钧、沈从文、张天翼、欧阳山、葛琴、靳以等七人，沈从文的作品被评价为“多是以趣味为中心的日常琐事。他有意借着湘西、黔边等陌生处方的神秘性来鼓吹一种原始性的野的力量。他采用的多是当作一种浪漫主义嶂调的奇异敖事，写法是幻想的。他笔下的人物都是只有一个轮廓。……有人说他是‘文体作家’，就是说他的作品只有文字是优美的；其实他所要表现的思想，就是对‘城市人’的嘲笑和对原始力量的歌颂。这一方面固然表现他不满于现实，但不自觉地其实是对过去时代寄予了一些怀恋。……他的才能使他在说故事方面比写小说要成功得多。”这些评语仍然延续了民国时代对沈从文作品“不够现实”的批判，总体而言评价并不很高。王瑶评述中具体提到

❶ 茅盾:《一致的要求和期望》,《文艺报》1949 年 9 月 2 日第 1 卷第 1 号。

❷ 温儒敏:《“苏联模式”与 1950 年代的现代文学史写作》,《北京大学学报》（哲学社会科学版）2003 年 1 月。

的沈从文作品有《入伍后》《黔小景》《龙朱》《月下小景》《阿丽思中国游记》《八骏图》六篇。[1]

《史稿》作为一部在当时政治化的写作状态中努力将文学史观与学术个性相调和的著作，仍然很快遭到了批判。[2] 王瑶得知此事后，通知了开明书店停止出售已经出版的上册，并开始进行具体修改。[3] 到了1953年8月，《中国新文学史稿》上册才由新文艺出版社重新出版。

《史稿》第二处提到沈从文，是在1953年出版的下册第三编“在民族解放的旗帜下（1937—1942）”第十一章“抗战文艺的动向”第五节“思想斗争”，引用了郭沫若《新文艺的使命》一文对沈从文“反对作家从政”和“艺术至上主义”的文艺思想做了批判。[4] 第四编“文学的工农兵方向”第十六章“新的人民文艺的成长”第五节“思想斗争”中第三次提到沈从文，分别引用了茅盾《在反动派压迫下斗争和发展的革命文艺》和郭沫若《斥反动文艺》的论调，把沈从文及其作品贴上“反动”性质的标签；又引用邵荃麟在《对于当前文艺运动的意见》一文，认为沈从文是“为艺术而艺术”的“自由主义者”；并号召读者们与之绝缘。[5]

《史稿》下册一改上册以述作史的写作方式，对沈从文的文艺思想评价上基本上是“以述代作”。姑且不论其对沈从文作品艺术价值的评述是否到位，其直白定义沈从文作品的“政治属性”且一味照搬左翼檄文的做法，却为之后几本同时期的文学史著作树立了“范本”。另外，该著作中并未提到在新中国成立前被加诸不少赞誉的《边城》。

另一本提到沈从文的文学史著作是1961年开始编写、1979年方才出版

---

[1] 王瑶:《新文学史稿》（上册），北京：开明书店，1951年，第236—237页。

[2] 1952年8月30日，由国家出版总署与《人民日报》联合召集关于王瑶《中国新文学史稿》的座谈会，对王瑶所著的《中国新文学史稿》（上册）所表现的立场、观点上的错误进行了批评，认为王瑶此书“采取了资产阶级客观主义的立场，对资产阶级的文学趣味有着偏爱，它把‘五四’以后三十多年的文学创作，不分革命与反革命、进步与落后、主流与逆流，都同等重视，兼收并蓄；漠视中国共产党对中国新文学运动的领导作用；忽视新文学运动与阶级斗争的联系，看不出革命运动是怎样影响着革命运动的发展。……”见《文艺报》1952年第20号（10月出版）的座谈会记录与编者按语。在后来清算胡风文艺思想以及批判资产阶级学术思想等运动中，王瑶及其《史稿》又一再受到批判。

[3] 关于王瑶的《史稿》上册遭到批判和修改的情况，可参看陈改玲:《五十年代王瑶对〈中国新文学史稿〉的修改》,《新文学史料》2009年第4期。

[4] 王瑶:《新文学史稿》（下册），上海：新文艺出版社，1953年，第28—31页。

[5] 王瑶:《新文学史稿》（下册），第210—212页。

的《中国现代文学史》，唐弢主编。这部专著同样将沈从文与数名其他作家糅于一节，和王瑶著作一样，都只将沈从文列于文学史中的“小家”一众；对其作品的评述，则毫无新意地继续执着于“进步”“革命”与否，这种对作品内涵理解的简单化倾向，仍与王瑶的《史稿》如出一辙。❶

在这30年间，还有数本相关著作。其中比较有影响的如刘绶松的《中国新文史初稿》（上下）（1956年初版）、林志浩的《中国现代文学史》（上下）（原为内部交流使用，1979年出版），都无一例外沿袭了王瑶对沈从文的“政治定性”论，而更加将笔墨集中于对作家政治思想的清算。这些著作在有关文学运动的章节中，均借用郭沫若、冯乃超、茅盾等人的论调，一致认为沈从文是一个反动作家，其理论是反动的，其作品也是为地主阶级、资产阶级服务的；批判的立论依据主要都是郭沫若、茅盾等左翼领导人的权威性檄文。然而在进行具体文学创作历史的描述时，三部作品却又不约而同在20世纪30年代作家作品的介绍中抹去了沈从文。❷

正如沈从文的学生汪曾祺在金介甫的《沈从文传》里所说的那样，“他写过《菜园》《新与旧》，然而人家说他是不革命的。他写过《牛》《丈夫》《贵生》，然而人家说他是脱离劳动人民的。他热衷于‘民族品德的发现与重造’，写了《边城》和《长河》，人家说他写的是引人怀旧的不真实的牧歌。他被宣称是‘反动’的。一些新文学史里不提他的名字，仿佛沈从文不曾存在过。”❸

对其创作并无阐述，对其作品全无分析，却一致认定沈从文其人其文的“反动性”，这是新中国成立之后30年沈从文及其作品在文学史叙述中的基本状况，再加上30年间仅出版过一本小说集导致的作品传播的极其有限性，基本上在国内完全堵塞了沈从文及其作品为人所知的渠道；也因此，在这30年间“没有一篇有关沈从文的研究文字发表，图书馆里连稍微像样一点的沈从文作品或研究资料也没有”❹的现象，也是很自然的事情了。

文学作品从产生到获得认可，再被史家写入文学史，正是经典传承的必然和必要方式；然而，文学史正因其具有“盖棺定论”的权力和效用，

❶ 唐弢:《中国现代文学史》，三卷本，北京：人民文学出版社，1979年，第279—280页。

❷ 叶德政:《从凝固走向开放——对于国内现代文学史教材有关沈从文评论嬗变轨迹的述评》，《吉首大学学报》（社会科学版）1989年第1期。

❸ 汪曾祺:《〈沈从文传〉序》，《吉首大学学报》（社会科学版）1991年Z1期。

❹ 凌宇:《沈从文研究的回顾与前瞻》，《中国现代文学研究丛刊》1995年第2期。

它既可以成为某些文本跻身经典的历史，也可以成为某些文本被放逐的历史。[1] 在《中国新文学史稿》中，[2] 沈从文在被斥为反动文人的同时，至少还保留了作家身份；然而，在此之后的其他文学史著作，却只把他当成一个有代表性的反动文艺思想家进行批判；在这种政治话语压过学术话语的指导思想关照之下写就的文学史之中，沈从文的作家身份已经全然丧失，其作品不仅失去了被经典化的资格，更和作家一起，被贴上了妖魔化的标签。

四、“经典”归来

荷兰比较文学学者杜威·佛克马在讨论经典问题时曾指出：“在中国，现代经典讨论或许可以说是开始于 1919 年，而在 1949、1966 和 1978 这些和政治路线的变化密切相关的年份里获得了新的动力。”[3] 这一说法同样适用于沈从文及其作品的经典化历程考察。不过，相比于海外 20 世纪六七十年代已经开始的“沈从文热”，这位曾经被中国现代文学故意放逐了 30 年的作家及其作品在国内经典地位的实现，显得有些姗姗来迟。

（一）域外回音

在中国大陆沈从文政治上被冷藏，作品被漠视的 30 年间，域外却是另一番天地;他的作品不仅没有被遗忘，反而得到了相当的关注和不少的赞誉。

沈从文的作品很早就被译介到海外，早在 1926 年即有人将《母亲》译为日文；1934 年发表的《边城》，两年后即被邵洵美的美国女友项美丽（Emily Hahn）与辛墨雷（Shing Mo-Lei）合译成英文，以《翠翠》为篇名连载于在中国发行的英文刊物《天下月刊》第 2 卷第 1—4 期上，这也是《边城》首次被译成英文。此后《边城》又数次被译成英文、日文、法文，[4] 为

---

[1] 季广茂:《经典的由来与命运》，见童庆炳、陶东风主编:《文学经典的建构、解构和重构》，北京大学出版社，2007 年，第 129 页。

[2] 黄修己、刘卫国:《中国现代文学研究史》下册，广州：广东人民出版社，2008 年，第 503 页。

[3] 佛克马:《文学研究与文化参与》，俞国强译，北京：北京大学出版社，1996 年，第 37 页。

[4] 沈从文的《边城》数次被译为英文，除 1936 年项美丽译版，还有 1947 金隄、罗伯特·白恩合译版，1962 戴乃迭（Gladys Yang）版，1971 威廉·麦克唐纳版，2009 金介甫（Jeffrey C.Kinkley）版；此外，还有 1938 松枝茂夫日文版，法文版有 1982 Liu Hanyu、Guang Ming Wu Ming 合译版、1992 何碧玉（Isabelle Rabut）版，1984 吴素乐（Ursula Richter）德文版，1987 马悦然瑞典文版，1989 沈惠英韩文版，等等，参看华强:《沈从文著作的外文翻译》,《上海师范大学学报》(哲学社会科学版) 1985 年第 3 期；徐敏慧:《沈从文小说英译述评》,《外语教学与研究》(外国语文双月刊) 2010 年 5 月第 42 卷第 3 期；汪璧辉:《沈从文海外译介与研究》,《小说评论》2014 年第 1 期；罗宗宇、曾婷:《论小说〈边城〉的当代传播》,《创作与评论》2015 年第 20 期。

越来越多世界范围内的读者所接受，更有一批学者开始对沈从文及其作品进行了相当深入的研究。由于不受国内政治问题的掣肘，他们立足于自身文化传统和思维模式的对沈从文其人其文的研究，不仅填补了大陆 30 年来沈从文研究的空白，其对《边城》的一致推崇更使得这部小说在作家的诸多作品中脱颖而出，成了作家不能不提的“代表作”。

美籍华人学者夏志清可以算得沈从文的海外知音，他的《中国现代小说史》(1961 年英文初版，1979 年中文版）重新发掘了沈从文、张爱玲、张天翼等一批在解放后的大陆被“埋没”的作家作品；并且在 20 世纪 80 年代以来“重写文学史”的思潮和实践中发挥了重要的推动作用和规范意义。[1]

在著作序言中，夏志清就开宗明义地明确了撰写这部小说史的意旨，将作品的审美价值而非政治倾向列为评定作品的首要标准:“文学史家的首要任务就是优美作品之发现和品评，如果他仅仅把文学视为一面反映某个时代政治与文化的镜子，他其实已放弃了对文学及其专业领域的学者的义务。”[2]

夏作专辟一章、以上万字的篇幅详述沈从文及其创作，对其重视程度不亚于鲁迅、矛盾、老舍等“大家”；且在第二编“成长的十年（1927—1937)”和第三编“抗战期间及胜利以后（1937—1957)”均提到沈从文，从整体上对沈从文的创作成就给予了肯定。著作中接连使用“最”字，体现了执笔者对作家毫无吝啬的推崇:沈从文是“中国现代文学中一个最杰出、想象力最丰富的作家”，“中国现代文学中最伟大的印象主义者”[3]；而《边城》则是沈从文最拿手的“玲珑剔透牧歌式的文体”的“完善的代表作”。[4]

另外，由于著者本人的英美文学学术背景，夏志清习惯于将沈从文及其作品置于世界文学的广阔视野中进行比较，比如将沈从文作品中的人物塑造和风土人情与福克纳、叶芝、华兹华斯、海明威等外国著名小说家、诗人相比对，还将沈从文称为“中国现代文学中最伟大的印象主义者”。[5]这无疑在无形中提升了沈从文的文学地位，对作家及其作品的经典化构成提供了不可或缺的框架体系和价值意义。

---

[1] 旷新年:《“重写文学史”的终结与中国现代文学研究转型》,《南方文坛》2003 年第 1 期。
[2] 夏志清:《中国现代小说史》，刘绍铭等译，上海：复旦大学出版社，2005 年，第 39 页。
[3] 夏志清:《中国现代小说史》，刘绍铭等译，香港：香港中文大学出版社，2001 年，第 177 页。
[4] 夏志清:《中国现代小说史》，刘绍铭等译，香港：香港中文大学出版社，2001 年，第 176 页。
[5] 夏志清:《中国现代小说史》，刘绍铭等译，香港：香港中文大学出版社，2001 年，第 166 页。

不过，夏志清对《边城》的推崇基本只停留在艺术价值方面，他认为《边城》“自始至终停留在田园风味里”[1]，而另一部小说《长河》才集中体现了作者的才华，“是沈从文较长作品中最佳的一本”。[2] 然而，或者是因为《长河》出版几度波折以致读者寥寥，或者是因为其开卷未完，或者是因为其内容触及了残酷的政治现实令人刻意回避，总之相比于《长河》，夏志清对《边城》的赞美更加引人注目。

另一部对沈从文作品给予高度评价的论著，是香港司马长风的《中国新文学史》（1976年初版）。与夏志清按作家分章综述其作品的思路不同，司马长风采取的是以体裁分类、以不同时期的作家代表作串缀联结的写作方式。其中，沈从文的多部作品被作者分别在不同时期的不同章节多次提到。《边城》被列于第四编“收获期（1929—1937）”第十九章“中长篇小说七大家”之首，巴金的《家》、老舍的《骆驼祥子》、矛盾的《子夜》顺列其后。司马长风饱含热情地写道：“沈从文在中国有如19世纪法国的莫泊桑，或俄国的契诃夫，是短篇小说之王。中长篇小说作品较少，但仅有的几篇如《边城》、《长河》等全是杰作。”[3] 司马长风从五个方面概括了《边城》的特色，并说《边城》“不仅是沈从文的代表作，也是30年代文坛的代表作”[4]。这种具有文学史意义的评价使得《边城》的价值进一步得到了肯定。

此外，被誉为“国外沈从文研究第一人”的美国汉学家金介甫（Jeffrey C. Kinkley）于1977年以沈从文为研究对象完成了他的博士论文《沈从文笔下的中国》（中译本名为《沈从文传》，1988年初版）。在文史学界，金介甫第一个给予沈从文崇高的地位，在他的《沈从文传》序言中，金介甫将沈从文定位为与福楼拜、斯特恩、普鲁斯特成就相等的作家。对中国现代文学更具启示意义的，是金介甫还将沈从文放在中国现代文学的格局中进行评价：“在西方，沈从文的最忠实读者大多是学术界人士。他们都认为，沈是中国现代文学史上少有的几位伟大作家之一，有些人还说鲁迅如果算主将，那么沈从文可以排在他之后。”[5] 作为一个“西方人”，金介甫认为“《边城》不像《包法利夫人》那样写的富于启发性，却像《项狄传》那样独出

[1] 夏志清：《中国现代小说史》，刘绍铭等译，第312页。

[2] 夏志清：《中国现代小说史》，刘绍铭等译，第309页。

[3] 司马长风：《中国新文学史·中卷》，香港：香港昭明出版有限公司，1980年，第37页。

[4] 司马长风：《中国新文学史·中卷》，第38页。

[5] 金介甫：《沈从文传》新版序，符家钦译，北京：国际文化出版公司，2010年。

心裁，像《追忆似水年华》那样扎实”[1]。

此外，新加坡女作家聂华苓于1972年出版了英文版《沈从文评传》，肯定沈从文不仅是一个杰出的艺术家，也是一个杰出的人文主义者；法国汉学家于儒伯（Ruhlman Robert）为学生开列的四本中文必读书中，沈从文的《春灯集》是唯一一本现代作品。

“正当沈从文在国内被冷落的时候，国际上却掀起了一股‘沈从文热’。美国大学里，已经有四人因研究沈从文的作品得了博士……”[2]这股起自海外的“沈从文热”不仅扩大了沈从文作品的国际影响，也成为国内20世纪80年代“沈从文热”的先声；而小小的“边城”，也在这一片赞誉的光环之中，被人们重新了解和认知。

（二）“沈从文热”

20世纪70年代末，随着政治上的“拨乱反正”和社会改革开放政策的实行和推进，社会文化领域也受到了前所未有的影响。20世纪的80年代算得上是“五四”以来中国文学的又一个“黄金时代”。当时的文学发展为全社会所关注，不仅代表着时代的思潮，也潜伏着变革的悸动。

1979年正是五四运动60周年，从朱文华的《试论胡适在五四新文化运动中的作用和地位》开始，文艺界开始为胡适、周作人、林语堂、陈西谨、沈从文等之前备受批判的自由主义作家正名。同时，伴随着文艺界对“文艺与政治”“现实主义的争论”“人性与阶级性”“审美与功用”“理性与非理性”等诸多重大文学理论和文学思潮的探讨，被之前30年的政治话语所刻意淡化的沈从文及其作品，在此时借着域外研究的浪潮，在国内掀起一波强势而长久的“沈从文热”。

首先转变的是国家政府的态度。1979年10月，第四次全国文代会召开，沈从文以高票入选代表；1980年7月24日，他被聘请为国家文物局咨议委员会委员。1980年8月28日—9月12日，出席政协第五届全国委员会第三次会议。此后，沈从文又出席了第五届、第六届全国委员会会议。1982年6月召开的全国文联四届二次会议，沈从文被选为全国文联委员，被正式纳入“文学编制”。1985年6月，中共中央组织部向中国社会科学院发文：同意沈从文为正部级研究员，按部长级解决工资、住房和其他待遇问题；1985

---

[1] 金介甫：《沈从文传》，符加钦译，北京：国际文化出版公司，2010年，第8页。

[2] 贾树枚：《访著名文学家、古文物学家沈从文》，《光明日报》，1981年11月7日。

年12月9日，代表着中央的《光明日报》头版头条发表长篇访问记，祝贺沈从文从事文学创作60周年。

这些带有政治色彩的活动标志着沈从文的作家身份在“新时期”的合法化，以及作家地位的不断提高，为“沈从文热”的持续升温打碎了最后一块犹疑的坚冰。

1980年10月沈从文应邀赴美讲学3个月，先后在耶鲁大学、哥伦比亚大学、哈佛大学、普林斯顿大学等15所大学讲演23次。同年他还发表了《沈从文谈自己的创作——对一些有关问题的回答》，第一次在公开场合集中地谈文学问题。[1] 1981年，他又先后出席了《湘江文艺》、湖南省文联举办的座谈会。随着作家本人在公共视野的再度活跃，国内学界对沈从文及其作品的考察也在20世纪80年代迅速升温，对《边城》的考察也再次起步。

1980年5月，广州出版的大型文学丛刊《花城》以专辑形式发表了沈从文的《拟咏怀诗》《喜新晴》，和一份能够反映沈从文创作面貌的《从文习作简目》;同时发表了朱光潜、金介甫等人有关沈从文的文章。朱光潜《从沈从文先生的人格看他的文艺风格》一文，肯定了作为“京派文人”代表的沈从文在培养青年作家中的兢兢业业和创作态度的严谨，以及出身少数民族而具有的“刻苦耐劳，坚忍不拔”的精神。朱光潜在这篇小文中还特意提到了《边城》，说“这部中篇小说是在世界范围里已受到热烈欢迎的一部作品，它表现出受过长期压迫而又富于幻想和敏感的少数民族在心坎里那一股沉忧隐痛”。小说中的女主角翠翠正是沈从文自身这一方面性格的写照，而沈从文的深刻之处正在于“他不仅唱出了少数民族的心声，也唱出了旧一代知识分子的心声”。

1983年，朱光潜又发表了《关于沈从文同志的文学成就历史将会重新评价》一文。曾同为“京派”领袖、在40年前就对沈从文的作品倍加赞誉的朱光潜，在这篇文章中清晰地指明了沈从文创作的核心——“人性”，并且认为正是基于“人性”虔诚的、孜孜不倦的文学创作，才使得沈从文一直备受争议。“他有勇气提出‘人性’这个别扭倒霉的字眼，可能引起‘批判’，好在我们仍坚持双百方针，就让仁者见仁，智者见智吧！在真理的长河中，是非就终究会弄明白的。”朱光潜还在此文中为沈从文的文学史地位做出了大胆的预测：“从文不是一个平凡的作家，在世界文学史中终会有他

[1] 凌宇:《沈从文谈自己的创作——对一些有关问题的回答》,《中国现代文学研究丛刊》1980年第4期。

的一席之地。据我所接触到的世界文学情报，目前在全世界得到公认的中国新文学家也只有从文和老舍，我相信公是公非，因此有把握地预言从文的文学成就，历史将会重新评价。”[1] 虽然朱光潜这篇在当时看来很有些冒天下之大不韪的文章发表之后被认为是否认了革命文艺传统而遭到批判，[2] 但“沈从文热”已成燎原之势，无法阻拦。

1981 年，施蛰存（1905—2003）为江西百花洲文库重印《边城》写了《重印〈边城〉题记》，称“在我的印象中”，《边城》为沈从文“写得最好的散文”之一。关于沈从文的代表作，施蛰存说：“我不能举出哪些小说是他的代表作……但就其散文的风格来说，……他的《湘行散记》和《边城》无疑是极为优秀的作品。”[3]

1983 年和 1984 年，吴立昌（1937— ）相继发表了两篇关于沈从文“人性”的研究论文：《论沈从文笔下的人性美》[4] 和《论沈从文笔下的人性异化和人性恶》[5]，较为全面地剖析了沈笔下的人性世界。他认为沈从文的“希腊小庙”的筑成，一个重要的内容即是对优美、健康人性的赞扬。《边城》即是沈从文人性描写的代表作，要理解沈从文笔下的人性美，首先需要解读的必然是《边城》这部作品。他在文中，高度赞扬《边城》“是一副描绘人性的风俗画，一首讴歌人性的赞美诗”。

汪曾祺（1920—1997）作为沈从文西南联大时期的学生，对沈从文其人一直十分推崇，并为《边城》的推介做出了许多工作。查阅《汪曾祺全集》，其中共有《一个爱国的作家》《星斗其文，赤子其人》《沈从文转业之谜》《梦见沈从文先生》《与友人谈沈从文》《沈从文先生在西南联大》《〈沈从文传〉序》《美——生命》《中学生文学精读〈沈从文〉》《读〈萧萧〉》《又读〈边城〉》《沈从文和他的〈边城〉》《沈从文的寂寞》等 13 篇文章，而《沈从文和他的〈边城〉》和《又读〈边城〉》两文则是对《边城》的直接赏析。《沈从文和他的〈边城〉》写于 1980 年，刊载在《芙蓉》1981 年第 2 期，是“沈从文热”出现后较早传播《边城》的文章，该文从故事内容、人物

---

[1] 朱光潜：《关于沈从文同志的文学成就历史将会重新评价》，《湘江文学》1983 年第 1 期。

[2] 李扬：《沈从文的最后 40 年》，北京：中国文史出版社，2005 年，第 267—269 页；吴世勇：《沈从文年谱》，天津：天津人民出版社，2006 年，第 637 页。

[3] 施蛰存：《〈重印边城〉题记》，见《施蛰存散文选集》，天津：百花文艺出版社，1986 年，第 309—310 页。

[4] 吴立昌：《论沈从文笔下的人性美》，《文艺论丛》1983 年 7 月第 17 辑。

[5] 吴立昌：《论沈从文笔下的人性异化和人性恶》，《文艺论丛》1984 年 1 月第 19 辑。

形象、风景和对话描写及结构艺术等方面解读了《边城》的艺术。[1]1992年，汪曾祺又写了《又读〈边城〉》，指出沈从文写《边城》是因为“爱世界，爱人类”，“《边城》既是现实主义的，又是浪漫主义的，《边城》的生活是真实的，同时又是理想化的，这是一种理想化的现实。……《边城》的语言是沈从文盛年的语言，最好的语言”。在这篇文章的最后，汪曾祺还问出了这样一个问题：“《边城》，沈从文的小说，究竟应该在文学史上占据一个什么地位？”[2]

1994年，汪曾祺还在香港三联书店编辑出版的《中学生文学精读〈沈从文〉》中专门写作了《〈边城〉题解》和《〈边城〉赏析》两篇短文，说《边城》是“沈先生的代表作……是现代中国难得一见的牧歌”[3]。

1984年3月1日《文艺评论》“争鸣动态”栏目专门登载了《关于对〈边城〉评价的争鸣》一文，对近来国内外评论界对《边城》的关注和不同见解做了描述；《书林》1984年第1期对几篇不同观点的文章进行了讨论。张德林认为《边城》艺术成就较高而思想局限性较大，二者是相矛盾的。徐葆煌的《〈边城〉不是现实主义的作品》则对近年来一些文艺评论认为《边城》是一部现实主义作品的观点提出异议。宋耀良的《略谈〈边城〉的民族性》、许子东《我看〈边城〉的心理描写》则均肯定了《边城》的艺术成就，认为《边城》是中国小说中的珍品。

1985年10月，《海内外》杂志刊登冯伟才的《访沈从文谈〈边城〉》；1989年，林斤澜在《沈先生的寂寞》一文中说青年作家中“我熟识的几位盛传‘两传一城’，以为那才是珍品”，“城”即沈从文的《边城》，林斤澜这此文一语道出了当时的青年作家们对于《边城》的充分肯定。[4]

与《边城》的广受关注同步，有关沈从文的各种研究活动也在20世纪80年代次第展开。1985年第一部关于沈从文研究的专著、凌宇的《从边城走向世界——对作为文学家的沈从文的研究》由三联书店出版。1986年吉首大学中文系沈从文研究室成立，共编辑出版四期“沈从文研究”专集，并在学报上开办了“沈从文研究专栏”。1987年11月首届全国沈从文研究学

[1] 汪曾祺：《沈从文和他的〈边城〉》，见《汪曾祺全集》第3卷，北京：北京师范大学出版社，1998年，第148—164页。

[2] 汪曾祺：《又读〈边城〉》，见《汪曾祺全集》第5卷，第445—446页。

[3] 汪曾祺：《中学生文学精读〈沈从文〉》，见《汪曾祺全集》第6卷，第157、160页。

[4] 林斤澜：《沈先生的寂寞》，见《林斤澜文集》第4卷，北京：北京师范大学出版社，2000年，第252页。

术座谈会在湖南吉首大学召开，并于1988年主办第一届沈从文研究国际学术讨论会。同年凌宇的《沈从文传》由北京十月文艺出版社出版。这年5月，沈从文去世。李先念、李铁映、王任重等党和国家领导人以及相关负责人纷纷出面以不同方式表示了哀悼。5月19日，《光明日报》刊发了以《眷念乡土多名作，饮誉中外仍寂寞——杰出作家沈从文告别亲友读者》为题的专门报道，以官方姿态肯定了沈从文的作家地位和文学贡献。《吉首大学学报》(社会科学版) 1989年第1期《沈从文研究专号》发表了刘一友、叶德政、向成国、王继志、吴立昌、赵学勇等学者的沈从文专论文章19篇，包括傅汉思、张充和夫妇兼献沈从文先生的挽词。同年《长河不尽流——怀念沈从文先生》出版……20世纪80年代沈从文及其作品的经典化随着作家的去世，达到了一个高潮。

进入20世纪90年代，对沈从文及其作品的阐释进一步多样化。这不仅表现在对作家的主体研究即作家本人生命意识、创作意识、精神历程、文学批评活动、报刊编辑思想的全方位探索，也表现在对其作品阐释的进一步扩展和深化。学者们对沈从文作品的“文体”研究仍在继续；对其作品内涵的解读也开始从文本层面扩展至文化层面，对其进行了多视角、多角度、多学科的解读，这使作品获得了进一步的文化增值。[1]作家、作品之间的比较研究更为沈从文及其作品在中国乃至世界文学的坐标系中确定了一席之地，成为其作家身份和作品地位经典化不可或缺的动力。而在这些研究中，《边城》从来都是重中之重。[2]

“沈从文热”发端于20世纪80年代，直至新世纪仍然余音未歇。2002年12月28日是沈从文诞辰100周年，全国各地以各种方式开展了纪念沈从文的活动：湘西故里举办了“中国湘西从文文化节”和“沈从文百年诞辰国际学术论坛”；中国历史博物馆为沈从文设置了主页，并举办了纪念沈从

❶ 引自乔纳森·卡勒：“文化研究……把学生从经典著作中拉走了，但是理论又给传统的文学经典增加了活力，开拓了更多的解读……文学的方法。……真正被冷落的是哪些‘次要’的作品。”见乔纳森·卡勒：《文学理论》，李平译，沈阳：辽宁教育出版社，1998年，第50—51页。

❷ 有关沈从文及其作品的具体研究状况，参看凌宇：《沈从文研究的回顾与前瞻》，《中国现代文学研究丛刊》1995年第2期；邓琼：《九十年代沈从文研究综述》，《南开学报》1998年第5期；刘洪涛：《沈从文小说价值重估——兼论80年来的沈从文研究》，《北京师范大学学报》(社会科学版) 2005年第2期；张森：《沈从文研究六十年的回顾与反思》，《理论与创作》2010年第2期；赵学勇、魏巍：《1979—2009：沈从文研究的几个关键词》，《中国现代文学研究丛刊》2010年第6期；孙英馨：《中西比较文学视域下的沈从文研究综述》，《求索》2011年第3期；侯运华：《新世纪沈从文研究综述》，《湖南社会科学》2013年第6期，等等。

文百年诞辰座谈会；中国现代文学馆举办了“沈从文生平与创作展”；香港商务印书馆举办了“永远的沈从文”讲座……沈从文的文学地位和学术成就在此得到了社会的公认。❶

（三）重铸“经典”

从某种程度上来说，文学史即是文学经典化的历史，对经典作家的认定和对经典作品的阐释，从来都是文学史不可或缺的内容。从经典的角度来说，文学史的叙述即是将一系列的经典连缀为一个体系。这样的体系包括一批作品篇目，对这些作品的成就判断以及它们相互之间的联系。❷从文学经典的角度来看，一部文学史的撰写就意味着一套经典体系的建构；那么“重写文学史”无疑表明对经典作家和经典作品的重新界定和再次选择。

从1978年前后对于《部队文艺工作座谈纪要》以及“左”倾文艺路线的否定，到1979年《上海文学》发表评论员文章《为文艺正名——驳“文艺是阶级斗争的工具”说》，意图重新解释文艺与政治的关系，提出应强调文学的内部规律，为文艺“正名”；直至1985年“中国现代文学研究创新座谈会”在北京召开并提出“20世纪中国文学”的概念，“重写文学史”的思潮经历了长达10年的发酵，终于在1988年由王晓明和陈思和提出，并很快成为一个明确的口号和明显的潮流。

“重写文学史”的提出，并非个人随意想象的结果，而是20世纪80年代中国现代文学研究的必然发展趋势；这在当时既是出于拨乱反正的需要，同时在文学界掀起了一场重要的学术革命。❸它给予了曾经被政治话语遮蔽的那些作家必要的文学史地位，对一度成为“历史空白”的历史进行了关注和填补；“重写文学史”口号和实践的出现，标志着“三十年”文学秩序的动摇以及经典作品的重新洗牌。

当然，这种变化不是一蹴而就的，沈从文及其作品在文学史书写中地位的从无到有、由轻而重，正经历了“重写文学史”观念和实践一步步调

❶ 李扬：《沈从文的最后40年》，北京：中国文史出版社，2005年，第297页。

❷ 南帆：《文学史与经典》，《文艺理论研究》1998年第5期。

❸ 陈思和：《关于“重写文学史”》，《文学评论》1989年第2期。“重写文学史”的政治实践意义在当时是不言自明的基本共识，并不仅仅是陈个人的看法。作为《上海文论》“重写文学史”专栏的编辑，毛时安更清楚地认识到“重写文学史”的政治实践意义：“‘重写文学史’专栏的筹划和出台，并不是出于编辑部的心血来潮，更不是某个人灵感和机智的产物。它出台的基本背景是十一届三中全会以来的党的拨乱反正、改革开放的一系列方针政策。”“要彻底否定‘文化大革命’就必然要重写文学史。重写文学史是党的十一届三中全会路线在文学研究领域的逻辑必然。”

整文学秩序的比例和价值、自旧而新的漫长调整过程。

20 世纪 70 年代末 80 年代初的少数文学史作品，仍然受制于之前文学史对沈从文的评价，剥夺了其作家身份，将其冠以“反动文人”的头衔；❶但不少文学史著作已经开始重新审视沈从文和他的作品，虽然篇幅和评价仍然有相当有限，但不可否认的事实是，沈从文已经开始重新获得文学史上的一席之地，对其作品的认可程度也在一部部文学史的书写中不断提高。

如 1979 年九院校合编《中国现代文学史》在第九章“左联作家和其他作家”第二节“张天翼、萧军、萧红等的小说”中先介绍完张天翼、萧军、萧红、吴组湘后，用 800 余字介绍了不属于左联的沈从文，对其作品思想的评价虽仍从阶级斗争的立场出发，但程度已经大为减轻：“（沈从文）对旧社会的罪恶是有认识的，也作过一定的揭露和鞭挞，但他并未取得正确世界观的指导，也未投入现实斗争的洪流……革命者的形象写的也不成功，作品一般缺乏积极力量。”❷

1984 年赵遐秋、曾庆瑞主编的《中国现代小说史》在下册第四编第十六章第三节“描绘旧中国的广阔生活画面”中介绍了周文、张天翼、沈从文、李劼人四位作家，沈从文位列第三，用了大约 3600 余字。该书特意提到了《边城》的文学价值，但对其思想仍然存疑：“沈从文的《边城》写爱与美，都无可厚非。而且，他把这样的爱和美的描写贡献给我们的现代小说，也可以说是做出了某种独特的贡献。但是在肯定《边城》艺术美的同时，对《边城》的严重局限，却是不该讳言的。《边城》，绝无‘30 年代文坛的代表作’的地位。这是因为，他没有在《边城》里写出 30 年代的真正的中国。他的笔下，俨然一番世外桃源景象。……这里表现了一个严重的教训，一个有才华的作家，任何时候都要使他的作品无愧于自己的时代！”❸

同年出版的黄修己著《中国现代文学简史》在第三编第十六章中将“沈从文的小说”和“张天翼等小说届新秀”“现代派的小说”“萧军、萧红等东北作家群”并列，用了大约 2200 字。肯定了沈从文作品在文学上的优异之处，但对作品的思想还是不见好评：“沈从文的创作有广度但缺少深度。……（他）对地方风情的描写是很杰出的。但他缺少……变革现实的

❶ 如林志浩主编：《中国现代文学史》，北京：中国人民大学出版社，1980 年。

❷ 九院校《中国现代文学史》编写组编著：《中国现代文学史》，南京：江苏人民出版社，1979 年，第 328—329 页。

❸ 赵遐秋、曾庆瑞主编：《中国现代小说史》，北京：中国人民大学出版社，1984 年，第 357—360 页。

根本精神。……思想上的局限严重地妨碍了这位才华横溢的作家，使他未能更深刻地反映现代中国的现实。至于他写了那么多的作品，其中有一些足灰色的、无聊的，那也是不足为奇的。”❶

首先对沈从文及其作品的评价做出了积极突破的，是1984年唐弢的《中国现代文学史简编》。该书有两处提到沈从文。一是引言“中国现代文学发展的一个轮廓”第三节“无产阶级文学运动与中国左翼作家联盟”中对自由主义作家的评价趋向客观。唐弢指出在第二次国内革命战争时期，除了无产阶级革命文学运动外，还有民主主义作家和以沈从文等为代表的自由主义倾向比较明显的作家。“他们的创作倾向是重视艺术，讲究意象，离开社会现实较远，有的还提倡幽默，表现‘性灵’。”二是在第八章“左联时期的文学创作（二）”第四节“鲁彦、沈从文及其他作家的创作”中用了2000余字来评介沈从文，开始对沈从文的思想倾向做出了积极评价，将其放置在“五四”大传统之下，与左翼作家相提并论。认为他在具体的文学主张和创作实践上和当时的左翼作家有所不同，在某些问题上还与左翼作家发生过争论。但从基本倾向来看，他们同样继承和发扬了“五四”文学的革命传统；在坚持反帝反封建的斗争和现实主义的创作原则等方面，这些作家同样以自己的创作丰富了新文学的成果。❷ 这与同一作者数十年前撰写的《中国现代文学史》中对沈从文毫不留情的大加鞭挞形成了鲜明对比。

钱理群、吴福辉、温儒敏、王超冰等人于1987年撰写出版的《中国现代文学三十年》在第二编“第二个十年一九二八——九三七年六月”第十五章“各流派竞争中小说的繁荣下（下）”“京派小说”中介绍了沈从文，有3000字左右，基本全部从艺术审美的角度来评判沈从文的作品，这体现了20世纪80年代文学史观从“阶级—政治论”向“审美论”的转向：“沈从文主要的文学贡献在于他创造了一种描写特殊民情的乡土文学。……沈从文的文学语言……在生机勃勃的湘西口语基础上，吸取了书面语、文言语的特长，使得他的长句精确而曲折，短句灵动而有生气。他……与左翼阵营的张天翼一起，成为这一时期不可多得的‘文体作家’。”❸

黄修己1988年又有《中国现代文学发展史》一书，在第三编“发展第

---

❶ 黄修己:《中国现代文学简史》，北京：中国青年出版社，1984年，第330—331页。

❷ 唐弢:《中国现代文学史简编》北京：人民文学出版社，1984年，第11，386—389页。

❸ 钱理群，温儒敏等:《中国现代文学三十年》，上海文艺出版社，1987年，第322—323页。

二期（一）”第十二章“不同思想倾向的作品”第三节“沈从文等的小说”一节中介绍了沈从文和穆时英等20世纪30年代现代派小说，虽然仍将沈从文与他人合为一节，但把沈排在了第一位，用了大约4500字。相比于1984年同作者的《中国现代文学简史》，对沈从文思想的批判不见了，取而代之的是对其小说题材、艺术手法、语言文体等方面的全面肯定和褒扬，甚至称沈从文小说具有“无以取代的独特性”。[1]

同年杨义的《中国现代小说史》（第二卷）则在第十章“京派作家群和上海现代派”将沈从文作为“京派”第一人专节介绍，不仅对这个“才华卓尔不群的小说家”在多事之秋追求“纯艺术”道路予以充分理解和肯定，更称沈从文的小说可以列入现代的《诗品》成为典范，而小说《边城》堪称一部“精致的杰作”。[2]

进入20世纪90年代，还有孔范今《二十世纪中国文学史》（1997）、台湾朱栋霖等人《二十世纪中国文学史》（2000）等多部文学史著作同样给予了沈从文及其作品相当的地位和毫不吝啬的称誉，且一致将《边城》看作沈从文小说的精神内核和代表作品。

孔范今称《边城》是沈从文诸多小说中的代表，它“最集中地体现着沈从文‘牧歌式’乡土抒情小说的风貌，而且显示着沈从文构筑的‘湘西世界’更加复杂丰富的情感意味和几乎全部的艺术精髓”，即使是后来的《长河》也不能与之相比;《长河》“不能代表沈从文的主要特色，在艺术上尤其不如《边城》圆熟精到”。[3] 朱栋霖等将沈从文专列一章为“30年代小说（五）”，与鲁迅、老舍、巴金、矛盾等地位相当。同时专列一节介绍《边城》，认为“《边城》是沈从文的代表作，也是支撑他所构筑的湘西世界的柱石”。[4]

随着沈从文及其作品地位和评价在文学史书写过程中的逆转，一股重新评价中国现代作家的浪潮也开始兴起，引发了作家“排座次”现象。

1993年，杜威·佛克马向北大的两组学生分发了关于经典构成的问卷，结果“就小说而言，沈从文（《边城》）、巴金（《家》《春》《秋》）、鲁迅、

---

❶ 黄修己:《中国现代文学发展史》，北京：中国青年出版社，1988年，第416—421页。
❷ 杨义:《中国现代小说史（第二卷）》，北京：人民文学出版社，1988年，第613页。
❸ 孔范今:《二十世纪中国文学史》，济南：山东文艺出版社，1997年，第736—737，740页。
❹ 朱栋霖等主编:《二十世纪中国文学史》（上册），台北：文史哲出版社，2000年，第303页。

老舍和钱钟书（《围城》）排在最前列”❶。

1994年王一川主编的《20世纪中国文学大师文库》（分小说、诗歌、散文、戏剧4卷）由海南出版社出版，该文库以“文学大师”标目，小说卷收入鲁迅、沈从文、巴金、金庸、老舍等9位小说家的作品，却把茅盾等传统认可的经典作家排除在外，在当时引起强烈反响。在文库的小说家排名中，沈从文仅位于鲁迅之后。编者为此提供的理由是：“他借湘西边地风情而对中国古典诗意的卓越再造”。此后对沈从文频繁使用的“大师”称号亦肇始于此。

1995年，钱理群、吴晓东推出了排在最前列的7位现代作家的名单。他们在《“分离”与“回归”——绘图本〈中国文学史〉（20世纪）的写作构想》一文中写道：“在鲁迅之下，我们给下列6位作家以更高的评价与更为重要的文学史地位，即老舍、沈从文、曹禺、张爱玲、冯至、穆旦。”❷沈从文排名第三。

1996年，北京大学出版社和深圳海天出版社均出版了各自认可的经典，即谢冕、钱理群主编的《百年中国文学经典》以及谢冕、孟繁华主编的《中国百年文学经典》。由此还引发了1997年的“百年文学经典争论”。虽然两套丛书所选篇目总体而言存在较大不同，但都将沈从文的《边城》编入其中。

1998年，作为教育部重点教材，由钱理群、温儒敏和吴福辉所著，北京大学出版社出版的《中国现代文学三十年》（修订本）中，首次以独立的一章介绍和评述了沈从文的作品。沈从文由此获得了与鲁迅、郭沫若、茅盾、老舍、巴金、曹禺等六位学术界公认的现代文学大师并列的地位。该书对沈从文的文学贡献和创作特色给予了相当肯定的评价，并将《边城》视为沈从文文学创作的代表作：“沈从文的重要文学贡献是用小说、散文，建造起他特异的‘湘西世界’。……这里没有尖锐的阶级斗争的图画，沈从文不具有那样的政治意识，他只用看似轻淡的笔墨，点出令人心灵颤抖的故事，他的目标仅仅专注于那些历经艰难而又能倔强地生存下去地底层人民的本性。这类人事的表达，在沈从文1934年出版的代表作中篇《边城》

❶ 佛克马：《文学研究与文化参与》，俞国强译，北京：北京大学出版社，1996年，第57页。

❷ 钱理群等：《“分离”与“回归”——绘图本〈中国文学史〉（20世纪）的写作构想》，《文艺理论研究》1995年第1期。

里，推向了极致。”[1] 1999 年高等教育出版社出版的《中国现代文学史》也专辟一章介绍沈从文，书中同样获此殊荣的亦只有鲁迅、郭沫若、老舍、茅盾、巴金、曹禺等数人。该书还以专节介绍《边城》，称其为“沈从文最负盛名的代表作”[2]。

同年 6 月，《亚洲周刊》推出“20 世纪中文小说一百强排行榜”，对 20 世纪全世界范围内用中文写作的小说进行排名，遴选前 100 部作品。参与这一排行榜投票的是海内外多位著名学者、作家，如余秋雨、王蒙、王晓明、谢冕、王德威等。在这一排行榜中，鲁迅以小说集《呐喊》位列第一，沈从文的小说《边城》名列第二。但如果以单篇小说计，《边城》则居第一。

（四）被“熟知”的经典

文学理论中的接受美学认为，文学史是作家、作品、读者共同参与、创造的历史，读者的阅读参与对文学作品的价值和地位将会产生极为重要的影响。这反映在精英学者身上，是对作品的文学史地位和学术价值的发言权，反映在广大普通读者身上，则是作品的流传价值。

因此文学经典的形成，除了被写入文学史著作为权威机构所认定，“文化熟知化”也是不可或缺的途径。一部作品想要成为经典，除了需要在文学体系中获得一席之地外，还需要通过持续的重写和复制，在特定文化范围内为尽可能广大的人群所知晓和熟悉，从而为文化所吸收，甚至成为常识。[3] 沈从文及其作品尤其是《边城》的经典化，也经历了一个长期的“熟知化”过程。

在 20 世纪二三十年代的中国，文学生产开始被纳入市场体系。伴随着现代出版文学生产体制的确立，文学的商品化已经成为一种不可逆转的趋势。以报刊、书店和出版单位为核心形成的文学生产体制，构成了政府体制之外的文化言论空间和社会有机体，也给予了作家更广阔的话语空间和生存空间。作为应运而生的“职业作家”，沈从文在进入文坛的初期像现代机器一样快速生产出大量的文学作品，并通过新兴的出版业将其公之于众。不少当时颇受欢迎的报刊如《晨报副刊》《语丝》《小说月报》等对沈从文

[1] 钱理群，温瑞敏，吴福辉:《中国现代文学三十年》，北京：北京大学出版社，1998 年，第 276，278 页。

[2] 朱栋霖等主编:《中国现代文学史》，北京：高等教育出版社，1999 年，第 210 页。

[3] E. Dean Kolbas, *Critical Theory and the Literary Canon*, Colorado：Westview Press, 2001, pp.139-140.

作品的推介和发表，不仅是对沈从文创作才华和作品水平的积极肯定，也凭借它们自身的影响力为沈从文及其作品积累了人气，传播了声名。同时，为了吸引更多的读者，出版社不惜大张旗鼓为沈从文的作品在期刊、报纸上大加赞誉、广而告之，甚至有不少广告和书评出自对沈从文颇为欣赏的名家之手。[1]

从1924年12月到1927年12月，短短三年时间里，沈从文公开发表作品150多篇；至1929年年底，沈从文著作单独印行的，约计有37种，其中16种尚未出版。[2] 在1928—1929年一年多的时间里，几乎上海所有的杂志和书店都遍布沈从文的作品。现代、新月、光华、北新、人间、春潮、中华、华光、神州国光等书店分别出版了沈从文10多个作品集，一些新开张的书店，如光华、神州国光、华通等，出书时更是要沈从文打头阵；上海几乎所有的书店都慷慨地把“天才”“名家”等称号奉赠给他。[3] 进入20世纪30年代，沈从文已成北方文坛重镇，其作品拥有的吸引力和号召令更加强大，不少作品被多家出版社多次出版。《边城》1934年4月23日在《国闻周报》连载完毕，10月即由上海生活书店出版单行本，1935年6月二版，1937年5月三版；即使在抗战爆发后局势动荡、沈从文身陷与左翼论战的时候，《边城 》仍于1943年9月再次由上海开明书店出版改订本，至1946年又已三版，此外开明书店在江西、四川、桂林亦印有战时本，[4] 这尚不包括盗印在内。[5]

在1949—1978年的30年间，虽然中国内地对沈从文及其作品不闻不

---

[1] 如徐志摩为沈从文散文《市集》写过书评，为文集《蜜柑》《阿丽思中国游记》写过广告词，见徐志摩:《志摩的欣赏》，沈从文:《沈从文全集》第11卷，第49页；徐志摩:《蜜柑广告语 / 阿丽思中国游记广告语》，《新月》1929年1月第11期。叶圣陶给沈从文的文集《春灯集》《黑凤集》《湘行散记》《湘西》《边城》《长河》《月下小景》《从文自传》等写过广告。见叶圣陶:《叶圣陶集》第18卷，南京：江苏教育出版社，2004年，第354—355页。

[2] 沈从文:《我的二哥》，写于1930年3月的上海，原载刊物不详，见《沈从文全集》第16卷，第183页。

[3] 旷新年:《一九二八年的文学生产》，《读书》1997年第9期，见《现代文学与现代性》，上海远东出版社，1998年，第86—87页。

[4] 沈从文:《边城（插图本）》“题识”，黄永玉、卓雅插图，太原:北岳文艺出版社,2002年，第131页。

[5] 沈虎雏编:《沈从文著作中文总书目》，见《沈从文全集》（附卷），第103—166页。其中提到沈从文多部小说遭盗印情况，虽未提到《边城》，但亦不排除此一可能性。同时，因为纸张质量、装订条件和印刷技术等的限制，篇幅较长的《边城》并未出现在民国时期的诸多沈从文小说选集或当时的作家作品选集中，而是必须以单行本方式出版。参看赵月华:《选本视角下沈从文小说的接受“错位”》，《中国现代文学研究丛刊》2016年第9期。

问，但其作品在海外已经多有传布，除前文所述《边城》的欧、美、日的译介情况之外，20 世纪 50 年代香港励力出版社曾以《翠翠》为名翻印了该书；1960 年以后，香港文利出版社、香港开明书店、香港汇通书店、香港南华书店也曾多次翻印此书。这即为《边城》这一时期在域外的声名鹊起打下了基础。正如金介甫获得哈佛大学博士学位后给沈从文的信中所说："喜欢世界文学的很多美国人都佩服您……先生的代表作品是世界上好多文学者永远要看，而且要给自己的子女看的。"[1]

1982 年 5 月，沈从文在吉首大学发表演讲，提到了"这几年，有机会稍微把过去旧作重印出来，都是过去的东西……如果说还有点用处，可以看出新社会的伟大"。[2] 实际上在此之前，从域外席卷至中国内地的"沈从文热"就已经掀起了出版沈从文作品的热潮。

1981 年 11 月，江西人民出版社出版《边城》单行本，这是除 1973 年重印 1957 年版《沈从文小说选集》之外，在中国内地出版的第一本沈从文文学作品。同年年底，湖南人民出版社出版了《沈从文小说选》，内含《边城》全文在内的 21 篇小说。1982 年，《沈从文文集》（12 卷）开始由花城出版社、香港三联书店联合出版；同年，《沈从文小说选》（2 卷）由人民文学出版社出版；1983 年，《沈从文选集》（5 卷）由四川人民出版社出版……从这个时候起到 20 世纪 90 年代，沈从文的各种文集、选集、专集陆续有 10 余家出版社争相出版，在这些文集中，小说《边城》从未缺席。

1993 年，《沈从文全集》的出版签约仪式在北京隆重举行；2002 年，作为沈从文百年诞辰的献礼工程，共 32 卷、计有 1000 万字，收录了沈从文生前大量未发表文字以及后半生所著的物质文化史著作和作家大量私人书信，迄今为止规模最大、最为全面的《沈从文全集》最终面世。《全集》的出版得到了学术界和出版界的广泛好评，是迄今为止最权威的沈从文作品集版本和沈从文研究文献资料，更是对沈从文跌宕起伏的一生的文学成就乃至文化成就的高度肯定。《全集》第八卷收入《边城》。进入新世纪，出版单行本《边城》也成了多家出版社的积极选择。[3]

如上所见，从民国时期直到新世纪，沈从文作品尤其是《边城》长期

---

❶ 金介甫：《给沈从文的一封信》，《花城》1980 年第 5 期。

❷ 沈从文：《沈从文全集》第 12 卷，第 393 页。

❸ 罗宗宇，曾婷：《论小说〈边城〉的当代传播》，《创作与评论》2015 年第 20 期。

以来都为读者和出版机构所青睐。如果说1949年之前各种沈从文小说集以及《边城》单行本的出版，主要还是出于出版业无意识的商业目的而造成了“文化熟知化”的效果，新时期以来沈从文文集、全集，尤其是《边城》单行本多版次、高频率出版则更多地体现了商业与文学的完美结合。这一方面反映了沈从文作品尤其是《边城》为大众所接受和欢迎的程度以及在文学层面上对作为文学家的沈从文的肯定；另一方面，作家文学作品的频繁出版和广泛传播，也令其在读者中的“熟知”程度不断加强，乃至于最终成为沈从文作品中广为称道的代表作品。

在出版机构之外，学校教育也同样推动着《边城》的“熟知化”。前述作为大学教材的钱理群等编写的《中国现代文学三十年》、朱栋霖等主编的《中国现代文学史》中，不仅沈从文与茅盾、老舍等文学大师占有同等地位，对《边城》的介绍也绝不马虎。这为《边城》的文学教育和传播提供了保证。

2000年以后，随着中学语文教学改革的实施，《边城》被选入中学语文教材，作为作家的沈从文和作为其代表作的《边城》成为基础教育的内容。目前，高中语文教材处于“一标多本”的状态，其中人教版、苏教版、北师大版、沪教版课本都将《边城》作为教学内容。

此外，随着当代大众传媒的不断发展，影视戏剧等艺术形式也开始成为人们“熟知”文学经典的捷径。1952年，香港永华电影公司拍摄了改编自《边城》，由严俊执导、林黛主演的电影《翠翠》，在当时引起了巨大轰动。[1] 1984年，《边城》再次被搬上银幕，这部由北京电影制片厂摄制、凌子风导演、沈从文参与剧本改评的同名电影《边城》在1985年获第五届电影金鸡奖最佳导演奖，加拿大第九届蒙特利尔国际电影节评委会荣誉奖。1996年，湖南省歌舞团改编的舞剧《边城》也十分成功，获得当年文化部颁发的“文华奖”。

2014年3月30日，以《边城》的故事梗概为剧情、以“翠翠”为主线的大型民俗情景剧《烟雨凤凰》在凤凰古城首演；2015年4月1日，《边城》再次被改编为同名大型森林实景演出，在凤凰与观众见面，总投资1.8亿元。同时，《边城》故事发生的茶峒，沅水流域的鸭窠围、青浪滩、箱子岩以及沈从文的故乡古城凤凰，皆因他的作品为人们所熟知，被相继开发

[1] 刘小狄：《香港电影简史》，《电影评介》1989年第11期。

成为著名旅游景点，甚至成为国家级的历史文化名城。这片因《边城》驰名中外的“湘西世界”以文化产业化的形式，又一次向世人生动地传播了《边城》。

五、“经典”之后

在中国现代文学史中，沈从文及其作品《边城》地位的浮沉，既是一桩小小的个案，又是一起颇为典型的文学现象。作家和这本仅约7万字的小说走过80余年的风雨，也体验了中国现代文学发展的各个阶段。“边城”虽小，却几乎囊括了文学研究中有关“经典”的所有问题。无论从文学研究还是文化研究的角度，沈从文和他的《边城》，都是一个十分有价值的对象。

从作家和作品的角度来说，《边城》能够成为经典，首先有赖于作家对作品的精心打造以赋予其独一无二的“审美价值”[1]，或者所谓“文本的可得性”。[2] 作为中国现代文学史上最早的“职业作家”之一，沈从文承袭清末以来“以小说为文学之上乘”的观点，对“重铸经典”抱有极强的期待和进取心。为此，他不仅将自己“乡下人”的所闻所见精心锤炼成玲珑细致的文字，将自己对文学纯美的艺术追求融入其间，构建起独树一帜的“希

[1] 美国“耶鲁学派”批评家、文学理论家哈罗德·布鲁姆是本质主义经典观的代表，即他主要是从文学作品内部自身探讨成就其“经典”的条件。布鲁姆认为，文学作品能否入选经典之列，至少以下几个因素十分关键：审美、陌生性或原创性——“沃尔特·佩特曾把浪漫主义重新定义为使美感增加陌生性，但我认为他的定义并不限于浪漫主义，而是适用于所有的经典作品”，原创性——“一切强有力的文学原创性都具有经典性”；竞争性——“经典不仅产生于竞争，而且本身就是一场持续的竞争”；符合时代的体裁——“文学趣味的变化总是与重估由经典作品所代表的体裁有关”，“我们最好将体裁的变动仅仅视为一种审美的选择”。布鲁姆主张以“审美价值”为核心重建经典的历史，排除文学经典的建立与变化中的文化和政治因素，从纯粹审美角度上维护经典，并求助于个人的悟性“个体的自我是理解审美价值的唯一方法和全部标准”。参看哈罗德·布鲁姆：《西方正典——伟大作家和不朽作品》，江宁康译，南京：译林出版社，2005年，第2，18，40，14—15，16页。

[2] 这是杜威·佛克马提出的观点。佛克马在谈到影响经典的构成的诸多因素时认为“在影响经典的构成的诸多因素之中，文本的可得性也起到了重要的作用。……如果在经典流传下来的知识和所需知识及非经典性文本中可得知识之间存在着巨大的差异，那么对经典的调整必然就会发生”（佛克马：《文学研究与文化参与》，北京大学出版社，1996年，第49页）。文学经典得以长久流传为不同时代不同地区的人们所认可的原因就在于“文学经典是为了解决人们特定的需要而创作的，他们对我们个人生活和社会生活中所遇到的问题提供可能的解决方案。当然，不同的文化背景决定了我们有着不同的需要和问题，但在这个全球化的世界里，有一些需要和问题是跨越文化界限甚至是普遍存在的”（佛克马：《所有的经典都是平等的，但有一些比其他更平等》，见童庆炳、陶东风主编：《文学经典的建构、解构和重构》，北京：北京大学出版社，2007年，第23页）。

腊小庙”，成为读者和批评家们流连忘返的桃源；更以“创作室批评”产生的“副文本”与自己的创作以及读者产生互动，从而共同构筑了作品尤其是《边城》的经典性得以存在、生生不息的根基。

从《边城》经典化的历程来看，这条道路并非一帆风顺，反而极尽坎坷遍历挫折；而这些看似纷繁零散的细节，实际上都成为一种经典化道路上的累积；这个累积过程中包括了文本、它的阅读、读者、文学史、批评、出版手段、政治等多种因素不同程度、不同时期的各种作用。[1] 一部作品经典化的成功与否，正是这些来自不同主体的力量相互作用的结果。

在 20 世纪三四十年代，《边城》因为出版社的多次出版以及评论家的积极赞美获誉不少，却又因为作家本人不行于时代的“自由主义”立场与发言为“左翼”所抨击和批判。这种批判在 30 年代尚处于较为温和的文学评论范围之内，至 40 年代在国家局势剧变之下则衍化为对作家身份和作品性质的无差别政治攻击。1949—1978 年的 30 年间，政治意识形态和阶级论的文学史观压倒一切；虽然《边城》并未和作家被指斥为“反动文人”一样被指名为“反动作品”，但因人及文，在作家身份被颠覆的情况之下，作品自然也无法独善其身。在这一时期的中国大陆，无论是作品出版还是文学史书写，沈从文的作家身份和全部作品都处于一种基本被遗忘的状态，《边城》的经典化道路由此遭遇了长久的停滞。

1978 年以后，随着国内政治氛围的改变以及国门的打开，沈从文及其作品如“出土文物”重回人间。不仅是出于对“文化大革命”的否定，亦是对国外文学研究的一种回应，对沈从文及其作品的“拨乱反正”从 20 世纪 80 年代开始进入了热潮。这直接导致了对沈从文作品评价的全面转向以及沈从文文学史地位的不断提高。在这其中，《边城》再度赢得了人们的极大关注。通过学院精英们有意识地“重写文学史”和“作家排座次”等活动对过去 30 年受制于政治话语的文学秩序的修改，曾经被文学史刻意遮蔽和妖魔化的沈从文成为与“鲁郭茅巴老曹”这些经典作家齐名的“文学大师”；沈从文作品选集、全集，以及《边城》单行本的大量出版，《边城》入选高中语文教材以及通过新媒体被改编为其他艺术形式等，则进一步加速了普通大众对它的“熟知化”。来自权威机构的肯定与来自大众的认可这双重力量，共同促成了沈从文及其作品尤其是《边城》经典化的最终实现，

[1] 斯蒂文·托托西：《文学研究的合法化》，北京：北京大学出版社，1997 年，第 44 页。

并成为其一定时期内“经典”地位不可动摇的强力保证。

然而，纵览沈从文及《边城》在文学史上的遭遇，也会发现一些其他的问题。《边城》自身纯美的“牧歌”情调、模糊了时代特征的遥远叙事，仿佛与世无争的封闭空间里自然纯朴的人性歌颂，令这部小说天然具有了一种文学乌托邦的意味，与20世纪80年代以来“纯文学”的追求甚相契合；作家本人从30年代开始就一直宣扬的自由主义立场，与政治、商业绝缘的审美独立性的追求，以及他自身经历所体现的文学“殉道者”精神，共同为20世纪80年代急于摆脱政治束缚、力图构建独立精神和话语正当性的文学界提供了恰如其分的筹码。在中国现代知识分子有意识地推崇和宣扬沈从文及《边城》的过程中，作家化身为积极与政治抗争的“文学独立”宣言的代言人，作品及其被“经典化”的经历则成为作家理想以及一生遭际的完美缩影；在对“三十年”政治话语合法性的解构中，沈从文及《边城》的“经典化”成为文学界对新的政治理想进行实践的一种策略和一个成功的结果。

这项活动使沈从文获得了应属的文学地位，这无可厚非；然而这种将沈从文刻意包装为时代与政治的被迫害者的操作却极容易令人陷入一种错觉，即沈从文文学地位的改变，不是由于对之前错误的政治意识形态的否定和反省，而是产生于对同时代其他作家尤其是曾经占据话语权制高点的“左翼”作家文学成就的否定。这很有可能使得“重写文学史”后的中国文学史走进另外一种极端——以沈从文为代表的“自由主义作家”由于“远离政治”而为人津津乐道，左翼作家则因为与政治关系密切被抹去了艺术价值。“自由主义文学”不断凸显成为文学史叙述的“中心”和“主流”，而曾经备受推崇的左翼文学则不断遭到贬低和排斥，甚至被避而不言，大有被放逐于现代文学史之外的态势。一方面，“重写文学史”以“纯文学”作为旗帜；然而，另一方面，最终却同样以政治正确性作为单纯的评价标准，以与“政治”距离的远近来衡量文学史地位的高低，并且同样以政治性的评价代替了文学性的评价。这会不会使另外一批作家和作品重蹈沈从文的覆辙，再次在文学史上形成新的空白呢？[1]

沈从文及其作品尤其是《边城》经典化带来的可能负面的影响之二，则是对《边城》的解读出现了“片面的深刻”。在20世纪末的文化语境中，

---

[1] 旷新年:《“重写文学史”的终结与中国现代文学研究转型》,《南方文坛》2003年第1期。

沈从文成为中国现代知识分子完美人格的代表，在一定程度上有“被神化”之嫌。《边城》作为代表了作家最完美思想艺术成就的作品，自然成为关于沈从文文学的评论与研究之焦点，以《边城》为代表的 20 世纪 30 年代创作也就被视为标志着沈从文一生创作最高成就的辉煌阶段，此前此后往往就被忽略不计了。由于对《边城》“纯文学”特质的着意强调和作家本人象征意义的影响，对其研究不免呈现出一种对文本和思想的“过度阐释”。如对《边城》内在审美特性的过度褒扬，对其中“人性”抒写评价的拔高，❶使用各种西方舶来的理论对《边城》思想内涵进行断章取义、生搬硬套的玄妙阐发。这些研究无疑丰富了对沈从文和《边城》的研究，但在某种程度上可能已经陷入了一种偏执的肤浅甚或脱离了文本本身，这并不利于对沈从文及《边城》的研读和理解。

对《边城》过分青睐的反面，则是沈从文研究的失衡。在文学史将大量的篇幅留给了沈从文 20 世纪 30 年代有关“湘西世界”的作品的同时，对 40 年代沈从文及其创作的研究则显得有些苍白。出版业同样出于商业利益的驱使，更乐意出版作家《边城》一类的作品，这在某意义上强化了对沈从文理解的单一。随着湘西地区在沈从文和《边城》的免费广告效应之下旅游业的成功开展，“湘西世界”在大众眼中已逐渐成为游离于沈从文的作品体系之外的独立存在。“边城”的书写使沈从文走向世界，却也将对于沈从文的理解留在了湘西的“边城”。这大概是“边城”之幸，却也是《边城》之不幸吧！

当然，有关沈从文和《边城》，可说的内容还有很多；作家一生跌宕起伏的遭际经历在 20 世纪中国纷繁复杂的历史语境中还有更多的探讨意义，《边城》但不仅限于《边城》的文学及文化研究也大有可为。本文力图从“经典”这一角度为作家和他的《边城》勾勒一幅或许仍显单薄的时空履历，为沈从文这一长盛不衰的学术话题略添砖瓦，以冀更多的思考和探索。

❶ 当然，这些问题也已经得到一些学者的关注，但之前和普遍而来的对沈从文及《边城》的过度解读仍然不能忽视。参看刘永泰:《人性的贫困和简陋——重读沈从文》,《中国现代文学研究丛刊》2000 年第 2 期；刘洪涛:《沈从文小说新论》，北京：北京师范大学出版社，2005 年，第 79 页；丁帆:《论沈从文小说超越文化和悲剧的乡土抒情诗美学追求》,《江苏社会科学》2007 年第 6 期，等等。

Outside the "Border Town": A case study of the literature's Canonization

Yang Siqi

Abstract: The canonization of "The Border Town" , as a case of literature canonization in the history of Chinese modern literature, is quite representative and inspiring. The canonization of "The Border Town" is attributed to various complicated factors. As a great writer, Shen Congwen had conscious awareness of how to create classic literature, and put these thoughts into practice actively. This is the prerequisite for the canonization of "The Border Town"。 Howerever, The canonization of "The Border Town" is not entirely dependent on literary factors, but rather is a diachronic process influenced by multiple "non-literary" factors. Before 1949, different synchronic evaluation on Shen Congwen and his "Border Town" formed a prelude of the canonization of "The Border Town" , which was weak but could not be ignored. During 1949-1978, the contrast between the "blank" about Shen in the Chinese modern literary history works and the overseas multiple accolades provided potential space and impetus for canonization of "The Border Town" since the 1980s. Among the new political and cultural environments, with the progress of "reacceptance of the literature history" and the cultural familiarization, "The Border Town" was finally canonized by the approval of acedemic organizations, scools, media, and public readers.

Keywords: Shen Congwen;The Border Town;Canon;Canonization

地方社会的复合历史

——关于打洞梁子地景、权力与社会空间的个案研究[1]

杨漪

摘要：云南省红河县打洞梁子是一个多族群共居的地方社会。一般而言研究“小地方”的历史，既要查找地方文献、“进村找庙”，也要分析社会记忆与神话。但对于居住着多族群的打洞梁子而言，追溯历史就面临着寻找“谁的历史”的问题。无论是史料碑刻、神话故事、社会记忆的表述背后都只代表某个群体，但社会是由不同群体共建的。地景形成的过程也就是人与自然相处的过程，既参与也见证了社会的历史。因此，本研究通过打洞梁子地景的生成过程，结合口述与文字史料，来分析打洞梁子这个地方社会的复合历史。文章以打洞梁子建村（寨）的族群构成、各族群的文化观、宇宙观，以及历史事件等层面为线索，探讨打洞梁子如何因地景的变迁而塑造了多重社会空间，以及因此而产生的社会权力关系。在此基础上本文讨论了作为多民族/族群共同参与塑造的打洞梁子社会历史的一种复合性，与一般历史研究中以单一民族/族群为主体来书写不同。

关键词：打洞梁子；地景；社会空间；复合历史

本文是一项基于打洞梁子的地景、碑刻、神话、社会记忆与文字资料，对云南省红河县打洞梁子的历史考察。打洞梁子与普洱市墨江哈尼族自治县、玉溪市元江哈尼族彝族傣族自治县相毗邻，处于三市三县的交界地带。这片区域位于哀牢山腹地，山高谷深，地势复杂，在历史上行政区划发生多次变更。哀牢山区被视作哈尼族聚居的核心区域之一，生活在山上的人把自己居住的山脊称作“梁子”，打洞梁子便是哀牢山区崇山峻岭中的一座山脊。

---

[1] 致谢：本研究受云南民族大学2014年省部级人文社科重点培育项目“民族工作研究基地”的资助，并受云南民族大学嘉日姆几教授黑树林研究团队指导。

笔者到打洞梁子做调查的初衷，是为了了解该地区在 20 世纪 80 年代因争水引起 30 多起大规模械斗纠纷的原因。据《红河县志》记载，清朝乾隆十六年（1752 年），三村区（位于今红河县）在墨江县娘埔村买断水源之后，同治和光绪年间该区域曾多次发生水利纠纷。[1] 可见水利纠纷是当地持续发生的历史问题。[2] 但由于打洞梁子为山区夷人居住之地，本就鲜有地方史志记录其历史。加之该地历史行政多次变更，文字记载更是难以查询。哈尼族有自己的语言但无文字，过去的历史无人书写。虽有迁徙史诗与神话故事，但只可知其宏观的祖源记忆，却难以了解打洞梁子这一地方社会的微观历史。如何研究这种“无文字”社会的地方历史便成为一个问题。

弗里德曼于 1963 年发表了题为“A Chinese Phase in Social Anthropology”的文章。他与马林诺斯基、拉德克里夫－布朗都注意到对中国社会的研究具有将人类学从原始部落推进到复杂社会的潜力。但他质疑功能主义者社区研究的有效性，认为马林诺斯基寻找典型地方社区的研究方法难以让人理解中国这样复杂的、具有书写系统的、有历史的文明体。他认为人类学的中国研究应该与汉学研究合作，反对对小社区进行简单的共时性分析，主张研究文明社会应该将社会学与历史的视角相结合。[3] 但诚如王铭铭所言，“在中国学术中，谈历史，被认为是很正常的”。[4] 在 20 世纪 70 年代西方人类学界大兴“历史人类学”研究后，中国学者很快对如何在中国展开历史人类学的研究做出回应。[5] 无论是主张田野为主、文献为辅抑或是文献为主、

---

[1] 红河县志编纂委员会编纂:《红河县志》，昆明：云南人民出版社，1991 年。

[2] 关于水利纠纷的前因后果分析，具体可参见：嘉日姆几:《民族问题社会建构的随机过程与马尔可夫性策略——云南黑树林地区水利纷争民族问题化的人类学解读》,《西南民族大学学报》（人文社会科学版）2015 年第 8 期；郭家骥:《从矛盾冲突到共同发展：云南黑树林地区族群关系“百年干戈化玉帛”的启示》,《思想战线》2009 年第 5 期。

[3] Maurice Feredman, “A Chinese Phase in Social Anthropology” , *The British Journal of Sociology*, Vol. 14, No. 1(Mar, 1963).

[4] 王铭铭:《我所了解的历史人类学》,《西北民族研究》2007 年第 2 期。

[5] 在何为“历史人类学”、何为“人类学的历史”、何为“历史的民族志”、“社会史”与“历史人类学”之别等问题上，许多学者已有讨论。可参见：张小军:《历史的人类学化和人类学的历史化——兼论被史学‘抢注’的历史人类学》,《历史人类学学刊》2003 年第 1 卷第 1 期；张佩国:《作为整体社会科学的历史人类学》,《西南民族大学学报》（人文社科版）2013 年第 4 期；蓝达居:《历史人类学简论》,《广西民族学院学报》（哲学社会科学版）2001 年 1 月第 23 卷第 1 期；赵世瑜:《社会史研究向何处去？》,《河北学刊》2005 年 1 月第 25 卷第 1 期；科大卫:《历史人类学者走向田野要做什么》，程美宝译《历史研究》2016 年第 2 期，等等。但本文无意于去谈论学界对于人类学与历史学的“历史人类学”之争，而是通过这些文章，去发现研究地方社会历史的多种路径。

田野为辅，将地方文献、碑刻与口述史、社会记忆研究相结合的历史研究方式都得到认可。

然而，当笔者在进行田野调查的过程中，遇到一个困境：打洞梁子虽然被认为是哈尼族聚集区，但据统计，截至2015年1月，打洞梁子的7个自然村共有住户435户，共1982人，其中哈尼族1465人、汉族507人，哈尼族约占74%。[1] 而打洞梁子的实际情况比这些数据所体现出来的更为复杂。在这些哈尼族中，约有400多户人认为其祖源是大理白族，自称为"麻批麻普"[2] 的"段家人"。那么，如果要追溯这条梁子的历史，应该以哪个族群为主体来进行书写？自20世纪50年代的社会大调查以来，书写单一民族的历史似乎成为中国少数民族研究的一种"范式"。但是，在中国呈现总体"大杂居、小聚居"的少数民族，并不等于在小型社区中只聚居一个单一民族，打洞梁子就是缩小版的同种图式。这个地方社会的形成由不同群体参与、共建，仅以某一族群作为历史书写的主体，必然会忽略其他族群的历史参与。

因此，本文将避开某一单一族群的历史书写方式，从打洞梁子的地景出发，通过打洞梁子地景形成的历史，来看居住在这一空间的人们是如何在与自然相处的过程中，获得合法居住的权利并形成整体的社会空间。地景是历史重叠的呈现，地景的制造过程是不同人历时性参与的结果。本文将通过描述打洞梁子的地景、解释地景的命名与形成过程，以及各族群如何通过在改造地景的过程中获得居住权利进而形成一个整体的社会空间，从而勾勒出打洞梁子这个地方社会的"复合历史"。

一、非"典范"地景：打洞梁子的社会形态

（一）"典范"的哈尼族地景

一般认为，哈尼族的社会形态构成为一种典范的"四度同构"。哈尼族多居住于半山腰，许多专注哈尼族文化研究的学者均提到哈尼族村寨选址中的这种"四度同构"方式，指哈尼村寨从山上到山下的地景为"森林—

[1] 该数据是笔者在2014年1月做田野调查时，在三村乡政府所搜集到的资料，为三村乡派出所2013年对三村乡人口的登记表。

[2] "麻批麻普"为哈尼语，为"不夷不汉"之意，后文还会有详细介绍。

村寨—梯田—江河”。[1] 这种典范的社会形态蕴含着山地稻作民族的智慧。具体说来，哈尼族建寨选址时首先要在山腰处寻找水源，在水源处开挖水井，于水井周围建盖房屋。随着人们定居，不断砍伐水井下方的树木后犁地成田。待迁居的人增多，在半山腰正式成立寨子，将村寨上方的树林设为代表神圣空间的“竜林”，人们的居住空间不得高于竜林，且村民不得随意砍伐竜林里的树木。

这种村寨选址具有生态学意义。山上的森林有涵养水源、稳固水土之功能，使得半山腰的村寨既避免山地坍塌又有充足的用水。村寨位于半山腰，既可以使用干净水源，也可以让水自上而下流到具有坡度的梯田里。山与山之间往往有小河、小箐，梯田的水沿层级向下汇集到小河中，使得山间空气湿润得以降雨，保持森林的水源补给。因此，这种人水和谐关系被视作哈尼族生态文化的典范。2013 年被列入世界遗产名录的云南省哀牢山南部的元阳县红河哈尼梯田景观就是如此：重峦叠嶂的山峰，一山腰一寨子，山上森林葱郁、村寨水源丰富、梯田雕琢成片。站在山腰的村子环顾四周山峦，可以看到各个村庄几乎就在同一水平线上，各山的梯田连成一片显得十分壮观。

（二）打洞梁子的社会形态构成

官方宣传该地为哈尼族聚居区[2] 的打洞梁子，与典范的哈尼村寨地景却有所差异。打洞梁子属于红河县三村乡三村村，三村村作为一个行政村包含了两条梁子，分别为打洞梁子和大梁子。通常一条梁子就是一座山脊，但打洞梁子却包含了两座山脊。打洞梁子共有 7 个自然村，其中打洞山坡上下共有 6 个自然村，与打洞山坡相连的西部山坡上的螺蛳寨也属于打洞梁子，打洞梁子东部的山坡称“大梁子”。社会空间的形成基于一定的物理空间，但不一定与物理空间重合。大梁子同打洞山坡的距离与螺蛳寨同打洞山坡的距离相近，但是螺蛳寨与打洞山坡上的村子形成了整体的社会空间，而大梁子却形成了自己独立的社会空间。打洞梁子的 7 个自然村从山

[1] 在王清华编《梯田文化论——哈尼族生态农业》（昆明：云南人民出版社，2010 年），李克忠《形 . 声 . 色——哈尼族文化三度共构》（昆明：云南民族出版社，2001 年），雷兵《哈尼族文化史》（昆明：云南民族出版社，2002 年）等著作中，均提到大多数哈尼族传统村落多是竜林在上、寨子在中间、梯田在寨子下面的格局。

[2] 笔者在 2016 年 4 月田野期间对三村乡政府工作人员进行采访：三村乡世居汉族、哈尼族，哈尼族人口占总人口的 95%。在介绍打洞梁子时，当地政府官员认为打洞梁子是一个典型的哈尼族聚居区。

顶坐落到山脚，自上而下依次为黑树林、螺蛳寨、塔普、达东、下达东、田房、龙洞。其中，黑树林村与下达东村为汉族村落，塔普村哈尼族与汉族杂居，螺蛳寨、达东、田房与龙洞村为哈尼族村落。除去两个汉族村落，其他五个哈尼族村落均设有代表神圣性的竜林。与哈尼村落对应，两个汉族村的神圣空间为庙房，各村一个庙房。竜林与庙房，可以说是一个独立自然村的标志。但梁子上的各竜林不完全在寨子上方，竜林之上又是一片竜林，村庄之上还有一个村庄，村庄与竜林之间的斜坡便有片片梯田与山地。打洞梁子山顶并非森林密布，山腰并非水源充足，村寨之下也有稍具规模的梯田，但梯田之下还有村寨人家。

打洞梁子自上而下的村庄与梯田被一条“打洞大沟”所串联，而大沟的源头远在距离打洞梁子约 14 公里的墨江县娘埔村。沟渠是灌溉梯田最重要的通道，但在哈尼族社会 10 多公里长的大沟却不常见。打洞大沟是整条梁子最重要的水源，然而其沟头与沟尾跨越了两个县市。墨江县竜宾村与其争夺沟头水源的使用权，历史上两村因为争水发生过多次械斗。打洞大沟水源虽位于墨江县但实为红河县打洞梁子先民修建，且由后人持续修缮、管理。沟水跨越墨江地界进入打洞梁子后，从梁子顶部的黑树林村往下流，到塔普村上方设立分水口，一条支流流向西边的螺蛳寨，主流向下依梯度流去。在塔普村上方的分水口处，醒目地竖立着“打洞梁子纪念碑”，这是打洞梁子上仅有的三块碑文之一。碑文记录了打洞大沟水源买卖情况、历史上的争议、木刻分水时期所灌溉的农田及建碑的情况。当笔者询问水利纠纷的情况时，村民们总会让笔者去看碑文，认为碑文记录了打洞大沟沟水来源及分配的合法性；但当笔者问询碑文内容时，梁子上的人们大都讲不清楚。对于大多数村民而言，有文字的纪念碑在打洞梁子也成为一种说明历史的地景，纪念碑的象征性大于纪念碑的内容。

除纪念碑外，打洞梁子还有两块石碑。一块被放置在三村村委会，正面刻有题为《执照》的碑文，碑文记载的是乾隆十六年（1751 年）一份买水的契约及嘉庆七年（1802 年）对这些契约的公证；背面刻有道光五年（1825 年）该村与邻村因收缴公粮发生争议的判决公示。另一块是竖立在下打洞村庙房的功德碑，这块碑文记录了乾隆六十年（1795 年）该庙房修建的原因及当时的捐款情况。除此之外，再难找到记录该地历史的文史资料。

二、地景的改造：打洞梁子的社会空间生成

法国年鉴史学家布罗代尔在《菲利普二世时代的地中海和地中海世界》中提出了研究历史的三种维度，即历史的长时段、中时段和短时段。[1] 按照布罗代尔的论述，长时段是一种稳定的结构系统，即诸如自然地理状况，中时段则是某一国家或社会的经济社会状况和文化生活等，而短时段则是一定历史时期的事件过程。布罗代尔认为，只有将三种历史放在一起才能窥见作为整体的历史。按照布罗代尔的历史研究论述，打洞梁子的地理气候具有稳定性的层面，但作为体现社会关系的地景形成过程则凸显了打洞梁子社区形成的历史过程。[2]

（一）哈尼村寨的“子母关系”

打洞梁子上居住的哈尼族自称为“白宏人”。“白宏”一词，可以有两种解释。一种说法是：白宏语中“树白、萨白”，为草丛树木茂盛之意；“宏”即居住、落脚、定居之意，因此“白宏人”指因草丛树林茂盛而居住的人。另一种说法是哈尼族先祖在南迁途中有一部分人掉队，追赶至“竜丛”（即今天的泗南江电站水坝上下游附近）时，看见前行队伍看到的野芭蕉树已经长出新叶，认为他们已经走远、无法追赶，便决定定居下来，因而被其他人称作“嘎躲白宏”，意为：掉队的人们。[3] 白宏人主要就居住在红河县、墨江县、元江县交界处的哀牢山腹地，主要分布在红河县三村乡和垤玛乡、墨江县龙坝镇、元江县因远镇。

白宏人与大部分其他哈尼族一样，通常逐水源而居，村庄选址也是“四位一体”的模式。当旧寨的水土无法容纳过多人口时，就要到新的山上寻找水源建立房屋，当迁居到新址的人增多后便建立新寨。新建的哈尼村

---

[1] 费尔南·布罗代尔：《菲利普二世时代的地中海和地中海世界（上下卷）》，唐家龙、吴模信等译，北京：商务印书馆，1996 年。

[2] 由于篇幅有限，文章只谈现在可以看到的村落及人的历史。但现在所见的村落与地景，是在历史变迁中形成的。田野调查过程中，笔者发现打洞梁子很多地方都有特殊的命名，每个命名背后都代表着人们过去所发生的一段历史，或是对于空间的某种探索和认知。但是，历史事实不可穷尽，任何对仗工整具有完全因果关系的史料、碑刻、记忆和言说都是有剪裁的。笔者所描述的历史，只是去通过不同群体对于地景的改造、对居住合法性的权利探索以及在这一过程中所形成的社会空间进行描述，去探究一定地理空间内不同人群互动与共融的历史，以此说明但从某一族群 / 民族、某一阶层或仅从国家与社会的视角所看到的历史，忽略了容纳历史的空间、忽略了空间里视角之外的许多群体的声音。

[3] 访谈材料。受访人：李皮陆，原红河县三村乡三村中学校长，2015 年 10 月 15 日。访谈地点：打洞大沟纪念碑旁。

寨要从旧寨中竜林里的竜树上折取一根树枝，带到新寨新立的竜林中，使旧寨竜树的神力传递到新的村寨。一个新村寨的建立，必须设置竜林、水井及寨心石（哈尼语称“粗玛米修”）并举行仪式。按当地人说法，设新寨称为“树大分枝”，一个村落“树大分枝”就像兄弟分家一样常见。刚分出去的新寨与旧寨联系较为紧密，类似于“子母”关系，随着时间的推移新寨便会成为独立的村子。

打洞梁子上的白宏人最初从坝茨村分化出来，形成达东村，其余 4 个村寨均是从达东村分化出来。打洞梁子上哈尼村庄的“子母”关系情况见图：

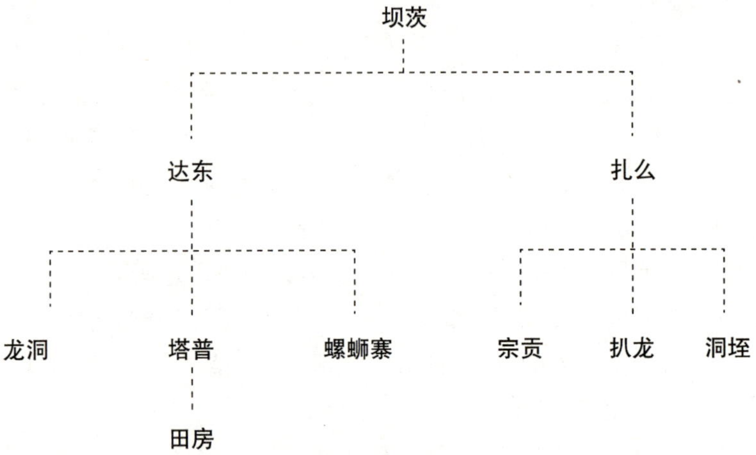

打洞梁子村寨的“子母关系”图

达东村是第一个迁居到打洞梁子的村寨，“达东”“打洞”为哈尼语发音 [dɔŋ] 的不同汉语写法。在哈尼语中，“达东”意为“蕨菜”，因该地蕨菜丛生，建村后故得名。达东村是梁子上最早建立的村子，按照哈尼族的传统便将整条梁子称为“打洞梁子”。而后，达东村分化出塔普、螺蛳寨、田房、龙洞等村落。达东村就是这些村子的“老大”，如果整条梁子有地方事务商议，至今依然遵循各村长老到达东村集合商议的传统。

（二）修沟与村落繁衍

汉人与哈尼人的空间观念不同。哈尼人逐水源而居，相比之下，迁来打洞梁子的汉人更加注重安土重迁，一旦定居下来就不愿意轻易搬离。费孝通在《乡土中国》中分析作为汉族乡土社会的农民是“半身插入了土里”，[1] 体现了汉人社区中农民对于土地的依赖和重视；而在《云南三村》的讨论中尽管禄村、易村和玉村的类型分别为传统型、工商型、市场型三种[2]，但费孝通和张之毅的研究结果仍说明在云南汉族社区中农民安身立命的根基依旧是土地，本研究的田野材料也印证了费孝通的这一论述。当水源得不到满足时，哈尼人选择迁居，而汉人则是看到这个地方适宜种田首先想到引水灌溉，于是便出资开始修建打洞大沟。随着大沟的修建，汉人与哈尼族共同居住到了梁子上，不同族群生态文化观念的差异促使打洞梁子的地理和社会空间逐渐产生新的变化与拓展。

达东村建立后，一拨汉族人也进入打洞梁子，与达东村人共同居住。这群汉人被哈尼人称作“普尼”（即指汉族）。而汉人居住的地方便被称作“达东普尼”，意为达东村中汉族居住的地方。“达东普尼”这个地名，一方面表明汉人与哈尼族共居，另一方面也表明汉族在这个哈尼村寨中的独特性。哈尼族聚居在达东村上段，汉人聚居在达东村下段。聚居的汉族在自己居住的地方也建立水井，使用独立的水源，使得自己在哈尼族居住的区域获得了一片独立耕种的地方，建成自己的村庄，称“下达东”。汉人在达东村的竜林中建立一座小庙，也建立了汉人独立的信仰空间。

黑树林的建寨稍晚于达东村，这个汉族人建立的村子位于梁子的最顶部。老丁家最早到此居住，因该地原有森林茂密，光线幽暗，由此得名“黑树林”。据丁家后人介绍，他们的祖先大概于清朝乾隆年间搬至此地。丁家祖先在这里先是砍了树搭建了一间茅草屋、挖出水井，便定居了下来。[3] 随着迁居至此的汉族人增多，合力出资建了一座小庙，也就成了一个村寨。由于汉族人没有在山腰选址的观念，黑树林村的建立打破了哈尼族森林上方不住人的村落布局。

清朝乾隆年间，湖南商人罗相文来到达东村，看到打洞梁子有大片荒山可以开垦良田，但是苦于没有水源，便想办法与黑树林的杨家共同花四百两银子买得娘埔村后的水源并立下契约。几年后打洞大沟修通，沟水可以贯通梁子上下，保障了梁子上下的生产生活用水。大沟的修建，使汉族定居下来，哈尼族不必再到其他山头寻找水源，奠定了打洞梁子与众不

[1] 费孝通:《乡土中国》，北京：北京出版社，2005 年 5 月。

[2] 费孝通，张之毅:《云南三村》，北京：社会科学文献出版社，2006 年。

[3] 访谈材料。访谈人：丁树清，黑树林村村民，2015 年 11 月 23 日。访谈地点：老丁家中。

同的地景。

从梁子的整体布局看，最早开发打洞梁子的人所建立的达东村位于整条梁子的山腰，说明达洞村的建寨依然是根据哈尼建寨的传统方式选址。有趣的是，由达东村分化出来的塔普、田房、龙洞三个村寨也共同居住在这条梁子。这些村庄虽然延续了哈尼村寨“树大分枝”的传统，保有哈尼建寨的符号，但却打破了哈尼族建寨的内在逻辑。分化出来的村子并未搬离这条梁子，只是在梁子上下重新选址建立村庄。“塔普”在哈尼语中为“上面、上方”之意，在这里指上寨，也就是达东村上方的寨子。塔普村从达东村分离的时间晚于黑树林村的建立，塔普分离出来后一些汉族人也搬来共居。但汉人从未单独设立水井和庙宇，虽汉族与哈尼族各有自己的习俗，却共居在一个村庄。

田房和龙洞的建寨史很晚近，都在中华人民共和国建立前后。在此之前，打洞梁子从山顶到山腰已有人居住，山腰以下为梯田。因梁子上人口增多，打洞沟水可以灌溉梁子上的大部分农田，开垦的农田也从山腰到了山脚。塔普村地势较高，人们下山到水田干活不易。为方便农闲午休，降低路途奔波之苦，塔普的李家便在田间建茅草屋，称作“田房”。久而久之，村民不想再上下来回跑，将茅草屋改成了住房，在水田附近安了家。后搬来几户人家，便设竜林、立水井建成了自己的村寨，承袭“田房”之名。田房村为塔普人所建，最初建立几年尚未有能力独自举行各种村寨的节庆仪式时，还会回到塔普村共同举行。龙洞村接近打洞梁子的山脚，该地有两处出水口，其水源可饮用可灌溉。这两个出水口被称作“龙洞”，达东村的一些村民看中该地的水利条件，便迁居至此开荒种地，而后成立了龙洞村。至此，梁子上下都有了村庄。

（三）神话与禁忌：螺蛳寨的建立

螺蛳寨的建寨史颇为独特。上文曾提及螺蛳寨本不在打洞梁子上，但却归属于打洞梁子。螺蛳寨与打洞梁子其他6个村寨所建立的紧密关系，与段氏家族的能动性密不可分。段家人自称“麻批麻普”（为哈尼语谐音），“麻”是“不”的意思，“批”指“夷族”（在这里，特指当地的哈尼族），“普”为“普尼”，即汉族。“麻批麻普”翻译为汉语意为“不夷不汉”，指介于汉族和哈尼族之间的群体。他们自认为其祖先是从大理迁居而来的白族，并且认为自己是历史上大理国段氏的后裔，迁居到汉族住的地方便成了汉族，迁到哈尼族住的地方就成了哈尼族。段氏家族迁居至此却没有选择到打洞梁子的山坡上开疆扩土，而是选择到梁子西侧半山坡上的姓白的哈尼族人家共同居住。当时白家单独居住在这个山坡，并未单独成寨，隶属于达东村。白家居住的上方不到一公里处，有一个自然形成的水塘。关于这个水塘，还有一个颇有神话色彩的传说：

传说以前有两兄妹从元江过来找合适的地方安家，两姊妹一个要占坝子一个要占山上。妹妹占了坝子后，哥哥继续往前走，走到螺蛳寨这里看到一个坝塘。他牵的白水牛要在这个坝塘喝水，于是哥哥也就停顿下来在这里做饭。哥哥从这个坝塘里捞出一些螺蛳，砍掉螺蛳的两头将螺蛳煮在锅里。正在煮的过程，白水牛突然跑走了。哥哥只得向前去追赶水牛，但是水牛跑了一段路后就消失了。哥哥追赶不上水牛，只得返回原地驻扎。等他回到水塘边，发现他在锅里煮的螺蛳又跳回水塘里了。那些已经被砍掉头、尾的螺蛳依然活在水中，因此将这个地方命名为“竜鲁达崩”，意为有仙螺的地方。❶

段氏家族进入螺蛳寨之前，在打洞梁子的哈尼人认为一般人不能到这个水塘周围。如果身体不好的人去到这个水塘周围，身体会生病、魂魄会被坝塘吸走。如果在这个水塘里见到那种没有头、尾的螺蛳和短粗的黄鳝，就要请摩批❷来叫魂。因此，人们不愿意到那附近去，更不可能在那里安营扎寨。即使白家人先前已在这在半山腰上居住，也尽量远离水塘。段家人却决定搬迁到白家上方靠近水塘之处，开始改穿哈尼衣、讲哈尼话、过哈尼节。

这个选择充分体现出了段家人的智慧。简单来说，打洞梁子上居住着较多人口，各村各户已经占有了自己的土地。搬至打洞，必须要获得当地人许可，与当地人买田、买水、竞争生存空间。相反，打洞山坡西侧的这座山只居住了一户人家，山坡尚有许多可开垦的田地，山上还有灌溉水源。正好这个地方又是哈尼白宏文化中的禁忌之地，而段家恰恰没有这种禁忌。选择在此居住，既有足够的生存空间，又不触犯其他村民的利益。于是，段氏与白家人协商，两家结为兄弟，段家在上、白家在下，共同开荒种田。白家人原属于达东村，段家与白家结为兄弟后，段氏便成功被整合到了达东村的集体之中。由于当时人口较少、财力不足，段、白两家在很长一段

❶ 访谈材料。受访人：段好福，螺蛳寨村民，2015年10月15日。访谈地点：三村村公所。
❷ “摩披”为哈尼语，意为祭司。

时间内与达东村共同过“苦扎扎”“十月年”“祭竜”等节日。螺蛳寨人口发展较多后，才真正独立成为一个自然村。螺蛳寨的竜林也从达东村分化出来，在这个过程中，段氏家族成功地融入了哈尼社会，螺蛳寨也被整合到打洞梁子整体社会空间之中。

但有趣的是，段氏家族将第一个搬到螺蛳寨的祖先称为“东塔阿布”。哈尼语把一座山分为“东—角—洞”（即山上—山中—山脚），其中“东”指山上；“塔”有“上方”的意思，“东塔阿布”指住在山上的爷爷。虽然这个名字听起来充满哈尼族特色，但其体现的内涵却与传统的哈尼族观念相冲突。段家所居之地不但靠近山顶、接近水塘，更为甚者，段家与白家共同建寨几十年后，便倡导将寨址往上迁移，直接搬迁到了水塘附近。搬至新址后，将水塘背后的山峰取名“笔架山”。新的命名，也代表了段家人给螺蛳寨的地理空间赋予的新的意义。笔架山用笔蘸取水塘之水书写文字之意，水池的文化象征，也从哈尼人眼里神秘的“竜鲁达崩”被段家人转化成了具有文人气息的“砚池”。这一具有风水意味的名称，标志着段家人对自己身份的强调，将段家与无文字传统的哈尼人区别开来。转变对地理空间所赋予的意义，突出了段家人在梁子的独特性。段家人既融入整体的打洞梁子，又形成了自己独特的社会空间。

三、社区的权力网络：打洞梁子的田、水、人

马翀炜通过哈尼村寨的个案，认为中国西南乡村社会存在一种以村寨利益为最高原则来组成和维系村寨社会文化关系并运行村寨日常生活的社会文化制度，他将这种制度称为“村寨主义”。[1] 在哈尼族的各村寨有明确的物理空间标识，并且通过系统的村寨性宗教祭祀活动来建构和强化村寨空间神圣性，村民的集体行动总是遵循以村寨为边界的内外有别的文化逻辑的。这种“村寨主义”也适用与打洞梁子各村。但问题在于，梁子上的村寨与村寨之间尤其是属于不同族群的各村寨之间是如何联系起来成为一个整体的？要了解打洞梁子何以成形成一个整体，就要分析不同群体进入梁子、开发梁子、争取生存空间的过程中如何相互融合的历史。

（一）以水换田

清朝乾隆初年，打洞梁子只散落有达东、黑树林等几个小村落。湖南

---

[1] 马翀炜：《村寨主义的实证及意义——哈尼族的个案研究》，《开放时代》2016 年第 1 期。

商人罗相文来到达东村，看中打洞梁子的大片荒山决定居住于此。但该地早已有人居住，他便想到开挖水沟同“夷人”以水换田。乾隆十六年（1751年），他伙同其他人以四百两银子买得元江直隶州与他郎厅（今墨江）交界处娘埔村后一水源并立下契约。契约如下：

立卖水源地界：立约人周者得、宗枝埔、李三隆系猛里娘埔二村居住，为因打洞村人跟尾得娘铺水源二箐，打洞荒山无能开成田亩，二寨公同商议情愿立约卖到打洞村罗相文、杨运初、罗仲德名下，实买得价纹银四百两整，入手应用自费，之后随任打洞村众人开放随挖，并无威逼等情，日后别寨不得异言，倘有异言二寨一力承担。此系二比情愿，恐后无凭，立此卖契文约为据。

代字人 张亮功　　过付人 陈牙常　　　　凭中人 陈阿受

乾隆十六年八月十二日 立卖水源契约人 周者得 宗枝铺 李三隆

抄刻于民国三年五月二十九日 公立碑 公元一九九七年三月　大吉[❶]

这份契约，记录了罗相文等人花钱买得水源的情况。契约表明，在罗相文之前已有一个叫“跟尾”的人曾经获得娘铺水源，但是并未将水源引到打洞梁子。而罗相文等人看到打洞梁子的发展潜力，便与娘铺人买得水源。这段历史也被记录在陆大老爷的判决当中：

俱据罗公讳淑炳、字相文，系湖广武昌兴国州朝阳里中罗村南房人氏，生于雍正甲辰年十一月十一日辰时，父柏忠母吴氏。雁行三人，弟淑焕、淑灼自乾隆辛未年入滇，至元江择配室人张氏，生儿子，长子仲德、次子仲春，次娶刀氏生三子，三子仲友、四子仲学、五子仲成。公于二十六年贸易入打洞村中，伙头为公曰：予处山荒尽可开田，有买得娘铺箐水沟一条，缺少工本，前开过几次。细问缘由，公向猛里村买地开沟，自备工本，不惜拮据之劳将水开入打洞村境内。众人向公买水公向夷人买地各自开挖成田，即年幸蒙告竣。噫公城不惜艰辛，也予二十八年报明尹府，三十八年又报明州主宋升科请照存案，于乾隆四十一年钦奉上谕，案内滇省概免升科结照，官业开垦耕种。迄今，各村得食其田，子孙得守其择，求志于余礼也，而志之曰：昂匕之躬谦，匕之容，处山岭，福亦优隆。[❷]

碑文中提到，在罗相文之前已有人试图开沟，但是因为缺少工本而放

---

❶ 碑文节选自：打洞大沟纪念碑《执照》碑文。

❷ 碑文节选自：打洞大沟纪念碑《光绪三十三年三月三十六日堂判陆大老爷》碑文。

弃。罗相文到打洞梁子之后，被人告知“予处山荒尽可开田”。于是“不惜拮据之劳将水开入打洞村境内”、“即年幸蒙告竣”。也就是罗相文到达打洞后下定决心将所有的财产都用来开沟引水，一年之后便将水引到了打洞梁子。沟水引到打洞梁子之后，“众人向公买水，公向夷人买地各自开挖成田”。有了充足的水源，便可将原来的荒山、旱地开成水田。因此，大家纷纷向罗家买水，罗家又与当地的哈尼人买地开田。当时，沟水自上而下流经黑树林到打洞村，梁子上的人共同使用大沟沟水，使得当地哈尼人与汉人紧密联系起来。可以说，汉人通过修沟的方式成功地定居到了打洞梁子，沟水将打洞梁子上下串联成一个整体，拓展了打洞梁子的社会空间。

嘉庆七年（1802年），罗相文之长子罗仲德、杨聚云等人“另开新沟，接上沟渗漏之水”[1]，当年开成沟长三十余里的大沟，将水引到打洞，并呈报元江直隶州批准发给执照，划定界址，开荒造田。从此，打洞梁子经济逐渐发展起来，人口也大大增加了。

（二）以粮自立

关于打洞梁子，这里的哈尼族流传着这样一个故事：

我们打洞梁子是从坝木、坝兰、坝茨三村分下来的，属于他们三弟兄管辖，打洞梁子么抵得他们的小家。以前么这里属于元江县管辖，扎么跟打洞从坝茨划过来以后，好像吃黑粮黑户一样的不上粮款了三年。以前粮款重，坝茨他们也负担不起，三年以后王普者和王普仲两兄弟就告到了元江县，说“打洞梁子：左右两边田，一马跑不通，吃粮不上田，坐地不当夫”。我家爷爷段必贵、段必明他们又作诗词说：“坝茨的王普者、王普仲，恶心恶人，一手遮天，滥用职务，欺压百姓。”后来元江县的县长判决之后，因为打洞梁子“左右两边田一马跑步通”是既成事实，告输之后就判了罚款五两五钱。[2]

向笔者讲述故事的人是螺蛳寨的段家人，在他的故事中将上诉者说成了他的爷爷。而对照元江县志，确实记录了一个道光年间所发生的“夫马差银事件”，但并未出现段家人。带领着告发王普者的人叫柯道立，为当地的一个汉族。为何段氏的故事中会出现名字的置换，下文会有论述。这里

[1] 引自打洞大沟纪念碑碑文。

[2] 访谈材料。受访人：段好福，黑树林村村民，2015年10月12日。访谈地点：田房老李家门前。

暂且将两个故事版本的差异悬置，通过故事梗概可以得出两个有效信息。

首先，当时的打洞梁子被坝茨村村民描述为“一马跑不通，吃粮不上田”，这种盛况引来了外村人的嫉妒。可见当时打洞梁子已经相对富庶、整条梁子上下都有田地，广种田地得益于打洞大沟的修通。其次，打洞梁子虽有不同文化群体居住，但在哈尼族的认知中已将整条梁子看作一个整体。并按照哈尼族村落的裂变传统，将其视作坝茨村的子村。而在打洞梁子大沟修建粮食增产使得打洞梁子想完全从坝茨村中独立出来。

打洞梁子“加夫一案”于道光五年元江直隶州判决了案，承认打洞梁子独立。五年后坝茨反悔，打洞梁子再次告官，官府维持原判，判决书被雕刻在石碑上并立于黑树林当街（今三村村公所处），碑文如下：

署元江直隶州事路南州正堂卓异候陞加□级记录十次骆为出示晓谕事案据打硐村夷民柯道立赵亮□松等具控坝痴伙头王卜者复控加夫一案恶夷违断当今本州差提□□确仍照道光五年黄前州断冷 打硐应帮摸郎塘银伍两及应完条公银伍两□□□令打 伙头另票自行赴库完纳不与坝痴扎磨二村协同辨辕门一下不干打硐之事 其余日逐轮派夫马以坝痴扎磨二村二股均办坝痴应轮辨二百四十日 扎磨应轮辨一百二十日 不与打硐村相干 合行示谕为此示 仰坝痴扎磨等村伙头居民人等知悉 自示之后所有不等应一切夫马粮款等 俱照本州查照黄前州断案辨理不得抗违 敢违断准口伙头人等禀官究治决不姑宽各宜凛遵毋违特示

段来崇　杨士珍　舒元得　杨士林

段必明　　　　　　　　　　　　　公立

段必贵　丁立成　杨学诗　罹玉明

道光五年十月初一示准碑石❶

判决再次获得打洞梁子的独立的官方认可，而石碑的竖立彰显了打洞梁子自己支配粮食的合法性。从碑文来看，竖立石碑者的“段”“杨”“丁”“舒”等姓都不是当地哈尼族人的姓氏，但是这些人使得打洞梁子在哈尼族的文化体系中脱离了坝茨村的控制。打洞梁子作为一个社会整体单元，在与其他地域共同体解决争议的过程中，不断地加深了其内部的社会团结。因之，打洞梁子作为一个整体的过程就是不断在事件史的链接中添加各种复合的历史叙事的过程。

---

❶ 碑文引自由打洞梁子杨连康收集整理、白章福协助整理的《三村漫话》（未刊载）一文。

（三）以文换水

如果光说这是一个由哈尼族和汉族共同居住的区域，还不确切。笔者在田野调查中，不断有人提及螺蛳寨段氏家族的特殊性。螺蛳寨段氏作为后面加入打洞梁子的群体，也逐渐用文字技术和话语技术不断在历史实践中添加自身的社会在场来凸显自己是打洞梁子一份子的认同性。段家人多识得汉字，世代出文人、私塾先生。第一个迁居到螺蛳寨的段氏祖先名为段者厄，他的墓碑立于光绪乙酉年季春月（1885 年）。而他的儿子段厄鲁的名字很快出现在公众的视线中。段者厄的名字被雕刻在嘉庆七年（1802 年）对买水契约的及开辟新沟权利所做公证的《执照》中：

嘉庆七年三月二十九日，因远巡抚检详据惠远里打洞村民：罗仲德、舒史厄、段厄鲁、杨聚云、王二保、司存杨德亮、李阿得、李安登等禀称：窃小的罗仲德父罗相文前备买银四百两买得他郎属之猛里村周者得等娘铺元属交界有水源一处。开沟引水至打洞山坡，以资垦田。因前父开沟一道历年以久，旧沟多有崩塌，沟水一路渗漏散流。小的等现于旧沟之下另开新沟一道，接上沟渗漏之水，穿山过岩约长三十余里，水到打洞荒山可以开垦田亩，将来水到之处田亩果能开成，小的情愿报垦陞科伏乞仁恩，据情转详恳请赏发执照承领，以便遵照开垦，顶沐高厚无既等情，据此。❶

根据《执照》记录，段家人搬迁至打洞村后，积极参与了打洞大沟的修通与维护。水沟由罗相文等人出资修建，但段家人却参与到了告官的队伍中。《执照》承认了打洞梁子村民修建和使用打洞大沟的合法性。《执照》成为打洞梁子合法使用沟水最重要的依据。段家人初来乍到便参与到梁子的事务中，告官获得胜利使其顺利赢得了梁子上村民们的信任。

自称是大理白族后裔的段家人历来有文人传统，咸丰六年（1856 年）还获得官府所赐“乡饮众宾”❷匾额，可见段家在清朝中后期已经成为打洞村的乡绅阶层。几十年后，段家人在此通过文字技术为打洞梁子确立了开发、使用大沟的合法权利。据螺蛳寨段好福介绍，嘉庆七年（1802 年）竜宾村一家李姓地主看到打洞大沟修建所带来的利益之后，也试图在竜宾修建一条大沟来灌溉农田。由于自身财力不足，他便与钱姓地主合作开沟。

---

❶ 执照碑碑文节选。

❷ 该牌匾至今保留在螺蛳寨段好福家里。

但由于财力不足，或是开沟之后需抛荒一段时间才能通水[1]，竜宾大沟经历了四五十年尚未修通。光绪十六年（1890 年），有一个竜宾李姓人氏在打洞梁子教书，他到竜宾钱姓地主家教唆，说打洞梁子的人嘲笑老钱家几十年还没开通一条沟。老钱家一怒之下就说“我硬是要用银皮把整条沟包下来”，此后不久钱、李两家便把竜宾大沟开通了。[2] 然而，由于竜宾与打洞村寨相邻、地势高低近似，沟水水源都来自于娘埔村后的洛西河上游，两条大沟水源口上下相差不到一公里，竜宾大沟水源在上。每到三四月份，农忙期用水较多时，两条沟同时用水，上方的竜宾大沟将水源拦截，打洞大沟就无法使用。加之竜宾大沟修通后没有抛荒便直接使用，导致雨季时水沟便漏水、坍塌。不仅竜宾大沟使用困难，上沟的泥水、枯枝也易冲积到下沟，使得打洞大沟时常堵塞。因此，竜宾大沟的修建影响到了两条大沟灌溉区域的用水，致使两边的田地都抛荒。但竜宾人坚持认为两沟水源都在墨江地界，当由墨江人自己管辖，由于双方无法调节，只得告官。这时，段家的段文德作为打洞梁子的代理人，由整条梁子的村民资助其到普洱、昆明告官，据说一去就去了三年。光绪三十三年（1907 年），他把当时他郎的通判——陆大老爷请来做了判决，判文回顾了罗相文的生平、买水的契约、执照公证等，阐明了打洞沟水源的出自他郎厅而非元江直隶州，并做出判决：

兹本署州体念两境民人，乘公酌度，归令两境各收各沟，认真培修沟道，苟要阻隔，无论水多少断无水不下流之理。惟每天干之时，仍恐不无争竞，可于娘铺村后大坝之处修改石闸，立一水牌将水分开，以一箐从右归入上沟即沟头之沟，听凭朗民引开溉；以一箐从左首归入河以达下之沟即沟。[3]

经由陆大老爷判决之后，洛西河的源头被分为左右箐，右箐为竜宾大沟的水源头，左箐为打洞大沟的水源头，这次判决为打洞梁子保住了水源。段氏家族在打洞梁子的威望也逐步提高。段氏所居的螺蛳寨独居一支山，可开垦众多良田，段氏保护打洞大沟有功，独享四分之一沟水，粮食产量便可充裕。段家人善用文字技术获取权利，这也就不难理解前文中提到段

[1] 否则沟水会渗漏。

[2] 访谈人：段好福。另一说法是孙世恒决定开四条沟，其中一条就是竜宾沟，在竜宾村杨大爷的带领下开沟大沟。

[3] 碑文节选自：打洞大沟纪念碑《光绪三十三年三月三十六日堂判陆大老爷》碑文。

家人讲故事时将其他案件的告官者置换为段家祖先的原因了。

至民国时期，以坝兰、坝茨、坝木这三个村子为中心的区域称为一个联保，名为“三村”，打洞为第六保。1937 年前后在打洞梁子甚至被设为“螺蛳乡”（以段家人所居的“螺蛳寨”为名），属元江县第八区管辖。证明段家人虽较晚变迁至此，但借文人传统已成为地方与国家沟通的中介力量，不仅成功融入打洞梁子，还获得了一定的权威。1952 年螺蛳乡改名“三村乡”，打洞梁子各自然村与大梁子共同组成三村村。打洞梁子虽有七个自然村三种族群，但却形成了一个整体的社会空间。

四、结语

杜赞奇认为“民族历史把民族说成是一个同一的、在时间中不断演化的民族主体，为本是有争议的、偶然的民族建构一种虚假的统一性”，他怀疑“巩固民族是一脉相承”的论断。[1] 尽管杜赞奇是对“民族国家”历史观的反思，反对将一个国家的历史看作某种民族不断发展演变的过程。但这种反思对于小社区同样适用。地方社会的延续不是某一民族的发展，而是不同人群的共创。

因而，本文重点强调打洞梁子的历史过程并非是单一的“少数民族历史”，也不仅仅是通过地方史志所通盘描述的或抽象或以构筑某一大历史为背景的脚注。本研究注重从“地方性知识”出发，在讨论打洞梁子地景的过程中重点讨论了打洞梁子社会空间生成的历史过程，其过程涉及了某一民族的宇宙观、社会实践，以及在此互动过程中的社会空间生产与权力关系维系。研究从打洞梁子的汉族、哈尼白宏人以及主动融入哈尼社会的白族三种不同群体的视角入手，分线索叙述了打洞梁子的社会历史过程。研究认为，打洞梁子的社会历史是由上述三种群体在打洞梁子的互动过程以及与周边、国家的互动过程中形成了作为社会单位的打洞梁子，其历史过程是一个多民族、多价值观、多历史线索共同构筑的复合性的地方社会史。

[1] 杜赞奇:《从民族国家拯救历史：民族主义话语与中国现代史研究》，王宪明等译，北京：社会科学文献出版社，2003 年，第 3，15 页。

参考文献

[1] 杜赞奇 . 从民族国家拯救历史 : 民族主义话语与中国现代史研究 [M]. 王宪明 , 等 , 译 . 北京 : 社会科学文化出版社 ,2003.

[2] 费孝通 . 乡土中国 [M]. 北京 : 北京出版社 ,2005.

[3] 费孝通 , 张之毅 . 云南三村 [M]. 北京 : 社会科学文献出版社 , 2006.

[4] 布罗代尔 . 菲利普二世时代的地中海和地中海世界 (上下卷)[M]. 唐家龙 , 吴模信 , 等 , 译 . 北京 : 商务印书馆 ,1996.

[5] 郭家骥 . 从矛盾冲突到共同发展 : 云南黑树林地区族群关系“百年干戈化玉帛”的启示”[J]. 思想战线 ,2009(5).

[6] 红河县志编纂委员会 . 红河县志 [M]. 昆明 : 云南人民出版社 , 1991.

[7] 嘉日姆几 . 民族问题社会建构的随机过程与马尔可夫性策略 : 云南黑树林地区水利纷争民族问题化的人类学解读 [J]. 西南民族大学学报 (人文社会科学版),2015(8).

[8] 科大卫 . 历史人类学者走向田野要做什么 [J]. 程美宝 , 译 . 历史研究 , 2016(2).

[9] 蓝达居 . 历史人类学简论 [J]. 广西民族学院学报 (哲学社会科学版),2001(1).

[10] 雷兵 . 哈尼族文化史 [M]. 昆明 : 云南民族出版社 ,2002.

[11] 李克忠 . 形 · 声 · 色 : 哈尼族文化三度共构 [M]. 昆明 : 云南民族出版社 ,2001.

[12] 马翀炜 . 村寨主义的实证及意义 : 哈尼族的个案研究 [J]. 开放时代 ,2016(1).

[13] 王铭铭 . 我所了解的历史人类学 [J]. 西北民族研究 ,2007(2).

[14] 张佩国 . 作为整体社会科学的历史人类学 [J]. 西南民族大学学报 (人文社科版),2013(4).

[15] 王清华 . 梯田文化论 : 哈尼族生态农业 [M]. 昆明 : 云南人民出版社 ,2010.

[16] 张小军 . 历史的人类学化和人类学的历史化 : 兼论被史学“抢注”的历史人类学 [J]. 历史人类学学刊 ,2003(1).

[17] 赵世瑜 . 社会史研究向何处去 ?[J]. 河北学刊 ,2005(1).

[18] FEREDMAN M, A Chinese Phase in Social Anthropology[J]. The British Journal of Sociology, 1963,14(1).

The plural histories of local society: a case study on landscape, power and social space in Dadong Hill, Yunnan Province

Yang Yi

Abstract: Dadong Hill is in the Honghe County, Yunnan Province. This is a highland where many ethnic groups live together. In general, studying the history of "small places" requires not only finding local documents, "finding temples in villages," but also analyzing social memories and myths. However, tracing back to history faces the problem of looking for "who's history" for Dadong Hill which lives in multiple ethnic groups. Whether it is historical inscriptions, myths, social memory behind the statements represent only a group, but the community is built by different groups. The process of formation of landscape is also the process of people getting along with nature, both participating and witnessing the history of society. Therefore, Dadong Hill as a local community, this study analyzes the complex history of the local community through the process of the formation of the landscape and the oral and historical materials. The article takes clues of the ethnic composition of Dadong Hill (village),every ethnic groups' cultural perspectives,cosmology and historical events as clues to explores how Dadong Ridge created multiple social spaces due to the change of landscapes and therefore produced the social power relations. On this basis, Dadong Hill as a multi-ethnic groups participating and shaping community, this article discusses the compound of Dadong Ridge's social history, which is different from what focused on a single ethnic group as the main body to write in the general history study.

Keywords: Dadong Hill; landscape; social space; compound history

在路上

——云南大理古城新移民的移动与世代差异

高瑜

摘要： 这篇文章主要讨论云南大理古城新移民的移动现象。在大理的新移民群体中，旅游向来蔚为风气，也被视为理所当然。我的论点在于指出“旅游”并非只是单纯的移动或游乐，而是具有时代转换的特殊性。我因此从世代差异与个体化的角度切入，讨论迁居大理的新移民群体，他们所经历的生命历程以及背后相应的社会轨迹。

关键词： 新移民；世代；个体化；移动

一、前言

全球性的流动在当代已成为一个不可抵挡的趋势。不论是旅游、迁徙、离散，抑或是工作，其中有不少都涉及跨国、跨境的移动。当代社会的一个显著特征正是移动性（mobility），边界不断地被打破，不论是族群、媒体、技术、金融、意识形态，都在全球的文化流动中[1]。特别是在当代的人类学研究里，旅游已经成为一个日益显著的议题。它意味着不再只是局限于定点式的村落研究，而逐渐开展出多层次的面貌。不论是跨国旅游或是境内旅游，它都已经是全球化时期的一种生活方式，或可说是情调[2]。

佩吉和康乃尔（Stephen Page and Joanne Connel）[3] 指出，现代旅行的起源，一般以为从 17 世纪开始，当时欧洲的贵族以巡回或一日游的方式，参访亲友或社会名流的庄园。而 18 世纪的壮游（grand tour），则引起了年

[1] 阿尔君·阿帕杜莱（Arjun Appadurai）:《消散的现代性：全球化的文化维度》，刘冉译，上海：上海三联书店，2012 年，第 43—48 页。

[2] 范可:《在野的全球化：流动、信任与认同》，北京：知识产权出版社，2015 年，第 30 页。

[3] 佩吉，康乃尔:《现代观光》第三版，尹骏译，台北：新加坡商圣智学习亚洲私人有限公司台湾分公司，2010 年，第 27 页。

轻贵族之间一阵风潮，他们通常会到外地一段时间，体验不同的生活。到18世纪中期时，壮游已经不只是贵族的活动，勃兴的中产阶级也开始参与投入，它被视为一种增广心智的方式。可以看到，旅游的兴起是伴随着社会阶层的变化而出现的。

到了20世纪，旅游已不再是一件过于特殊的事情，而是散落在人们的日常生活当中。自20世纪50年代以来，旅游以其独有的方式成为世界上最大的一种产业。到了20世纪80年代，旅游更成为世界范围内的一种时尚，甚至于不去旅游就显得过时。[1] 克利福德（James Clifford）在其著作 *Routes: Travel and Translation in the Late twentieth Century*[2] 中，便讨论了“旅行文化”（traveling culture）这件事，并将之纳入与人类学的对话之中。在克利福德看来，早期的人类学家到某个固定的地点待下来，学习当地语言，与当地人交流，找寻在地的报导人进行访谈。这个在地化（localization）的过程，谓之为田野，着重的是居住（dwelling），让自己能够内嵌进去。然而，这种方式和形态其实已然在改变。随着旅行的多样性，不只人类学家自己在移动，报导人也在移动。因此，对于人类学家来说，最初的报导人可能是本地人，但逐渐变成是旅行者，或者更具体一点来说，是两种身份的混合[3]。克利福德的这个观察，清楚并有趣地指出两种变化，其一是田野地点的改变（既可能跨疆界，也可能在路上），其二是报导人身份的改变（既是本地人，又同时是旅行者）。这两者构成了新的文化经验，也是当代田野工作的新情境与挑战。

更进一步来说，文化开始以旅行的形式和关系呈现。社区、社群也不再只是在于内（insides），而是位于外（outsides）。在与他人相遇的时候，问的问题也不再只是“你从哪里来”，而是“你介于哪里”（where are you between）。人类学传统民族志向来强调的居住，现在已转变成居住与旅行两者并置。若更强烈一点而论，日常生活的实践则是住在旅行中，旅行在居住中（dwelling in traveling; traveling in dwelling）。[4]

---

[1] 彭兆荣:《旅游人类学视野中的旅游文化》,《旅游学刊》2004年第6期，第20页。

[2] James Clifford, *Routes: Travel and Translation in the Late twentieth Century*, Cambridge: Harvard University Press, 1997.

[3] James Clifford, *Routes: Travel and Translation in the Late twentieth Century*, Cambridge: Harvard University Press, 1997, p.19.

[4] James Clifford, *Routes: Travel and Translation in the Late twentieth Century*, Cambridge: Harvard University Press, 1997, p.36.

罗杰克和尤里（Chris Rojek and John Urry）主编的 *Touring Cultures: Transformations of Travel and Theory* 更进一步地指出，旅游并非只是一种操作性的界定（比如到异地待上多少天算是旅游）或者一整套可计算的经济活动，它同时还包含了社会实践。因之，应该在一个更广阔的范围内去理解“旅客 / 旅游的”（touristic）基本特征[1]，亦即背后所关联的社会文化现象。在实践的活动中，混杂性（hybridity）的概念应该被纳入考量，而不是过度地二分简化“家”和“他方”，旅游和文化已经是交相重叠、互相指涉的。

上述的研究都指出旅游 / 文化已经是个复合叠词，高度地展现在当代生活中。在大理古城，由于它本身所具有的观光特质，旅行的话题甚至被视为理所当然：近程的、中程的、远程的；在国内的、在国外的。打开微信朋友圈，大概有一半都在“晒”旅途中照片，无时无刻，不分时节。这个朋友去泰国了，那个去尼泊尔了，另外一个去中国西藏了。就如我的朋友曾打趣地说过：我不是在路上，就是在往路上的路上。旅行这件事，在大理这个小小的地方，具有极高的比例，这里不只是个观光的景点，也是个移动的据点。在这里的几家书店，几乎都可以看到《在路上》这本书，或者相关或相似的主题，例如波西格（Robert Maynard Pirsig）所著的《禅与摩托车维修的艺术》，或是中国作者郭子鹰撰写的《最好的时光，在路上》等等。凯鲁亚克（Jack Kerouac）的这本名著，虽然代表的是美国 20 世纪 50 年代的垮世代，但非常有趣的，它高比例地出现在古城书店的架上，几乎暗示了一种无可扼抑的奔放，一种随时上路的流浪者精神，也使我无可避免地注意到它。我对于大理古城最初烙下的几个印象，它是其中之一。

这篇文章因此在这个基础上展开思考，讨论云南大理古城新移民的移动现象。正如前述的研究所论，旅游文化已经是种社会实践，所涉入的是更广泛的社会文化现象。我的论点在于指出，“旅游”并非只是单纯的移动或游乐，而是具有时代转换的特殊性。我将从世代差异变化的角度切入，讨论移居大理的新住民群体，他们各自所经历的旅行过程和生命历程，以及背后相应的社会轨迹。

---

[1] Chris Rojek and John Urry, *Touring Cultures: Transformations of Travel and Theory*, London and New York: Routledge, 1997, pp.2-4.

二、研究界定及田野调查方法

在本研究中，“新移民”的理解和界定指的是长期或者愿意长时间居留在云南大理的外来人口，包括期间来来去去，但以大理作为根据地的人。进一步来说，我将新移民视为“大漂族”，特别相较于北漂 / 北漂族作为对比来说。“北漂”一词的使用，一般认为始自于20世纪80年代的中后期，随着户口制度和人员管制的放宽，不少人从外地到北京求取发展，因此出现了第一批北漂人[1]。在认定上，意指到北京寻求机会，落脚在北京却没有当地户口的人。北漂的意涵，代表了一种进入城市工作、生活的状态，也因此同时含括了上漂（上海）、广漂（广州）或相类似情境者，着眼的是大城市当中的流动人口。相对于此，“大漂”/“大漂族”则是漂在大理的人，他们是城市的逆旅者，与一般人的选择反其道而行，从大城市来到小城镇，特别是大理这个地方。他们并非不需要生存机会，而是寻求另外一种生活轨道。若说北漂寻找的是机遇，那么大漂探寻的则是自我。在这里的“漂”字，同时有飘移（drift）、徘徊（wander）以及旅居（sojourn）的意思，所指的既是人，也是一种状态，他们在移动中，却也停留于其中。大理这个地方的特殊性，适足以提供“漂”的所在。一方面，它在地理上的位置，介于中国境内西南边陲与周边东南亚国家之间，本身即具有通道的特性。另一方面，从自然环境上来看，它舒适宜人的气候提供了居住的基本需求。此外，大理当地虽然以白族为主，但已高度汉化，对于这些从城市而来的迁移者，在生活上并没有太大适应的困难。这些条件，成为大漂背后的物质基础。

在研究方法上，采取民族志的方法进行研究。资料来自于2013年8月到2014年10月在大理古城进行的田野调查，主要以参与观察和深度访谈为主。访谈对象以住在大理古城及周遭的新移民为主，主要采取半结构式的开放性访谈，包括从外省、外国移居到大理当地的住民，共43位。年龄分布段从24岁到70岁都有。访谈类型区分为开客栈的、开店的、摆摊的以及纯粹来过生活的。在正式访谈之外，也有不少非正式时刻的谈话，构成我对研究对象的逐步理解。这些正式与非正式的交谈，可以说是人们的自传体叙述。在一开始，人们的谈话内容并没有那么聚焦，比较像是聊天，

[1] 张羽:《“80后”北漂的生存状态研究》，中国青年政治学院硕士论文，2008年，第2页。

但随着谈话的深入，他们开始阐述自身的经历、对于自我的剖析以及回忆生命中所遭遇的重要事件，包括他们什么时候开始离家旅行，到哪里观光/旅游，抑或是踏查，甚至最后决定移居的历程。这些个体性的叙述，因此构成一个集体性的图像。通过比较和分析之后，我们进而看到个体生命历程的变化以及迁徙移动的轨迹。但同时不可忽略的是，个体的自传性诠释，背后同时有社会性的结构力量推移，特别是国家和媒体的影响，这也是本文试图呈现的。

三、个体化中国的崛起

2014年7月夏天，此时的大理古城，在人民路上，随时可以听到朴树为电影《后会无期》唱的《平凡之路》。网络社交媒体微信更不用说，从电影开播前到上映期间，那一段时间，大理圈的朋友疯狂转贴这首歌，抒发各种心得或评论。一则是创作歌手朴树的复出，另一则是因为作家韩寒：这是他制作的电影，也是他与朴树的首度合作。这件事引来了极高的话题，但更重要的是，这首由朴树、韩寒共同作词的歌曲，它的内容引起了高度的共鸣，而周遭的朋友们，几乎都转贴了同一段：

我曾经跨过山和大海
也穿过人山人海
我曾经拥有着一切
转眼都飘散如烟
我曾经失落失望失掉所有方向
直到看见平凡才是唯一的答案

这一段歌词，大抵上说明了朋友们普遍的心情，也高度呈现了一个“路”的意象，在山间，在林边，也在混杂吵闹的都市街道之间。后来我在做访谈或闲谈的时候，朋友们好几次也分别跟我提到，并谈论起“在路上寻找自己”。但特别的是，多半是年轻一辈，亦即80后，甚至是90后的朋友跟我提及。这一点使我开始意识到，这种“在路上”和“找自己”之间有什么关联。当我遇到年纪和我相仿的70后朋友，聊起来这件事时，没想到意外开启了这个话题。70后的朋友告诉我，对于他们来说，肩上一边是现实，一边是自我，两边必须平衡，不像80后或90后可以说走就走，更显自由。另一方面，这个意外开启的话题，使我开始思考世代之间的差异，呈现了一种有意思的对比。“找自己”这件事并不是与生俱来的，背后所涉及的“自我”“自由”等概念，是随着时代推进的。

循此而述，在此首先讨论个体化的论点，其次则透过世代之间的经验对比，说明时间历程上的变化。文中主要以70后和80后作为主要的两个世代。一方面，这两个世代既有延续性又彰显出强烈的对照，另一方面，他们的成长经验也刚好经历中国改革开放后的转换时期。这些经验，带领他们展现出旅游移动的历程中不一样的面貌。

近来在讨论中国社会个体化的著作中，最知名者莫过于阎云翔。他立基于贝克（Ulrich Beck）、鲍曼（Zygmunt Bauman）、吉登斯（Anthony Giddens）等人的论述上，以个体化命题去理解中国社会变化的模式和趋势。其中又以贝克的观点为代表。在贝克[1]讨论现代化对当代社会根基的影响中，他指出个体化的三重维度，分别是：

> 脱嵌（disembedment），亦即从历史规定的、在统治和支持的传统语境意义上的社会形式与义务中脱离（解放的维度）；与实践知识、信仰和指导规则相关的传统安全感的丧失（去魅的维度）；以及再嵌入，亦即一种新形式的社会义务（控制或重新整合的维度）。

脱嵌和去传统化是个体化维度的重要特质，亦即不再受到既定社会规则的束缚。但是，这并不表示个体就是一个全然独立自主的个人，仿若与他人无关。这一点是贝克等人特别强调的，所谓制度化的个体主义[2]与新自由主义观点的区别。新自由主义观点向来认为，个体天生就是自给自足的，能够从内部自身驱动，最大程度的实现自我。但是，贝克等人并不认可新自由主义这种论点，相反地，他们认为个体化意味着在当代社会的情境下，一方面对于个性、选择和自由的要求越来越多，另一方面，与他人、与制度的联系也越来越紧密而互赖，这两方面之间因此形成一种长期存在的张力。

在这个观点上，阎云翔[3]提出他对中国社会个体化的看法。他首要指出，个体化论点是基于西欧的社会脉络，无法全然等同于中国情境，但这两者之间的差异也因此构成理论上的意义。第一，在西欧模式中，脱嵌指的是在日常生活中个体寻找一种新的生活方式和身份认同，以此重新塑造

---

[1] 乌尔里希·贝克:《风险社会》，何博闻译，南京：译林出版社，2004年，第156页。

[2] 乌尔里希·贝克，伊莉莎白·贝克－格恩斯海姆:《个体化》，李荣山，范譞，张惠强译，北京：北京大学出版社，2011年，第30页。

[3] 阎云翔:《中国社会的个体化》，陆洋等译，上海：上海译文出版社，2012年。第342—344页。

自我。但在中国模式里，脱嵌主要表现在寻求生活机会，个体努力实现自我是为了要提高生活水平和社会地位。个人的身分认同当然也重要，但重要的原因是因为它足以表现一个人的地位，而不是与寻求自我有关。第二，西欧的个体化进程相当程度的依赖文化民主化与福利国家体制，而中国个体化虽然给更多人带来了流动和选择，但是国家并没有提供相应的制度性保障。第三，西欧个体化早在第一现代性时期便已奠定基础，到第二现代性的时候，个人主义已经进入自反性的阶段。相较于此，在中国个体化的进程中，个人主义实质上发育不良，或者说是失衡的，也因此个体在面对独立的自我和传统的集体（例如家庭）时显得矛盾，也无从完全脱离。第四，中国的个体化是在国家的管理下展开的，在国家设定好的边界内发挥自我控制和自我管理的能力。

阎云翔非常清楚地指出极为重要的一点，中国个体化是在国家的治理下引导了个人的走向。从 20 世纪 80 年代改革开放以来，国家走向市场经济和私营化的步调，放松对社会生活的控制，这使得个体有机会崛起，同时也使得整体社会结构朝向个体化。市场与国家并置，促进了个人向上、向外流动的机会并且增多了选项。换言之，不论是从社会阶层或者是从地理范围来看，社会流动性的增加，促成了个人的脱嵌，这种结构性的境遇造就个人发展性的机遇。这是中国个体化非常重要的面向，也是他的研究极有价值的地方。基于在阎云翔研究的基础上，本文尝试继续梳理个体化的脱嵌，一方面除了看到个人对于生活机会的企求外，另一方面也将触角延伸到对于自我的探寻。在世代的差异对比上，由于不同的社会条件和物质基础，个体化逐步展现了不同的形态。正如在田野访谈过程中所遇，70 后和 80 后的生命故事，他们表现出很不一样的态度，而不能等同视之。

进一步来说，不同世代的差异涉及的是生命历程（life course）的讨论。在界定上，意指“在人的一生中，随着时间的变化而出现，受到文化和社会变迁影响的年龄级角色和生命事件序列。所关注的是具体内容、时间（timing）的选择，以及构成个人发展路径的阶段或事件的先后顺序”[1]。在生命历程的研究中，同龄群体（cohort）是一个不可忽略的概念，它所涉及的是年龄分层和社会结构之间的交相关系，个体所隶属的年龄级构成一

[1] 李强，邓建伟，晓筝:《社会变迁与个人发展：生命历程研究的范式与方法》,《社会学研究》1999 年第 6 期，第 1 页。

个世代，其变迁受到社会建制和历史变化的影响。而在艾尔德[1]的著作中，他提出了生命历程的四个核心主题：其一，对于出生在不同年代的人来说，他们既看到不一样的社会景观，所拥有的社会机会和限制也不同；其二，个体同时也具有能动性和自主选择，他们能够利用机会，去建构自己的生命历程；其三，个体和个体之间则是相互依赖和连结的，意味着个体的生命必然会受到别人的影响；其四，个体的生命历程发展，也将受到社会性时间的塑造。

从生命历程的理论观点来看，个体看似个别的经历，事实上有着共同的节奏，特别是在年龄群体的世代划分。在本文中，70后和80后的区别，他们的人生有着不一样的经历，却也能同时看到大环境与社会结构在他们身上烙下的印记。

四、"自我"的成形

与J碰面的晚上，我们约在他刚开张没多久的小店，一间复合式餐吧。和他的第一家店相比，这里更宽敞了一些，也因为位于巷内的白族老院里，中间还有一个天井，气氛显得宁静。但同样都位于古城的人民路上，并且维持日式的装潢风格。差别在于，第二间店营业时间以白天为主，到晚间十点。而原来的老店则接着晚上十点之后到清晨六点，然后收工。我们约在晚上十点半左右，在两间店中间的休息时间碰头。

J来自上海，外表显得精实而干练。也和一般上海人给人的感觉相似，聪明而精准，有种城市的气质。我们在他的吧台前坐下，端着一杯咖啡，聊了起来。我也才认识到，他的城市气质，并不是如我本来以为的、与生俱来的特质，或者如社会学所说的先赋地位，而是后天逐步养成，努力得来的成果。他身上的痕迹，标示着一个时代改变的历程。1976年出生的他，出身务农家庭，中专毕业。毕业前一年，都还是计划经济分配工作的时代，该去哪里就去哪里。却在毕业临际那一年发现，大家说要就业，要开始自谋出路了。新的名词突然出现，叫作人才市场。也就是说：要你自己去找工作。

这个转折点，让J就这样投入了市场经济时代。这是1992年邓小平南

---

[1] 转引自李强，邓建伟，晓筝:《社会变迁与个人发展：生命历程研究的范式与方法》，《社会学研究》1999年第6期，第6—7页。

方谈话后，在确立下来的改革开放路线之下，逐步实施的结果。旧的体制和新的体制交错，但渔网就这么打开，一大群鱼就这么涌进既混乱又生机活现的资本汪洋中。J也是其中的一尾鱼。在毕业的那一年，半自主半被迫地进入了市场。正如他的形容，是“跳”出来的。但事实上，同时也是跳进去。60后的人，大抵上都还在国家的轨道之内，顺着轨道走，到了70后这一代，轨道依然在，但慢慢崩解。从离开学校到进入社会，半推半就地往前走。“我们这一代就没有顺轨道嘛，我觉得70中的，就是70初和70中的人，很多人就没有顺轨道。他出来就是自由的，也是无奈的。”如J所说，自由也无奈，两方面同时并行。双轨制的意涵悄声无息地推进，国家仍掌控一切，但也允许外资进入。

我最早在村办企业，因为出来没有工作，外企也不是那么容易进去的，像我文凭也不是很好，我可能在村办企业，干了半年，但你要有个特点，你要保持学习，那个年代，我是比较，我正好，嗯我同学当中像我这样的，两三个人吧，正好我们出来工作，一般也都是循规蹈矩地工作，会回到一些比较传统的企业，就事业单位，也有很多人，那时候啊还有习惯托关系去进到这样的单位，虽然你可以自负责任，但没人愿意，大家都宁愿去做一个巡警啊，警察啊，到自来水公司啊，比较稳定的，铁饭碗的概念。然后我就不愿意，因为找不到，因为我们家没什么关系。然后我就自己去找工作了，那时候就找到村办企业，在村办企业工作。那时候因为新生事物很多，计算器和英文都已经成为一种需要，我是比较努力学这个的，努力学习嘛。然后第二个公司就跳到了一个合资企业，合资企业就属于，中方和外方互相牵制，不是一个很好的环境，然后再来我就去了一个纯的日资企业，日立嘛，然后再出来我就考虑到，要去一些欧美的企业，就去了法国的企业，就是法国在郊区的一个企业，后来就到了英国的一个市区的企业，以后就会在欧美外企这些公司上班。

学财务出身的J，个人的经历正如同这个国家的变化历程，从贫穷到富裕，从国企到私企。由于家庭出身一般，学历也不够漂亮，毕业的时候，得靠自己找工作。但靠着一股学习的毅力和自我驱使的动力，不断地自学进修，尤其是英文和计算机。这一点也显露出他敏锐的判断能力，看准了这两个项目是外企必备的工具。他一路爬升，平均每隔半年换一次工作。而他也从来没有停止学习，在国家大张旗鼓奋进的时候，他也绝对不让自己落后。当他的大多数同学，可能还在一些传统的事业单位上班、领着铁饭碗的固定工资时，他已经一路过关斩将，不断跳槽换公司，薪资也不断攀升。在那个经济勃兴的年代里，个人的成就表现随同奋斗动机一路跃升。正如J告诉我的，在正常情况下，要花上五六年、七八年才有可能到达的一个职位，他只花了半年时间，就从一个低阶的财务文员成为主任会计。再花一两年时间，就当上了亚高层的财务经理。社会阶层的流动完全被打破，一切可以重新洗牌，重新再来。向上流动再也不是遥不可及的事情，只要顺着阶梯坚定地往上爬就可以。这在以往几乎是不可想象的事情，在那个年代里却真实的发生。这样的故事并不是特例，而是信手拈来，很容易遇到。看起来混乱无序，却又充满着机遇。

但这个阶梯并不是无限延伸的阶梯，而是有天花板的。所谓的亚高层意味着上不去的绝对高层，在外资企业里，J遇到了到顶的情况。再怎么努力工作，也有上不去的时候。此时已不是机遇的问题，而是受限于中国人的境遇。三十多岁的他，也在这个时候，开始思考，自己的生活究竟要什么。

J告诉我，在他们的那个年代，小时候很少去想过自己要什么东西，包括专业都不是自己选的，换言之，并不是因为自己热爱这个专业而选它，而可能是不明就里或长辈建议的情况之下选择。在传统教育之下，少年成长的时期很少去思索过什么叫自我，更遑论意识到这个东西。一直到三十几岁了才发现，在一定程度上成功了，也努力过了，成就感也有了，可是突然察觉，每天这么忙碌，不知道为什么要这样过。我问J，他的上一辈会这样想吗？“不会啊，因为他们一直在体制内。没有人影响你。没有东西inspire你。”J回答我。这个体制，指的便是由国家主导一切的单位制，所有社会成员被吸纳到各个单位当中，由国家分配一切。

在中国的语境下，J的情形可以说是典型的个案。70后的成长背景，正好经历中国的集体化到非集体化的时期，市场经济进驻，取代计划经济。集体生产形式被废除，个人必须自行寻找工作[1]。生活方式被重新架构，在客观的情境里，开始积累主观的经验。在这个框架底下，主体性的“自我”开始成形，J开始思考自己要什么、过什么样的生活。他的父母辈不一定

[1] 贺美德，庞翠明:《个人选择的理想化：中国农村青年眼中的工作、爱情与家庭》，见贺美德，鲁纳编著:《“自我”中国：现代中国社会中个体的崛起》，许烨芳等译，上海：上海译文出版社,2011年，第43页。

能够理解，但他越来越清楚他不想要像上一代那样过日子。70后的他，终于选择向外出走、出外旅行。

相较于70后，80后一代有更强烈的自主性，也有更明确的自我意识。但和70后相比，他们也是矛盾而游移的一代。一方面，他们开始拔离自己的原居地，大幅度地增加移动的范围，另一方面，脱离了上一代惯常的社会镶嵌之后，同时也增加了许多不确定性。他们更清楚地将自己定位成移动的主体，在路上的时间更多。

1988年出生的P，从大学起就开始当背包客，遇到寒暑假时，玩一些短期的旅程。研究生毕业之后，他毅然决然地决定不去上班，专心上路。往新疆、西藏骑行，花费一年多的时间。我问他为什么不去上班，他说，读万卷书，不如行万里路。他的导师要让他读博士班，但他拒绝了。事实上，他所念的信息工程，也绝对不会是难找工作的专业。但他还是决定出来走走，要花个三四年时间在路上。而我问他为什么要背包（当一名背包客），他告诉我，他“想看看中国是什么样子……有一句话说，为什么我眼中饱含泪水，是因为我深爱这片土地。”作为一名摄影爱好者，他在路上，拍了不少照片。而他最喜欢的摄影家，是台湾的阮义忠，这是他学习的目标。他说，阮义忠的东西看起来很生活，却传达出一种温暖和善良，这也是他想要做到的。

有意思的是，我问他这种生活是否隐含着一种不确定感，P主动提起，所有人都觉得他在流浪，但他认为这并不是流浪，而是生活。我问，但大家都会觉得，这并不是一个常规下的生活？P回答：

非得常规下才叫生活嘛？这也是生活啊，对啊，时间一分一秒地过去，就是生活。流浪的话，心态上，因为我觉得我的心不在流浪，我们只是说，在这里也是有方向、有目的，或者有自己想要追求的东西。这应该不算流浪吧？这可能是说，心是安定的，在生活。只不过方式是这样子的。以这样方式来延伸。在我理解中，流浪这个词，太颓了，就是太逃避的意思，流浪有逃避的意思，而我并没有想要去这样地生活。流浪这个词，到底有没有逃避的这个意思我不知道，可能有一点咬文嚼字，感觉到是逃避这样的生活，但我们不是逃避，我们是选择这样的生活。是选择。

P的回答，还带有一种浪漫的情怀。由于尚且年轻，对于未来还不确定，因此可以选择漂流作为一种生活的方式。另一名受访者F，1990年出生，是个聪明灵巧的女生。我们在学日语的课堂上认识。她的活泼与反应快，让人印象深刻。认识之后，一次我在人民路上闲逛，正好遇上她出来摆摊，我们因此聊了起来，也仔细看了她的手工明信片，这才发现她的天赋与巧手。她从未正式学过画画，是来到大理之后才开始画图的，但所有的工笔，都有其构图的韵律，也有一种童稚的趣味。

F 从北京的名牌大学毕业后，拒绝了好几份很不错的工作，开始上路。她先去了广东、海南、云南，接着出发到新疆，然后进藏，再从西藏进尼泊尔、印度、斯里兰卡。接着，她从斯里兰卡转进泰国，从泰国回到中国澳门，返回老家湖南。没多久，她又从家里出发到深圳，短暂工作了一段时间后又离开，辗转到了大理。她的旅行经历和旅途中的故事，有时几乎要让人拍案叫绝，如同是一场小型冒险。但对于她来说，她所走过的国家和地名，经历和故事，这些都不算什么，反而是她在旅行中积累的体会，她认为旅行就是生活，生活就是旅行：

其实我一直觉得，生活本身不就是一场旅行吗？而且我也觉得，很多东西不需要刻意去定义，就像有些人种花，他不需要去多做什么，就是种花，他就满园子都是花。别人觉得他的工作是园艺师，可是他不觉得，他只是觉得他很喜欢花而已。就好像我的工作也不是旅行，我也不会把旅行当作我的工作，但是旅行本来就是生活的一部分，而且旅行也不是什么触不可及的东西，它就是一种，你觉得很喜欢，你可以去不同的地方去感受一下，去感受不同的东西。如果你喜欢的话，你就继续，如果你不喜欢的话，你就回来。就是说你没有这个能力，你就回来好了。我不觉得我有很强的能力，但我可以尝试。

和上一个世代相比，F 展现出很不一样的态度。“旅行就是生活”的观点，听起来虽然像是一句口号，但在她的身上表现出来的，已经是一种随手可得的东西，不若上一个世代觉得是个不易企及的梦想。此外，若说 70 后对于未来和前景表现出一种持之以恒的努力精神，F 则认为随时可开始，随时可结束。转换是随时可能的，重要的是清楚自己要什么，以及愿意去尝试。

对 F 来说，自主性的建立是更重要的。她也不认为自己非得只能是个受雇者，循着众人的脚步前进。“如果我满世界跑，我又可以赚到钱，而且我又很喜欢，我还很享受，我又能成长，为什么不可以？我难道一定要给人家打工吗？是吧。所有的东西都在于自己的选择。”

相较于上一代，F 有更明确的意图，去界定生活本身是什么。她告诉我，她从小的梦想就是环游世界，而她也引述了电影《后会无期》里的一句有名台词:“你连世界都没观过，你怎么会有世界观？”但她同时也强调，从她小学起就逐步建立了自己的世界观和看法，因为她花费不少时间在阅读哲学类书籍，但从未看过一本言情小说。透过阅读这些书，她建立了自己的存在感，并且身体力行。

对于 80 后来说，这种旅行与生活结合的方式显得并不唐突，更重要的是，他们开始渴望自主性的确立。就如某一日我和 P 聊天时，问及他父母怎么看待他目前的生活，以及他怎么处理和父母（主要是母亲）之间的关系。他说:

你看，以前切格瓦拉，骑车出去旅行，全家欢送耶！你说我们怎么可能全家欢送？（笑）就是文化差异吧，传统的东西。就是，我也想孝顺啊，但是也想做自己。

向来温和的 P 半开玩笑的跟我讲了这段话。“做自己”在中国的主流价值观里，仍然是一件有点奢侈的事情，或者说，正在发展中的事。我问 P，他身边像他这样的人多吗？他的同学们？他说没有，目前可能就只有他一个，其他人都循规蹈矩地去上班了，踩在既定的星球轨道里。而像他这样想法的人，可能都到拉萨或者到人民路来了。换句话说，这些想要做自己的人，几乎都上了路，从城市逃离到了边陲，在整个城镇化的潮流中逆行。

F 也有相似的想法。在她跟我叙述完一路旅行、辗转来到大理落脚的经历后，说了“既然选择了这条路我就决定不回去了”。我问她是哪一条路，她说，“就是我自己掌握我自己的生活，自己选择我自己要去的地方，做我自己想做的工作，我就不回去了。”这个“路”的比喻，是一个强烈的意象。一方面是她的上路，另一方面，也是她自己选择的道路。在师长的眼中，她是学习成绩良好、老师荐举要去大企业上班的学生；在同学朋友的眼中，她是敢做敢言、有些随性、浪漫甚至盲目冲动的女生；在她妈妈的眼中，她是个令人担心的傻子，为了实现童年梦想、不顾一切要出门去玩的傻子。但 F 认为这些都不重要，重要的是她在路上一路摸索出来的，她想要的方式。包括她刚到大理时，卖自己手绘明信片的收入时好时坏，她其实很挣扎也很担心，想着后面怎么办，要不要回去。但想了想，还是决定留下来。现在回想起来，她认为这是她在大理待了这段时间以来的收获，一个是学会尝试，另外一个是专注。而这两点都和她的画画有关。她以前从来没想过会画画，更别说靠画画维生，但是，在大理的这段日子，让她开始跨出第一步。有生意的时候她招呼客人，没生意的时候坐在路边就开始画，不停地画。

从70后到80后，这种在路上的自我追寻显得越发强烈。另一方面，他们也更强调这是个人自己的选择。“选择”两字被理想化地呈现。但事实上，在所谓个人选择的背后，大的时代背景其实造就了新一代的感受变化。包括社会情境的转变、国家政策与媒体文化的影响，等等。以下将接着谈到这个面向。

五、旅行文化的兴起

正如上文所述，70后的J，和上一代相较，由于开始在外企工作，有机会接触到各式各样的人，并且遇上了互联网使用的时代，接触到各种网络上的信息。在这些西方观念冲击下，加上工作的缘故，不定期会去欧洲出差。日积月累之下，这带来的是想法的改变。在已有经济基础的情况下，又不受限于体制内的束缚，往外走几乎成为下一个必然的选项。不论是他，或者他身边同辈的朋友，这个时候，开始萌生相似的想法。

我开始在外企工作，有年假了，以前年假可能一年有五天假，但是你可能都用于病，比如说今天身体不舒服啊，家里有点事啊，就用掉了。现在开始有休假的概念了。因为公司鼓励你，有一定程度上起码不会排斥你休假，因为老外休假的，那大家有这种休假的概念了，那就会说有个十天的假期，十二天的假期，我用个五天，拼个前后周末九天，我就来云南一趟。

在这个背景下，20世纪90年代末，因此开始出现自助游、背包客的风气，所谓的“出去看世界”逐步兴起风潮。亦即离开自己的居住地点、自己的工作城市，到外地去走走。旅游形式也开始有所转变，不全然只是跟团、定点的方式，而开始出现了徒步、露营的形态。1997年，国务院首次公告，允许中国公民自费出国旅游，正式开放出境。到2001年、2002年那时，国内的长程旅行则已经形成一个风气，甚至有几条经典路线的出现。J记得，当时云南的丽江、泸沽湖，还有往梅里雪山的飞来寺，以及四川的稻成亚丁这些地方，都已经成为背包客关注的景点和路线，甚至已经有相关的画册出现。这些地方的终点目的地，都通往西藏，往拉萨那里去。包括他自己都是。更进一步的是，人们在抵达西藏之后，从中国西藏再往外走，旅行东南亚国家。以J来说，他在西藏旅行完之后，从中国西藏出发，再往尼泊尔去。然后是越南、老倭、泰国。慢慢地越走越远，往非洲、埃及、土耳其去。70后的这一代，开始拓展边界，打开视野。从上海到云南，从云南到西藏，而后跨出国门，轨道不断向外延伸。一个人行走的脚踪，无意间记录了一代人变化的痕迹。

这种旅行的渴望，到了80后，变得更理所当然。自助游的路线也更加明确，特别是进入西藏，具有某种背包客朝圣的自我强化意涵。进藏的路线，不断地出现在不少受访者口中。就如1984年出生的L，是个时下用语所称的阳光型男，热爱户外运动，对于自己也充满自信。老家在四川的一个小城市，他生长在一个群山环绕的地方。到了成都上大学之后，他因缘际会下进了登山协会成为队员，受到训练，又因为自己对摄影的喜好，不断增长这方面知识，于是结合这两方面的能力，陆续发表摄影作品在知名的地理杂志上，也断断续续从事这方面相关的工作。后来他决定成为一名自由工作者，除了每隔一段时间出发去旅行，拍摄作品给地理杂志外，回到老家时则担任短期的健身教练。此外，他也会固定一段时间回到大理生活，如同候鸟一般来去。在这几年之间，他把几个著名的进藏路线（川藏、青藏、滇藏等）都骑行了一遍，目前最远的一次骑行是到尼泊尔。

L告诉我，他从小就有跳脱传统模式的那种基因，但他认为那不叫叛逆，只是不同于众人。我们聊起来这种不断移动的生活，他因此跟我解释了美国公民的区别，可以分成动民和居民两种人。所谓动民，亦即喜欢一个地方，就在这里待下来一段时间，但不会一生只住在一个地方。居民就是买房子登记，在一个地方住下来，一辈子不再搬动。相较于美国，在中国，可能有90%以上的人，一辈子都是居民，在一种不移动的状态里活着。但他认为，这不是人生应该有的状态。他也提出批评，认为现在“大多数的人，缺乏的不是思想，而是勇气”。因为面对社会，会有一种同化的压力，以至少他们不敢这么做。

姑且不论L的诠释正不正确，但在80后这一代人，“勇气”的概念已经出现在脑中，伴随着移动的状态。旅行文化已蔚为风气，但是，这种随时可以上路的感受，其实相伴的是媒体流行文化的与时俱进。从早先港台流行文化的传入，到后来内地流行文化的兴起，同时也影响了两个世代的感觉变化。

N是昆明和丽江一家知名咖啡店的老板，是个爽朗直快的人。1975年出生的她，来自于贵州。虽然没上大学，但是，在念大学的那个年纪来到北京，她告诉父母要来北京找工作。就此成为北漂，“混”在北京，穿梭在不同学校听课，吸收各种养分。在聊起她的成长经历时，她告诉我，他们这一代，受到港台文化的影响不小。至今她还记得：

1988年的时候第一批歌手，像齐秦啊、王杰啊，这些人传进来。还有像三毛啊，对我们的影响蛮大的，就是这些东西让我们有了一点点自我，然后慢慢地才接受美国的东西。欧洲的东西是快接近2000年，就是1997、1998年以后才看得多一点，电影什么的。

我问N，她所指的影响是什么？是情感的层面吗？N双眼发亮地跟我说了三毛，记起了当时的感受。对她来说，三毛的影响几乎占了青春期的重要分量。在她十五六岁那时读到了三毛，眼前的世界突然就这么打开了，那是一个异质却真实存在的世界：

你不会想到一个女孩子可以像三毛一样走全世界，这样子。但是，三毛就给你看了，就是女孩子是可以这样生活的，不用靠父母，然后也可以在沙漠那样的地方把自己生活过得绚烂多姿，可以一个人去旅行，发生很多事情，安全的、惊险的，等等。生活可以很刺激、很精彩，就是不平凡的。但是那个时候在中国这基本上还是一个梦，但是你已经开始做这个梦了，总比你以前完全不知道有这个梦存在好。

三毛的启蒙，为N打开了一个少女的梦。特别是在性别的意涵上，原来一个女生可以这样游走他方，不受限制。那是从台湾飘过来的彩色气球，降落在大陆的土地上，载着人轻飘飘地扬起。三毛的波希米亚装束，流浪在撒哈拉沙漠的故事，成为N心上最早的印记。而三毛的传奇，事实上到今天都仍为人乐道，影响所及，从70后到80后的这一代文艺青年都仍可听闻。而三毛的作品，代表了港台写作文化的传入，像是一把梦的种子撒落下来，让人开始能够做梦。

到了80后，港台文化虽然同时仍有影响力，但是内地影视行业的兴起已经成为另一个替代性选项。以1988年出生的Y来说，在来到大理生活开客栈之前，她近乎有两年的时间在路上，包括成为一名“拉漂”，亦即漂在拉萨，住了快一年。她的旅行经历，从2010年开始，她自老家泉州出发，往拉萨前进，最后出国到达东南亚各地。在她看来，那时候特别的美好。我问她为什么，她说当时第一次出门旅行，赶上了最好的时机，“那个时候，大家刚刚有了些旅行的念头，出来的人其实都很纯粹。也正好遇上一个转型时期”。这里所说的转型期，即是当时正流行的《搭车去柏林》，以及间隔年概念的出现。Y在旅行的途中，在暂居的青年旅社里，身边的人不断讨论这些事情。

《搭车去柏林》可以说是中国版的《在路上》，但是它以当下更流行的方式呈现了一切，亦即以纪录片的形式在旅游卫视播放，引起一阵热潮。这个分集播出的纪录片，在2009年开拍，2010年夏天开始上映，阐述了两个年轻小伙子从北京一路搭便车到德国柏林的事迹，为的是完成其中一个男生谷岳的梦想，他要到柏林去看女友。于是这个一路向西的行程，记录了路上各种遇到的趣事，包括搭上的各种车、旅途的顺遂与不顺遂、与陌生人的相遇，等等。它开启了一种社会想象：原来可以这样到欧洲，以一种没钱、没车、低成本的方法出发。一时之间，非主流的旅行方式跃上了主流，所有的年轻人突然都发觉，“搭便车”是一种可以执行的方案，只要你敢上路。

《迟到的间隔年》[1]一书则在2009年出版。它所引起的效应虽然没有《搭车去柏林》那么大，但是同样吹起了一阵涟漪。这本书记述了一个男生的旅程，从广州出发，原来预计要到印度旅游，没有想到扩展成一次亚洲之旅，更明确地说，以东南亚为主。而他在路上，还邂逅了另一个日本女孩，最后结婚，女孩成为他的妻子。这样的题材，一方面有着浪漫的美好意象（旅行、恋爱），另一方面，它所开启众人的是“间隔年”（gap year）的概念。虽然这个概念从国外引进，但经过作者的记述和媒体的倡导之后，年轻一辈尤其是大学生们突然发现，在大学毕业的时候，并不是如长辈所期待，只有立刻投入职场的这一条路，还包括有其他选项的可能，亦即在路上晃荡。

这两部作品无形中都宣扬了一种低成本的旅行花费，鼓励年轻人即刻上路。虽然背后的现实可能不全然是这么一回事（以谷岳来说，他的家庭背景至少是华裔美籍的水平），但是这在媒体的制作下吹起了一股风潮，让中国的年轻人看到，原来可以这样去生活。旅行不再是一种高成本、高消费的理解，它可以换个模式操作，用一点点钱就可以出发。而这些东西，全都能够体现在年轻人身上：没有钱，有时间，有精力，亦即所谓的穷游。因之，这几年网络上随处可见的各种旅游攻略，如雨后春笋般不断出现，教导众人怎么玩、怎么省钱，一时之间成为时尚流行，甚至还有网站就叫“穷游网”，以及在穷游网上书写旅行经验，进而成为人气版主的作者猫力，

[1] 孙东纯:《迟到的间隔年》，北京：中信出版社，2009年。

出书并且被封为穷游女神。但与此同时，随着此道兴起，各种相关的纷争或问题也跟着出现，正如一则热转的帖子是某个年轻的女生，独自出门穷游后失踪，引发了各种网络讨论❶。

对于 80 后来说，另一个更熟悉的身影、影响更大的则可能是作家韩寒。正如上述 F 所引用的网络名言“你连世界都没观过，你怎么会有世界观？”出自于电影《后会无期》。而这部电影，则是韩寒编剧和导演的处女作。一方面，这部电影采用了时下流行的元素，以一段一段的旅程和片段式的爱情铺展成一部公路电影，但另一方面，更重要的是，它之所以受到注目，是因为制作者主要是韩寒。他代表了中国 80 后新兴力量的崛起，是网络世代的代表人物。最早因为小说《三重门》大卖而受到注意，他的博客更因为揶揄嘲讽的谈论风格而备受关注，他个人则在 2010 年登上美国《时代》杂志封面。1982 年出生的韩寒，代表了一个年轻而躁动的中国，开始大胆地述说梦想，带着些许迷离而不安的姿态，敢说敢言，偶尔挑动着当权者的神经，但却不至于煽动。而他同时也是知名赛车手，在速度的驰骋上，有一种野性及移动性的象征。这些形象，让韩寒的一举一动都划出了另一个时代，同时也形塑出 80 后心中的集体意象。他们不至于彻底反抗现行体制，但却开始高声喧哗，要“做自己”。他的宣言“我想做什么和我要去哪里，都是我自己的选择”被广泛引述，成为新时代的个体座右铭❷。

但不可忽略的是，在 80 后以至于 90 后的成长背景中，有一个重要的政策，直接影响了这一代的青年，亦即，1980 年独生子女政策的实施。不论是 1990 年出生的 F，1988 年出生的 P，或者是 1984 年出生的 L，他们三人都是独生子女。而 Y 虽然不是独生子女，但是也成长于这样的气氛下。这一代长成的年轻人，开始受到父母亲、祖父母所有人的呵护，甚至是过度关注。正如 F 告诉我的，她的母亲永远围着她转，焦点只在她身上，以至于有一天她终于受不了，告诉她妈妈说，你可不可以有自己的朋友圈，自己多一点的生活？但另一方面，80 后的这一代，在独生子女的成长环境下，开始有了放大的自我，和上一个世代有所区分。若以 L 的话来说，亦

❶ 该文章标题是《漂亮的女孩，别死在美丽的进藏路上》参考网页：http://xingqu.baidu.com/p/ 3332558111

❷ Hannah Beech，*China's New Radicals*，转引自阎云翔。贺美德，鲁纳编著：《“自我”中国：现代中国社会中个体的崛起》，许烨芳等译，上海：上海译文出版社，2011 年，第 19 页。

即开始会做梦，坚持梦想，“就是体现自我。说白了，就是去做自己想做的事情”。对他来说，做自己想做的事，具有无比的重要性。在 L 的理解中，他的前一个世代，70 后的那些朋友，普遍是责任大于自我的，但是从他们这一代开始，自我大于责任。

六、他方的美好想象

从 70 后到 80 后，既跨越了两个世代，也是一个社会时间转换的历程。但有趣的是，他们不约而同地都选择了大理作为落脚的地点，出自于一个对于他方的美好想象。差别在于，若说 70 后是移居者，那么，80 后则较像是流浪者。

对于 70 后这一代人，既是中国新兴的中产，又同时是世代分布当中的中生代。累积了一定的资本与经济基础，生活大抵无虞，但也同时开始思考自己要什么。他们没有上一代 60 后历经“文革”时代的包袱，又同时经历了计划经济进入市场经济的转辙轨道，与上一代的生活感截然不同。一方面他们开始向外探索的过程，不时有机会到外地旅游甚至是出国，感受新事物。另一方面他们也开始向内探寻内心的世界，想要什么，需要什么，又或者不要什么。自主意识出现，欲望与渴望成形。但在日常生活里，又不能逸出轨道太多，以免辜负上一辈的期望。正如 J 告诉我的，对于他们这一代人来说，两边的肩膀各担负一部分，一边是现实考虑，另外一边是自我自由。

J 在 2011 年的时候，还在上海的外企工作。当时因为有两个月的假期，就去了一趟西班牙玩。回来之后决定辞工，因为他想把休息的时间延长。为此他又去了一趟台湾环岛。等到从台湾回到上海，他觉得既然都已经辞工了，不如干脆好好停下来一年，做一些自己喜欢的事。刚好一个老朋友来约他到云南登山，于是就相约出发。也因此顺带到了大理，他见了一些朋友。这一趟到大理，他发现可以过着自由自在的日子，没有约束。当时长租在客栈也很便宜，即使要开个小店赚一些生活所需也相对简单。来来去去两次后，他正式动念，决定搬到大理生活。

J 就这样转换了人生跑道。在理性的计算和感性的念头当中求取平衡。但更重要的是，除了个人的动念之外，能够真正落实执行还需要背后的推力。就如他最早刚来云南到访只想到旅游，并没有想到日后会移居。如同前面所述，20 世纪 90 年代末出现自助游的风气，所有人开始向外走，打开视野，但是还没有想到定居别处的可能性。

从移动到移居，这是一个转换的过程，伴随着社会的驱力。如J所说的，一开始因为身边“没有人这么做。一个人要搬过去显得非常突兀”。他们除了要考虑父母的意见、工作的情况之外，对城市生活也没有那么讨厌。当经济基础稳固了，生活同时遭遇到瓶颈的时候，他发现，认识的朋友已经陆续有人搬到大理居住。这一批朋友，和他年纪相近，有着相似的社经背景，但移居的更早，主要在2008年到2010年来到大理。J告诉我，他们原来“就是在城市里上班，也有点厌倦了，但他们又是比较早觉悟的，比较早地看到了一个开放的世界，然后觉得我要过安静一点的生活，空气质量各方面好一点的。所以三四个人，五六年前就一起过来了”。这些朋友，都有一定的经济基础，带着积蓄来到大理，并且通常都成了家，携家带眷地过来。到大理落脚之后，通常也会买房子安家，和前一代只身过来的移居者不同。[1] 有了这些朋友作为后盾，促使了J搬到大理，成为移居的引动力。

另一位受访者S，则是因为喜欢大理的慢节奏，决定离开杭州到大理。1969年出生的他，本身已经是沪杭地区十家青旅的老板，在大理开上一家餐吧却完全是个意外。起因于朋友找他合作及帮忙，为店家做规划设计，结果朋友因为生病，没法开店，他只好接手下来自己做。而他来到大理，最主要还是想要好好生活，找回以前在杭州的感觉。从2001年起，因为过年来拜访朋友，他当时就非常喜欢大理。有时候甚至一年来个两三趟，抽空过来走走住住。对他来说，大理很像20年前的杭州，是个从容的小天堂，现在的杭州已经变得节奏太快，车赶人赶时间赶。穿梭在时间之流当中，让人不自觉跟着这个强制的节奏在运作，但却有种不舒服的感觉。相较于在老家有种被推着走、被动驱前的感觉，大理则如他所形容，是“我自己想要的”，或者说，一种主动的感知，能够由自己掌握节奏，不疾不徐地前进。甚至有一种乌托邦世界的感觉。他还记得在2001年到2006年，那几年期间，人民路上有一间小店，就叫五十碗。店主本身是个做音乐出身的人，每天开店，只做五十碗面，卖完就结束，然后就和朋友在马路边

[1] 这些所谓的前一代，可以说是当代大理最早的移居者，他们通常是落单的，只身来到大理。一般被视为老嬉皮的状态，没有家底也没有钱，过着低成本的生活。但不少人有着丰沛的艺术创作力，也有一些人不见容于主流社会，因此辗转来到西南边疆，生活在这里一段时间。

谈谈唱唱。路上的人们即使本来不认识，也可以到临街的店家里随意坐坐聊聊，聊开了就自取酒水，畅所欲言。

然而，上述的移居现象中，并非只是单一面向的幸福快乐，也同时隐含着某种不安全感，在一个风险社会中生活。这种不安全感，表达了当代中国更大的社会脉络，亦即一波波不断发生的移民潮。这一股浪潮，可以再区分为“境内移民”和“境外移民”。大理这个地方，隶属于前者，亦即在中国境内的移居。后者则意指离开中国，移民到国外。对于这一代70后，他们通常已具有一定的经济条件。随着他们个别的条件程度，决定他们移民的可能性，包括移动的幅度范围。在访谈的过程中，受访者不约而同地提到这种移居现象背后的反思，或者无奈。在当前时常听闻的媒体报道中，无论这个现象被称之为富人移民或者是气候移民，所反映的都是民众对整体社会环境缺乏安全感。例如空气。在经济快速发展的情境下，雾霾已经成为城市生活共同的话题，以至于产生了气候移民，搬到一个相对干净的地方，比如大理。

以S来说，他便同时兼具了境内移民和境外移民的身份。身为境内移民，他觉得老家杭州的空气比起大理要差一些，这也是他搬到大理的原因之一。而他不少朋友，已经移居到美国或加拿大了，许久才回杭州一趟。若说S的境内移民是为了自己，择其所爱，那么，境外移民则是为了孩子，想给小孩多一个选择的机会和环境。为此他将孩子送到美国就读，每隔一段时间就飞去美国西岸看孩子，自己也已经取得美国公民的身份资格。我问他为什么不干脆搬去美国住，他说最主要还是为了小孩的教育，但自己还是习惯国内的生活，毕竟这是他生长一辈子的地方，一时半刻要走并不容易。除非哪一天真的不得不走，“给自己留个后路”。听得出他言谈中一丝丝的无奈。大理对他而言像是最后一块净土，但他觉得也说不准哪天可能会毁坏。

若说70后一代来大理是一种移居现象，那么，对于80后来说，来大理则是一种移动的表现，尚未定着下来。虽然他们都不断地“在路上”，但是他们也需要一个落脚的地方，或者说，作为一个根据地。大理的环境，刚好提供了这样的条件，一则远离自己的家乡，另则可以从这里往外围地区或其他国家去。

这些在大理落脚的年轻人，不少以摆摊维生，人民路是一个主要据点。对他们来说，摆摊的生活除了可以赚钱，另外一个吸引人的原因在于这里同时是个会遇（encounter）的地方，他们有机会遇到各种人，丰富自己的经验。就如 F 说的：

我的这种感受可能是因为我摆摊。像今天人很多，摆摊的很多，客人也很多，流动量很大，客人可能来一趟，就不会来第二趟。它会让你觉得，世界上有各种各样的人，如果你固定工作，你可能就只会接触到某一类的人，比如说我本来的工作是办签证，就是要出国的还有办公室里的那些人，但是，在外面，你做什么事情，遇到什么人都有，他对你的评价也都有，就是很多元。大理最大的优势在于，它的环境。第二大优势在于它的国际化和多元化。流动的人多嘛，各地的人多，然后包容性特别强，大理是个很包容的地方，它没有说要驱赶任何一个人，不接纳任何一个人。

对 F 来说，她认为人民路就是一种分享，不论是分享个人的故事经历或人格魅力，又或是分享自己的创作或穿着打扮，都可以纳入其中。她亦提到了国际化和多元化，这一点对于年轻一辈来说具有强烈吸引力。Y 之所以决定来到大理，也是因为同样的理由。当时她去了泰国、老挝、柬埔寨旅行，与不少外国朋友接触之后，转变为世界主义（cosmopolitan）的心态，中国不再是唯一的参照坐标，寻求经验的差异与自我发展的可能性变得非常重要，其中包括英语的学习与练习。对她来说，有机会把外语练好，就增加了出国见闻的途径，包括有一度她想申请去澳洲打工度假。当听说大理也有不少外国人长住时，她决定动身来大理生活：

这样子的信息带给你的时候，你还没有到这个地方，它反倒会让你觉得好开心，是因为你忽然间发现大理是一个很多元的地方，就是它不是只有中国人的地方，它是有很多的老外也喜欢待的地方，它的这种驴友（旅友）的这种氛围，就是说你可以摆地摊生活，它给你这种想象是很美好的，因为你也是一个在路上的人，你也是个旅行者，所以你会觉得这是一个很丰富的地方，你就会觉得你很想来。

对于年轻一辈而言，这种与外国人的交往互动，增添了一种美好的异国情调，而不再只是局限在本来的小世界里。但另一个原因是，大理还提供了一种“家”的意象。即使是流浪，也需要一个停驻点，让人可以休息。大理在地理位置上的便利性，让这些年轻人随时能够往返，如 P 说的，出去走一两个月，回到大理就像回到家一样。随着待的时间越久，建立起自己的朋友圈子，彼此之间可以交流，也提供情感上的慰藉。特别的是，在这个地方，对于“家”的感受来自于客栈。各个大大小小的客栈住着来来去去的人，有短租也有长租。短租的通常是来旅游几天的观光客，一般出现在旺季，但大理更多的是长租客，亦即不论淡旺季都在大理长住，如不少受访者都是。对于这些长住客来说，离开原生家庭来到这里，朋友之间的情谊进一步地取代了老家提供的联系，产生了一种暂时的拟家庭连带。这样的连带并不稳固，但是却符合当地的社交情境，流动而没有定著。

但在情感的依偎之外，更重要的潜在因素是，大理的生活条件并不算太高，让这些长租客可以住的下来。换言之，情感慰藉同时是伴随着物质根基的，在经济上能否负担是一个重要的考虑。对于这些年轻人来说，低消费成本是一个重要条件，其中吃和住是最主要的因素。虽然这几年物价和房价不断在上涨，但是，在大理，可以吃到五块钱的一餐素食。即使是肉菜，在不求好但能吃饱的情况下，八到十块钱能够解决一餐。以住宿来说，若不要求一定水平以上的房间，而只求能有栖居之所，那么，一个月三百块到四百块的客栈床位是可能的。这些低成本的基础，让年轻人有一个可以生存的地方。

以 P 为例，他在前几年刚到大理的时候，每天只需要花十块钱就可以吃两顿饭。一开始摆摊卖自己拍摄的风景明信片，随着时间过去，一方面他建立了客源，另一方面，他也建立了人脉，开始拍旅行摄影，亦即为那些来短期旅游的游客拍摄他们各种姿态的美照，主要取材自大理的自然风光。P 的情况，在大理并不算特例，而是反映了年轻一辈在大理的生活，追求随性、自在，有自己的样态。虽然 70 后的朋友曾对此提出批评，“那根本是提早退休的状态，没有斗志”。但是，80 后开始展现与上一个世代不一样的样貌，流动性的增强在他们身上清楚可见。

七、结论

在上述的文章中，可以看到，70 后作为移居者，能够搬迁到大理，开店、买房、定居，等等，事实上也代表了他们拥有一定的经济基础。而这样的经济基础，一方面来自于他们自身的能力，但另一方面，也来自于社会体制的转变，他们则是其中的受益者。在改革开放之后，从计划经济转成市场经济，职工隶属的单位制也逐渐被打破，原来必须依附在土地上的农民开始进入城市，新形态的社会流动增加，这些大规模的改变正好发生在 70 后长成的青壮时期。他们因此获取机会，在城市里落脚求学或工作。若加上本来的户口就在城市，拥有的资源也会比别人更多。在这样的背景下，70 后世代只要付出应有的努力，累积财富的可能性机会大增。在时间的轴线上，当他们积累一定的资本后，在 2009、2010 年之际，刚好也遇上大理作为一个热门地点的兴起。从旅游、观光到移居，整体的社会时间跟他们的生命时间符合，彼此扣连。

相对而言，80 后世代已经不再有体制内绝对的禁制。他们也成长于更富裕的社会环境，父母所给予的照顾和关爱也比以往更多。在生命历程中，他们正处于 20 多岁到 30 多岁的青年期，一切都还在变动中，也因此尚未固着。这使得他们可以宣称移动的自主性，并且强调是个人选择。但实质上，很重要的因素是因为社会流动的幅度大幅打开，跨地域和跨国的移动不若以往受到限制。他们在大理停留，通常也仍未确定接下来的行程和方向，而是过客的心态居多。社会时间的刻度还未在他们身上强烈框限，因此有随机、随性的特质表现。对他们来说，较像是流浪者的身份，是一种暂时栖居的状态，在后续的生涯中，他们会怎么发展，又会到哪里，仍有待观察其变化。

从 70 后到 80 后，开始表现出不同的社会性，或者如阎云翔[1]所说，一种新社会性的出现。亦即作为个体（而非作为家庭或其他社会群体的代表）的个人，他们之间的社会互动。如同上述，80 后一代的流动性增强，他们也更能接受人与人之间短暂的互动相遇，包括在大街上（例如人民路摆摊）和客栈里，随时有可能遇到新朋友并结交往来。这种会遇的经验，提供了一种新奇感和不可预测性。虽然原生家庭或出生地仍有一定的束缚力，但是他们离开自己的原居地，尝试拓展自己的社会网络，这也使得他们更有可能与陌生人连结，形成新的团体关系，例如把客栈当成住所，把大理当成第二个家（the second home），发展出新的我群意识。

在这种新的我群意识中，“我”意识因此显得更加突出。和 70 后相较，80 后一代更强调生活方式，而不只是生活机会。若说 70 后以一种中产阶级的姿态进驻大理，80 后则以一种屌丝的身份席卷而来，试着彰显自己的与众不同。这里头可能参差不齐，好坏不一，但这些并不重要，重要的是表现自己，界定自己。个体化在这里，正一步一步地推进。

另一方面，这种“在路上”的移动感，之所以能够汇集在大理，也因为大理提供了一个旅行文化的框架，赋予人们对于旅行正当性理所当然的

[1] 阎云翔:《中国社会的个体化》，陆洋等译，上海：上海译文出版社，2012 年，第 338 页。

想象。在大理作为一个历史名地、观光小镇之时，人们也将大理视为一个具有可容性的器皿（如上述80后所说的包容性、国际性），在此地暂居、移居，以这里为据点基地，向外延伸足迹。但是，旅行文化对本地的影响是好是坏，仍有待长期的观察。不同世代的新移民移居大理对当地带来什么发展，也有待长时间的评估。他们依然在路上，而这种移动所带来的社会关系与人际网络的变化，是接下来值得考量的面向。

On the Road: The Movement and Generation Difference of New Immigrant in the Ancient Town of Dali

Gao Yu

Abstract: This paper mainly discusses the movement of new immigrant in the ancient town of Dali, Yunnan. For the new immigrant groups in Dali, tourism has always been a trend and it is taken for granted. My argument points out that "tourism" is not a simple move or entertainment, but the specificity about the contemporary times. Therefore, from the perspective of generation difference and individualization, I discuss the new immigrants who move to Dali, how the life course they experienced and the social tracks behind them.

Keywords: new immigrants, generation, individualization, movement

Making Hangzhou the City of Cartoons and Animation: Cultural Intermediaries and Hangzhou's CICAF

RUAN LI

Abstract: Given that the 'in context' analysis helps to clarify who are cultural intermediaries, what they do and why they matter, this paper proposes to contextualize the function of cultural intermediaries in the formation of Hangzhou's CICAF (China International Cartoon and Animation Festival, 中国国际动漫节) and the grandiose plan of making 'Hangzhou the city of cartoon and animation' (杭州动漫之都) behind it. This paper proceeds with a brief overview of the case and related literature pertinent to understand the mechanism behind such space making as well as the historical, political and economic background in China. Then, by examining related cultural policies and documents issued by central and local governments, analyzing interviews with key initiators and minutes collected, this paper unpacks the conditions and networks, details the expertise at work and the impact it cast. It indicates that in the context of contemporary China, cultural intermediaries, experts and scholars, are neither passive bearers locked in China's 'top-down control ideology', nor people who rely on '*guanxi*', one's social network, completely. Cultural intermediaries, in the case of CICAF, are people who exert their know-how and networks to promote the festival, mediate among all forces involved and help them deploying the idea of creative economy and manipulating public imagination of space for local social and economic prosperity as well as individual development.

Keywords: cultural intermediaries; China; Hangzhou; '*guanxi*'; top-down; bottom-up

Since the beginning of the twenty-first century, China has witnessed a "creative fever," as it had been struggling to move from the low-cost labor-intensive "made in China" model to the high-tech and higher-value-added "created in China" one (Keane, 2006; Wen, 2012). One of the ways in which this is achieved has been through the production of "space" and industrial parks (O'Connor, 2007) in the hope that these projects will help regions "exploit [their] area of comparative advantage in the creative industries" (DCMS, 2008: 58).

Addressing the project-like character of the regional scale creative economy, Gibson (2015) argues that it opens up space for mediation of "culture" and "creativity," linking these themes to regional contexts in which cultural intermediaries play an indispensable role. Previous studies concerning various kinds of "space making" in China largely deny that space is negotiated, and downplay the active role played by cultural intermediaries. Instead, they focus on the "top-down" control and *guanxi*-oriented models of development (Wang, 2004; Kean, 2006; Wen, 2012). Further studies are required in order to address such contradictions, and to examine whether Gibson's concept of active cultural intermediaries can be applied to the foundations of China's creative economy, in which the creative class has been rendered passive recipients bound by state ideology, and living only for their own interests.

This paper aims to contextualize and identify the cultural intermediaries in the grandiose project of making "Hangzhou the city of cartoons and animation" and the formation of Hangzhou's China International Cartoon and Animation Festival (CICAF). As the capital of Zhejiang Province in Eastern China, Hangzhou is famous for its historic relics and the natural beauty embedded in its landscape. Since 2004, it started to label itself as a city of cartoons and animation (Hangzhou Tourism, 2014). The research for this paper explored whether the people forwarding this transformative project were performing as cultural intermediaries, and if so, who they are, and by what means their ambition was justified and realized.

To frame the discussion responding to these questions, this paper proceeds with a brief overview of the literature on and related to cultural intermediaries. Then, by examining the related cultural policy and documents issued by the central and local governments, the paper explores the historical, political, and economic backgrounds behind the space-making project of Hangzhou. Next, it introduces Hangzhou's space-making project and identifies the cultural intermediaries active in the project by referring to their life stories. Finally, by analyzing the collected minutes and interviews with key initiators and officers in China's cartoon and animation industry, the paper depicts the conditions, networks, and expertise at work in Hangzhou's space-making project.

Cultural intermediaries in "context"

The term "cultural intermediaries," is defined by Bourdieu (1984: 359) as "occupations involving presentation and representation" and "all the institutions providing symbolic goods and services" when "there is a new type of audience for certain cultural texts." However, Featherstone (1991) and Nixon (1997) go against Bourdieu, saying that "cultural intermediaries" not only refers to those people who mediate between producers and consumers, but also includes those who are involved in the creation of symbols.

Building on these ideas, Smith Maguire and Matthews (2012: 551-552) point out that, be it the mediation between producers and consumers, or between economy and culture, the "stratification and differentiation" may only be revealed when examined within particular context. Such an approach helps to identify the conditions that simultaneously constrain and enable cultural intermediaries' "expert roles in value formation processes" (Smith Maguire, Matthews 2012: 553). In other words, for the study of cultural intermediaries, context constitutes both the space for mediation and the boundaries of that space.

The idea of studying cultural intermediaries in-context sheds light on the inconsistency addressed earlier in this paper, namely between Gibson's active cultural intermediaries in a project-like, regional scale creative economy, and the broader study of China's space-making projects. Clearly, a coherent approach to studying cultural intermediaries in China's project-like creative economy demands the consideration not only of cultural intermediaries and their works, but also of the context they work within, both its boundaries and space. The following section elaborates the two seemingly contradictory studies mentioned above, in order to have a better understating of China's general context and the particular cultural intermediaries this paper is dealing with.

China's project-like creative economy

Studies of China's creative economy can be broadly divided into two categories. Some scholars adopt a macro-scale perspective, asserting that given China's different locales or "national and geopolitical forces" (Wang, 2004; Resister, 2006), the creative industries in China are characterized by a top-down control model (Keane, 2006), which local forces and the creative class are expected to respect (Wen, 2012). Referring to China's recent emphasis on its soft power and cultural competitiveness, Wen (2012: 283) argues that government plans are advertised as utopian visions catering to China's ideological reposition, rather than to the interests of local residents or to the convenience of the creative classes. Other scholars focus on China's urban context for creative industries, suggesting that rather than the individual's creative agency, it is *guanxi*, or in Wang's words the "deep pockets" and "networking capital with the state" possessed by members of the rising creative class, which plays the most important role in determining the direction of their relationship (Kean, 2006; Wang, 2004: 17). Rather than concentrating on the state's ideology control, Wang addresses China's recent commercialization and privatization of its state-owned sectors. Under such a transformation, there is a tenacious presence of the state accompanying the creative sectors' urgency to "*shang shi* [going for a stock market listing]" instead of being creative (Wang, 2004). Therefore, *guanxi* exerts its power in addressing the interests of both the creative and governing classes.

Highlighting the ever-present national forces and personal *guanxi* in the development of China's creative economy, the above approaches aim to help identify the unique national and urban context in China. Generally however, their advocates tend to be overly pessimistic. While Wang (2004) asserts that the creative class is driven by their own interests and is indifferent to public issues, Wen (2012) indicates that such top-oriented development will prevent China from catching up with the Western ethos of creativity, and Kean (2006; 2007) tends to be more worried about these changes, saying that current development initiatives may end up just as China's New Great Leap Forward did. While granting that they try to make their points, the authors still fail to recognize that the constraints of their chosen context have in fact become a site for cultural intermediaries to work within, an argument posited by Gibson (2015).

Cultural intermediaries in the project-like creative economy

The cultural intermediaries in this study are discussed largely in reference to Gibson's argument, introduced above. Although Gibson does not base his studies in China, he does focus on cultural intermediaries in the creative economy taken as a project; in this sense, his work contains echoes of recent developments in China's creative economy. According to Gibson, the development of the project-like regional economy would be impossible without the presence of individuals equipped with the proper professional knowledge to link certain values to a regional context and to justify their actions.

In Gibson's formulation, there are academics that research the particularity of the creative economy in regional contexts. These academics become expert intermediaries who are validated by others and invited by the "authorities" to perform their "expertise" (2015: 479). Thus, for Gibson, academics, as expert intermediaries, "are active agents in making the creative economy 'known,' drawing boundaries around the regional context, and translating discourses for and with policy-makers" (2015: 476). In other words, they are in an ideal position to circulate the concept of the creative economy.

Two points need to be emphasized here. First, Gibson is calling for full acknowledgment of academics' roles as expert intermediaries, and serious consideration of the sort of transformative agenda they wish to pursue if given such a privilege. Second, Gibson does not limit such expertise to academics of the creative economy alone. His concept offers a general definition of who cultural intermediaries are and how they manage to mediate the creative economy; but this definition still needs to be better theorized and refined to fit the context in China.

This paper address cultural intermediaries in Hangzhou's space-making project through an in-context perspective, which examines how individuals are constrained and enabled by their contexts, and their performances as intermediaries in these contexts. The constraints and the role of cultural intermediaries become equally important. The studies discussed above indicate that China's project-like regional creative economy is highly influenced by the ever-present national force, and by personal *guanxi*. While such contexts constitute constraints on China's creative economy, they also become the site for individuals like academics or experts to mediate within. Bearing these contexts in mind, the following section outlines the historical, political, and economic background behind Hangzhou's space-making project, in order to demonstrate that national forces, regional concerns, and personal *guanxi* all must be addressed by cultural intermediaries.

The context of Hangzhou's space-making project

China's government-led reforms at work in the creative economy

To address the background, one first needs to trace the trajectory of China's government-led economic and social reforms. The reforms started from Deng's "four modernizations" : modernization of agriculture, industry, science and technology, and the military. From the 1960s to the 1970s, China was obsessed with materialism and tried to modernize itself through the promotion of productivity. In the 1980s, the spiritual-material dialect gradually appeared, as witnessed by the opening-up of policy, the state's decentralization of the cultural sphere, the "cultural fever," and the rehabilitation of commercial culture as a weapon against collectivism. In the 1990s, with the development of the socialist market economy, the Communist Party of China began cultural reform and tried to separate the cultural industry from cultural undertakings. Around the end of the 1990s and the beginning of Twenty-First Century, China began to feel an urgency to mature beyond the low-cost "Made in China" model of development that the cultural reform had inculcated.

The transition towards a "created in China" model necessarily encountered the trend of consumption based on differentiation (Harvey, 1989; Baudrillard (1998), which is well illustrated by the creative economy. Creative economy became a popular international project and a "traveling discourse" (Wang, 2004:

9-14) after the Department of Culture, Media and Sport (DCMS) of the United Kingdom issued the Creative Industries Mapping Document and launched its "Cool Britannia" Creative Industries Mapping Document (DCMS, 1998). Creative industries, a term formally defined by a UK minister, was used in 1998 with the aim of proving that creative and intelligent, or artistic works contribute to the dynamic of British economic performance (Throsby, 2001: 114); the concept was then used to spearhead a policy to rejuvenate Britain's depressed post-industrial economies (Rossiter, 2006: 367). Ever since, creative economies have thrived in many European countries, and the concept has appealed to countries all over the world.

When the international traveling discourse of creative economy arrived in China, the nation soon witnessed a "creative fever" with a slight twist on the name: cultural industries in order to accommodate the state's cultural reform discussed above. In 2002, the term "cultural industries" was officially proposed in the *Recommendations (jianyi) for the National 10th Five-Year Plan*, which indicates the government's intention to emphasize domestic cultural products and contents as a new growth point. The state selected the following categories as key industries, which enjoy policy and financial support: cartoons and animation, games, films, publications, and tourism.

China International Cartoon and Animation Festival: Making Hangzhou a city of cartoons and animation

Catering for the creative fever initiated by the state, regional governments started to vie against one another for comparative advantages and competitively bid for the state's support. In 2000, the Communist Party of China (CPC) Zhejiang Province Committee issued the *outline of establishing Zhejiang as a province of culture* (2001-2020). Then, in 2004, in response to appeals from the "province of culture" project as well as the central government's promotion of domestic cartoons and animation, the Hangzhou municipal government launched a project, with a package of plans to make Hangzhou the city of cartoons and animation.

Among its many projects, Hangzhou's CICAF, which first began in

2005, is the most eye-catching. In fact, credit for Hangzhou's claim to be a city of cartoons and animation largely belongs to CICAF. As the only state-level and international cartoon and animation festival in China, the CICAF won fame at its very outset. In 2005, the State Administration of Radio, Film and Television (SARFT) and Zhejiang provincial governments co-sponsored the first CICAF. In the past 10 years, the CICAF has gradually grown in scale and influence. In 2006, when cultural industries were formally promoted in China's 11th Five-Year Plan, the animation sector was selected as one of the nine most important sectors in cultural industries, and the CICAF was listed as one of the most important national cultural tasks. The CICAF was also listed as one of the most important transaction platforms for the going out (*zouchuqu*) of Chinese culture in China's 12th Five-Year Plan for Cultural Reform and Development, in 2012.

The CICAF has been held for 11 consecutive years in Hangzhou, since 2005, and includes four major components: exhibitions, competitions, forums, and activities.

Covering almost all of the necessary sectors in the cartoon and animation industry, the CICAF not only kick-started the cartoon and animation industry in Hangzhou (Pan, 2012) but also helped Hangzhou establish its own developmental model for incubating cultural and creative industries (Fan, 2015). While the event attracted a mere 120,000 visitors in 2005, this number increased to an impressive 1.4 million by 2015 (CICAF, 2015; Zheng, 2014). One way the CICAF broadened its appeal was to invite famous cartoonists and animators, such as Ron Chu and Tsai Chi Chung, to locate their studios in the White Horse Lake area, in Hangzhou. With such promising results, the CICAF claims to make Hangzhou a Mecca for cartoon and animation fans and professionals, as well as a hub for related creative and cultural industries in Mainland China.

TABLE 1 Timeline of the Governmental Cultural Policy and Documents

Year	Bodies	Documents & Events	Indications
1988	The State Council	Regulation for the Cultural Market	Cultural Market was formally defined
2000	The State Council	Recommendations (*jianyi*) for the National 10th Five-Year Plan	Cultural industries was formally proposed
2002	The State Council	Report of the 16th Party Congress	Propose to develop both cultural industries(*chanye*) and cultural institutions/undertakings (*shiye*)
2003	The State Council	Third Session of 16th Party Congress	Encourage the coordinated development of cultural industries (*chanye*) and cultural institutions/ undertakings (*shiye*)
2004	The Communist Party of China (CPC) Central Committee; the State Council	Opinions on Further Strengthening and Improving the Ideological and Moral Constructs of Minors	Develop domestic animation for children
	SARFT	Opinions for (China's)Film and Animation Industries Development	Prohibit The broadcasting of overseas animated cartoon
	SARFT	Decision on Establishing First Group of National Animation Industrial Bases	CPC Hangzhou High-Tech Industrial Development Zone was selected as one of the First Group of National Animation Industrial Bases
	SARFT	Decision on Establishing First Group of National Animation Teaching and Research Bases	The China Academy of Art was selected as one of Animation and Teaching and Research Bases
	SARFT	Notice of Broadcasting Measures of Excellent Domestic produced Animation	SARFT encourages the creativity of domestic cartoon and animation sector
2005	SARFT	Bidding for the 1st CICAF	Hangzhou won the bid to host the 1st CICAF
	The State Council	Measures for Domestic Animated Production Development	Support domestic animation
	Ministry of Culture	(Recommendation Letter) The People's Republic of China Innovation Award for the Forum of the 1st CICAF	
	The State Council	Outline of the 11th Five-year Plan for National Culture Development	Cultural and Creative industries was formally addressed
	The State Council	Opinions on Supporting the Development of the Animation Sector	Animation Sector became one of the 9 most important sectors in Cultural Industries

（续表）

Year	Bodies	Documents & Events	Indications
	SARFT	Hangzhou became the host city for CICAF	
2007		17th Party Congress	Propose to develop China's soft power
2009	The State Council	Plan on Reinvigoration of the Cultural Industry	Cultural industries development was formed as China's national strategy
2010	The State Council	Opinions on the 12th Five-year Plan for National Economy and Social Development; Fifth Session of the 17th Party Congress	Cultural industries was formally framed as China's pillar industry

Table 1, which outlines related government policies, documents and events, is a valuable contribution to understanding the national, political and economic context of Hangzhou's space-making project. Referring to Table 1, clearly, Hangzhou's space-making project and the CICAF were highly coordinated by China's government-led reforms, which have been promoting cultural industries, as well as domestic cartoons and animation. Yet it is the CICAF, rather than the state, that has been transforming Hangzhou into a city of cartoons and animation. Where then did the CICAF come from? How were cartoons and animation linked to the city of Hangzhou in the first place? What are the constraints that needed to be addressed? And, most importantly, who are the people mediating these different factors?

Cultural intermediaries in the formation of the CICAF: Who and how

Zhao is a research assistant at the Cultural Development Institution of the Communication University of China. He has worked with governments and institutions, and taken part in projects, including the recent "One Belt One Road" project, to forward national or regional cultural industries. According to Zhao, *zhiku*—academics, talents, and experts of cultural industries in teams or in person—is indispensable in matching a state's policy to the proper regional context, and vice versa. Zhao's idea of "*zhiku*" echoes Gibson's idea of academics functioning as expert intermediaries, indicating the necessity of examining the role of cultural intermediaries in the given case. In the process of transferring a state's guidelines into a specific regional project and local event, who are the *zhiku,* or expert intermediaries, that negotiate between the state and regional scales?

In the first CICAF, co-sponsored by the SARFA and Zhejiang provincial government, the festival was actually initiated and run by the CICAF's festival exhibition office, comprising officials from Hangzhou's municipal government, including the Hangzhou Municipal Administration of Radio, Film and Television, as well as professors from the China Academy of Art. Examining the progress of the projects and the collected minutes of the preparation meetings, Chao Lin, the dean of the film and animation department at the China Academy of Art, stands out as one of the most important actors, and a key cultural intermediary in the formation of the first CICAF. The following sections describe Lin and how he performs as an expert cultural intermediary.

Lin, the initiator of the CICAF

Lin's artistic life as an editor, cartoonist, and professor began after 1972. His works were selected for many art exhibitions thereafter. His artistic investments won him the opportunity to be the art editor of Fujian's pictorial of workers, peasants, and soldiers, and then to be enrolled in the Zhejiang Academy of Art in 1978. As soon as he graduated in 1982, Lin joined Fujian People's Publishing House as an editor of cartoons and comics. He was appointed as the initiator and then the editor and corporate representative of Fujian Art Press in 1985 and 1991, respectively.

The year 1998 was a turning point for Lin, as the Paragon Book Gallery in Chicago, the biggest press company for Asian Art in North America, invited and employed him as their associate editor. Meanwhile, he also became a consultant for the Asian art and Media Foundation of Columbia University. Finishing his term at the Paragon Book Gallery, in 2002, Lin went back to Hangzhou and was appointed by the China Academy of Art to participate in the initiation of its new film and animation department. According to Lin, although he used to paint and create comics, he was new to animation. He asked for help from his friends in China as well as abroad, and learned animation techniques and procedures. Meanwhile, he also conducted research concerning the animation industries, both in Mainland China and abroad.

Lin's early investment and academic training, as well as his work experiences at home and abroad all contributed to his career success and enabled him to be selected as one of the core members of the CICAF executive office.

Lin stated that the idea of the CICAF most likely came into being when he visited a friend, a central government official, in Beijing, around 2003:

> 'My friend mentioned that the central government is now promoting cultural industries, including the cartoon and animation industry in China. And he asked whether I am working to establish the animation department in the China Academy of Art, and what do I think (confronting this situation). I confirmed him that the school has asked me to set up an animation department, so I am working on it, and it would be ideal that my school provides first-class animation education in the future. Then, I asked him, what about (holding) an animation forum, event, festival, or "theme park" like Disneyland, which helps schools learn from the best while at the same time attracting tourists and helping the local economy? He agreed with me and said that would be great, and it will be better if it is an international event.' (Lin, 2011)

By saying the above, Lin by no means claims that he initiated the CICAF. Rather, he states that his advice may have given his friend in the central government some inspiration regarding the possibility and benefits of having an animation festival. Reading between the lines, one may assume that Lin's friends indicated that the state values cultural industries as well as its animation sector, but that the state did not have any clear ideas regarding how to achieve this. This official subsequently encouraged Lin to offer suggestions and indicated the possibility of cooperation on the project; Lin's response shows his willingness to cooperate, and, furthermore, by proposing to establish an event that promoted animation, he offered a concrete solution that is beneficial to his own career, his department and school, his friend (the official), and the State. Instead of a casual dialogue between two individuals, this shows an exchange of intention and recourse between national and local forces, which in this case are represented by individuals.

Besides distributing information and providing inspiration, Lin also performed as an intermediary by transforming a hypothetical concept into a reality. In order to do so, Lin needed to fully accommodate the requests from the state, and justify Hangzhou as the location of China's cartoon and animation industry and the rightful host of its national and international cartoon and animation event. He had to link "cartoon and animation" into Hangzhou in order to give it an advantage in gaining legitimacy from the state. It was also necessary for him to address the interests interspersed within all kinds of *guanxi* related to the project.

To initiate by justification

According to Lin, China's animation industries started around 2000, at which point there were only a few sophisticated animation companies in the Hunan and Yangtze River Delta area. These companies were either targeted at the children in China or working for foreign animation companies on post-production. Meanwhile, educational and training institutions for cartoons and animation were completely lacking in the area. Consequently, the current quality of domestic animation is poor, and the domestic market has been dominated by other countries, most notably Japan and the United State of America. In other words, China's cartoon and animation industry was at a primal stage, and all of the related sectors were underdeveloped. Compared to metropolitan cities such as Shanghai and Guangzhou, it was already late for Hangzhou's cartoon and animation market to become competitive.

From 2003 to 2005, Lin began to work with the Zhejiang provincial government and the Hangzhou municipal government to draw up documents establishing Hangzhou as a city of cartoons and animation. Lin was also instrumental in developing the China Academy of Art as a base of animation production, training, and research, in response to the national agenda to develop the cultural industries and the provincial agenda to promote Zhejiang as a "Province of Culture."

In these documents, Lin addresses the necessity of having a cartoon and animation event. Given that the state aims to revive China's cartoon and animation industry against imported media contents, a center for animation education and research at the China Academy of Art is indispensable, and the development of the animation industry as a whole is urgent. As the quantity and quality of domestic animated products increase, a platform is required to exhibit the results and to promote communication and competition. However, be it the establishment of the China Academy of Art's film and animation department or the prosperity of Hangzhou's cartoon and animation industry, it seems that there is still more to be desired. These industries still need years to be fully cultivated, thrive, and thus be recognized by the public. For Lin, a platform was not enough. He came to decide that a festival would allow Hangzhou to showcase its cartoon and animation prowess. Referencing the Cannes International Film Festival as one example, Lin argues that the value of festivals and exhibitions lies in their power to nurture potential support; and once they become famous, they can allow a city to thrive, even without an attendant film-production industry (2011).

Lin identified four advantages for Hangzhou to host the CICAF, making it a city of cartoon and animation, and then helped to promote Zhejiang as a province of culture. First, he emphasized that Hangzhou outweighs other cities as a hub for animation education and production. Besides China Academy of Art, the Zhejiang University of Media and Communication also established a department for cartoon and animation around 2000, which gave Hangzhou comparative advantages in the training of talents. Moreover, in 2004, the China Academy of Art worked with other Shanghai Media Group to produce its original animation "Change Bengyue," which made it the leading animation education institution in China.

Second, Lin argued that Hangzhou has the potential to be the hub for a domestic cartoon and animation industry. He reasons that the region benefits from the sophisticated commodities market of its neighbor region Yiwu. Locating the CICAF in Hangzhou would clearly boost the development of the industry in an area already prepared for such an expansion.

Third, Lin stressed that he could distinguish the international status of the CICAF by inviting foreign guests through his personal network, and by holding an international forum at the festival. Lin invited 35 industry elites and professionals from America, Britain, Canada, Germany, France, Japan, Korea, and Singapore, to the forum, largely through his personal network. The guests came from famous international animation companies, including America's *Disney* and *Pixar*, Japan's *Shokakukan*, and Korea's SUNWOO; there were also scholars and representatives from various kinds of international cartoon and animation institutions, universities, and media. The numbers and the quality of the guests invited for the first forum held in 2005 were record-breaking, even compared to those of the following year.

Finally, amidst confusion about how to make Hangzhou more fresh and appealing, Lin proposed converting the region's space-making campaign into an attraction for the public. Yamamura, citing the case of visible cultural heritage made by animation in Shiga Japan, argues that popular culture, such as cartoons and animation, never goes against traditional culture and the landscapes of heritage; rather, popular culture not only celebrates and renegotiates the value of the past but also transfers the "popular" and the living landscapes into heritage for the future (2015: 14-15). Similar to Yamamura's argument, Lin mentions that cartoons and animation, or other modes of popular culture, are forms that need to be supplied with contents, of which Hangzhou could take advantage. That is to say, for Lin, as a cultural intermediary, the mediating process was to creatively modify or rework Hangzhou's dense cultural, historical, and scenic heritage in the form of cartoons and animation. As a result of translating and tailoring his proposal into a reasonable and trend-appropriate alternative for governments from the central to the local levels, Lin's justification successfully helped Hangzhou to become the host of the CICAF.

TABLE 2 Timeline of Lin's Account and the Governmental Cultural Policy and Documents

Year	Bodies	Documents and Events	Indications
1988	The State Council	Regulation for the Cultural Market	Cultural market was formally defined
2000		Recommendations *(jianyi)* for the National 10th Five-Year Plan	Cultural industries were formally proposed
2002		Report of the 16th Party Congress	Proposal to develop both cultural industries (*chanye*) and cultural institutions/undertakings (*shiye*)
2003		Third Session of 16th Party Congress	Encourage the coordinated development of cultural industries (*chanye*) and cultural institutions/undertakings *(shiye*)
2004	The Communist Party of China (CPC) Central Committee; the State Council	Opinions on Further Strengthening and Improving the Ideological and Moral Constructs of Minors	Develop domestic animation for children
	SARFT	Opinions for (China's)Film and Animation Industries Development	Prohibit the broadcasting of overseas animated cartoon
	The China Academy of Art	Press Release for the Signing Ceremony for Co-Production of Animation Change Bengyue by the China Academy of Art and Shanghai Media Group	
	Hangzhou Municipal Administration of Radio, Film and Television	On the Animation Industries in Hangzhou	Highlight Hangzhou's advantages as a hub for animation industries
	The China Academy of Art	Making Hangzhou the City of Cartoons and Animation, Zhejiang the Province of Culture: Opinions on Building a Province of Culture	
	The China Academy of Art; Zhejiang Provincial Propaganda Department/ Municipal Officers	Panel Discussion on Making Hangzhou a City of Animation	
	The China Academy of Art	Discussion on Integration of Teaching, Research and Production	

（续表）

Year	Bodies	Documents and Events	Indications
	The China Academy of Art	Making Hangzhou the City of Cartoons and Animation-Guideline for Building Hangzhou International Digital and Entertainment Industries Base	
	The China Academy of Art	Request for Applying National Animation Teaching and Training Base	
	Lin in Hangzhou Municipal Government Beijing Office	Meeting on the Details of the Festivals	
	The China Academy of Art	(Teaching, Research and Production integrated) Syllabus of Animation School of the China Academy of Art	
	The China Academy of Art	Application for National Animation Teaching and Training Base	
	SARFT	Decision on Establishing First Group of National Animation Industrial Bases	CPC Hangzhou High-Tech Industrial Development Zone was selected as one of the First Group of National Animation Industrial Bases
	SARFT	Decision on Establishing First Group of National Animation Teaching and Research Bases	The China Academy of Art was selected as one of Animation and Teaching and Research Bases
	SARFT	Notice of Broadcasting Measures of Excellent Domestic produced Animation	SARFT encourages the creativity of the domestic cartoon and animation sector
2005	SARFT	Bidding for the 1st CICAF	Hangzhou won the bid to host the 1st CICAF
	Committee of CPC Hangzhou High-Tech Industrial Development Zone; Manage Committee of Hangzhou Municipal High-Tech Industrial Development Zone	Opinions on Promote and Support Animation Sector by Hangzhou Municipal High-Tech Industrial Development Zone	
	The China Academy of Art	On the Leading Group for the 1st CICAF Summit Forum	

Year	Bodies	Documents and Events	Indications
	The State Council	Measures for Domestic Animated Production Development	Support domestic animation
	The China Academy of Art	Guideline and List of Guests for the Summit Forum of China Cartoon, Animation and Game Industries	
	The China Academy of Art	Guideline for Summit Forum of China Cartoon, Animation and Game Industries	
	Ministry of Culture	(Recommendation Letter) The People's Republic of China Innovation Award for the Forum of the 1st CICAF	
	The State Council	Outline of the 11th Five-year Plan for National Culture Development	Cultural and creative industries were formally addressed
	The State Council	Opinions on Supporting the Development of the Animation Sector	Animation Sector became one of the nine most important sectors in cultural industries
	SARFT	Hangzhou became the host city for CICAF	
2007		17th Party Congress	Proposal to develop China's soft power
2009	The State Council	Plan on Reinvigoration of the Cultural Industry	Cultural industries development was formed as China's national strategy
2010		Opinions on the 12th Five-year Plan for National Economy and Social Development; Fifth Session of the 17th Party Congress	"Cultural industries" was formally framed as China's pillar industry

*The gray part is based on the materials provided by Lin.

Table 2 combines Lin's rationales with the national documents and policies addressed above. Clearly, linking a regional project to a government-led reform provides a site for mediation. Lin performed as a cultural intermediary and actively remained within the project. Benefitting from his expertise, Lin translated a state reform into a practical and favorable local project, sold it by integrating all of the related interests into a platform and event called the CICAF, and justified Hangzhou as the host for the event. In Lin's case, the CICAF and Hangzhou's space-making could even become a case of the bottom-up model of development, in which the state relies on creative individuals and intellectuals for advice, solutions, and mediation. Consequently, it could be argued that such mediation actually upsets the perceived "top-down" hierarchy and transforms its actors into agents that justify the cultural production of Hangzhou as a city of cartoons and animation.

To Address the "guanxi" (关系) by maximizing the interests of all

While Hangzhou's space-making project opens up territory for Lin to mediate within, his doing so also pertains to the many *guanxi* and their interests involved. Lin's account concerning how the CICAF has been realized from a concept into a state-level international cartoon and animation event also sheds light on the issue of how all kinds of *guanxi* were addressed through the mediation. In order to have a better understanding of this interaction, the meeting minutes provided by Lin concerning the origin of the CICAF will be analyzed. The minutes record the discussion between the provincial government, the municipal government, and the China Academy of Art in 2004, after Lin proposed to make Zhejiang a province of culture by establishing Hangzhou as a city of cartoons and animation in 2004.

> Provincial official: The provincial government values your [China Academy of Art] advice about making Hangzhou a city of animation...we would like to share our information with you and learn more about your idea...
>
> China Academy of Art:...We know that the central government and the provincial government value animation production, and, indeed, China has a rich cultural resource for both artistic and industrial animation production ... Hangzhou has a long history... The China Academy of Art and Zhejiang University have educational recourse... combining these together, it is possible to make Hangzhou a city of animation... in fact, our teacher and students made some animations, but they could not find a channel to broadcast them.
>
> Provencal official: If you have great animations, you can give them to me now, and we can find a channel to broadcast your works.

China Academic of Art: ...still, we lack creative talent and the support from the central government.

Provincial official:... I have been working in Beijing for one year. The provincial government has not supported the animation sector because the central government has not paid enough attention to this sector... but it is different now; both the central and provincial governments value the animation sector... we hope that large enterprises could join the market... while at the same time, we hope you can speed up the disciplinary construction of animation education and research...

Lin: Yes, it would be better to promote animation education and production simultaneously... and China's low costs [of labor and thus animation production] do contribute to China's animation industries... However, so far, there isn't any successful case nationwide...

Provincial official:... the central government plans to build four or five animation bases. I think the Bingjiang area could be the animation industry base for production and that you could become the base of animation research and training... then, we hope we can have an animation festival.

Municipal official:... compared to other provinces and cities, Hangzhou does not have any advantage in the cartoon and animation industry... So, it is important that the China Academy work with us. Most importantly, we need to build a platform.

Provincial official: The animation industry is very important. It has cultural meaning because it is a cultural content itself; it has economic meaning as it will provide a new profitable point. It also has political meaning as it helps to promote the traditional culture of China...

[The provincial and municipal officials leave.]

China Academy of Art: Establishing Hangzhou as the city of animation not only helps the provincial government to push forward cultural reform but also provides a new economic growth point... it is beneficial for the provincial and municipal government as well as our school...So, it is a great opportunity for us. Since we share the same ambition as the provincial government, it is possible that they will increase financial support for our new campus... and our animation department will officially form at the end of this year. (Panel Discussion on Making Hangzhou a City of Animation)

From the above excerpt of the minutes as well as the previously addressed dialogue, there are layers of interest from different central and local forces that need to be clarified.

First, for the central government, clearly, cultural industries and the animation sector are highly valued regarding national cultural reforms.

Second, the provincial government tried to respond to the central government by establishing Zhejiang as a province of culture, and Lin's report about making Hangzhou a city of cartoons and animation helped them orientate their works. This is possible for the provincial government because animation has multiple vectors of influence—it is important culturally, economically, and politically. Networking with the central government, the provincial government learns about the state's intention to build up several industrial bases. By informing the municipal government and the China Academy of Art, it is explicitly asking for their support.

Third, the municipal government also wants to compete with other cities in this "creative fever," both culturally and economically. In order to achieve this goal, they more than ever need assistance from the China Academy of Art, which can provide solutions and guide them as they navigate within the sphere of cultural industries.

Fourth, the China Academy of Art is working on establishing its animation department and constructing a new campus, both of which need to be financed in some manner.

Lin stands in the midst of these complex intersections of power and interests from the central and local governments. As a talent imported by the China Academy of Art to build up the animation department, his entire career not only depends on his knowledge and creativity but, more importantly, on resources and support from both local and national forces. Lin drafted almost all of the documents and plans that helped establish Hangzhou as a city of cartoons and animation, created the China Academy of Art as one of the national bases for animation research and teaching, and enabled Hangzhou to win the bid for the

CICAF. After that, he also worked for the Summit Forum of the 1st CICAF, drawing up plans and inviting international guests.

Of course, Lin has a network in the local and provincial governments as well as the institutions. However, neither oriented by his own interests and profits nor passively implementing orders from the "top," Lin actively exerts his agency, uses his networks, and attempts to help different forces negotiate with one another; thus, he helps maximize the interests of all. In this case, *guanxi* became a device that could only exert its influence with proper cultural intermediaries, like Lin, who possess the correct and consummate expertise for that specific field.

Tian, the planning executive of the CICAF's cosplay competition

Tian is another important figure in selling Hangzhou as a city of cartoons and animation. She has been in charge of one of the most important events in the CICAF--cosplay. Cosplay, as defined by Professor Peirson-Smith, "is the trend for young adults in Hong Kong and Southeast Asia to dress up in themed costumes assuming the personae of characters from Japanese comic books (manga) and animated cartoons (anime), video games, and pop music bands" (2013: 77). Given that cosplay forms vary between regions and countries, it can be seen as a way of role-playing according to the stories and characters in certain context-specific "texts." Given their abnormality, cosplay events are always the most popular and eye-catching of animation events, and this is indeed the case for the cosplay competition at the CICAF. Tian has been the organizer of the cosplay competition at the CICAF for 10 years, and has thus contributed to the campaign to make Hangzhou a city of cartoons and animation.

Born in Hangzhou in the early 1980s, Tian, as well as her friends, grew up enjoying all kinds of Japanese manga, cartoons, and animation. When she went to college, appreciating and talking about those characters and stories were no longer sufficient; she began to cosplay and joined the first cosplay communities in Hangzhou. These groups made their own costumes and props and role-played within their communities and also took part in small-scale local animation events. Upon graduating from college, she became the editor of the animation section of Hangzhou Daily's website. While working full-time as an editor, Tian continued to enact cosplay with her friends in her free time. Soon, Tian's cosplay gave her the opportunity to attend the second World Cosplay Summit in Japan as one of the representatives for the Chinese team. The experience enabled her to meet cosplayers and event organizers from around the world, which in turn helped evolve her cosplay network from the local to the international.

Similar to Lin, the investment and experience both at home and abroad gave Tian the chance to establish herself and to build a network with cosplayers and organizers. When the Hangzhou municipal government wished to hold a cosplay event at the CICAF, Hangzhou Daily, the public institution (事业单位) Tian worked for, was selected as the organizer of the competition, and Tian was appointed as planning executive. Tian is indispensable for the event. At the venue, she is always on the move, and everyone seems to look for her. One of the foreign organizers said that "She is the sun; the event just can't afford to live without her." Thus, for the past 10 years, Tian has taken charge of one of the most eye-catching events in the CICAF—the China Cosplay Summit-expanding it to become one of the largest cosplay competitions in China, and, by inviting foreign cosplayers through her network in Japan, made it an international event as well.

Besides working as the editor of the animation section in Hangzhou Daily, Tian also organizes cosplay events of all kinds during her free time, although she does not always get paid for her work. This was the case with her job at the CICAF. Tian needs to work full time for Hangzhou Daily while managing her extra projects, namely the CICAF, without extra rewards or compensation. However, Tian (2012) said that she has fun doing so. By mobilizing the network and resources she has accumulated, she also started her own business last year, selling derivative products related to animation at the CICAF.

Expert intermediaries: Translation in-between

Although Lin and Tian are two starkly different individuals, they nevertheless share certain characteristics as cultural intermediaries. Comparing these similarities may help to clarify what qualities constitute a cultural intermediary in Hangzhou. For the purposes of discussing Lin and Tian, the term "cultural intermediaries" used in this paper is neither entirely that of Bourdieu nor that of Featherstone and Nixon, but instead more closely resembles Gibson's formulation.

Gibson emphasizes the active role that academics play as expert-intermediaries in collaborating for and "with decision-makers to discard inappropriate theories," to "differentiate policy jargon" from "well-established vocabulary," to "translate academic concepts into policy recommendations," and to work on "developing dialogues with urban and regional decision-makers" (2015: 477-479). Applying Gibson's concept of expert intermediaries to Hangzhou's space-making project, Lin and Tian become Gibson's active "academics," if only with different types of expertise. They not only work for and with regional decision makers, but also with institutions and governments at all levels to better deploy the idea of the creative economy, by depicting Hangzhou as a city of cartoons and animation.

In Lin's case, his early investment, professional training, experience both at home and abroad, know-how, and social network all constitute his expertise. Such expertise—both professional training and personal insight—helped him see the possibility for Hangzhou to develop its cartoon and animation industry. Operating at the intersection of government, academic, market, and public interests, Lin rationally translated the state's intentions into a plan of making Hangzhou a city of cartoons and animation. Meanwhile, he managed to get legitimation from the state and further validate it by adding an international touch, which in turn helped the CICAF enlarge its impact. His translation not only responds to the trend of the creative economy, but also caters to his own interests, as well as the China Academy of Art, governments, and the public.

Tian also developed her expertise as she grew up as a fan of animation, and gradually established herself as a professional cosplayer and editor. Her experience and network enabled her to foresee the government's interests and intended direction, which she took advantage of to develop her own business.

These cultural intermediaries are expert intermediaries. They possess irreplaceable, specific know-how and related networks, and they mediate among producers, audiences, and all related forces involved in the cultural discourse, in order to make said discourse better known and maximize the interests of all.

Their mediation is not only horizontal but also vertical, and it crosses boundaries. Through such mediation, they develop dialogues with and between all actors, translate their expertise into recommendations, and transform constraints by turning the top into actors and *guanxi* into devices. Moreover, by taking advantage of their experience as cultural intermediaries, these actors seized opportunities and contributed invaluably to the creative economy as symbol makers and producers.

Conclusion

When China's government-led reform encountered the arrival of the "creative economy," Hangzhou was transformed into a cultural product that serves to reproduce the consumer economy and respond to China's modernization process by featuring an economy of flexibility, a culture of innovation, and a society of differentiation.

Cultural intermediaries have played an indispensable role in the process of transforming Hangzhou into a city of cartoons and animation, particularly since the origin of the CICAF. From the above in-context analysis, it is clear that such space-making projects provide sites for individuals to mediation within. Rationalization is required for mapping national guidelines onto a regional project, and different kinds of interests embedded in the *guanxi* involved need to be addressed by mediation. Gibson's active cultural intermediaries can therefore also be applied to the very construction of China's project-like regional cultural industries.

Drawing upon Gibson, the concept of cultural intermediaries here refers to expert intermediaries who have accumulated irreplaceable know-how and related networks through their early investment, professional training, and experience at home and abroad; they mediate among producers, audiences, and all forces involved in the cultural discourse, in order to make said discourse known and maximize the interests of all. Meanwhile, instead of constraints, their mediation transforms the "top" into actors and *guanxi* into devices; furthermore, they make use of their resources, later on, to begin their own businesses and become producers in the creative economy. These cultural intermediaries first mediated between economy and culture by confirming Hangzhou as the perfect site for China's cartoon and animation industry, and then they became producers themselves by mediating between production and consumption in the field. With this in mind, the two bifurcated inquiries of Bourdieu and his dissenters are not necessarily incompatible.

References

Baudrillard, Jean. 1998. *The Consumer Society: Myth and Structure*. London: Sage.

Bourdieu, Pierre. 1984. *Distinction: A Social Critique of the Judgement of Taste*. London: Routledge & Kegan Paul.

China International Cartoon and Animation Festival (CICAF). 2015. "A Date for the City of Cartoon and Animation" . http://www.cicaf.com/xwzx/content/2015-05/07/content_5760591.htm, accessed May 20, 2015.

Department of Culture, Media and Sport (DCMS). 1998. *Creative Industries Mapping Document*. London: DCMS.

Elfick, Jacqueline. 2011. "Class Formation and Consumption among Middle-Class Professionals in Shenzhen." *Journal of Current Chinese Affairs* 40(1): 187-211.

Fan, Zhou. 2015. "On the 'Hangzhou Model' of the Development of the Cultural and Creative Industries in China." http://finance.sina.com.cn/roll/20150317/132421739914.shtml, accessed March 17, 2015.

Featherstone, Mike. 1991. *Consumer Culture and Postmodernism*. London: Sage.

Gibson, Chris. 2015. "Negotiating Regional Creative Economies: Academics as Expert Intermediaries Advocating Progressive Alternatives." *Regional Studies* 49(3): 476-479.

Harvey, David. 1989. *The Conditions of Postmodernity: An Enquiry into the Origins of Cultural Change*. Oxford: Blackwell.

Hangzhou Tourism. 2014. "Slavering Hangzhou" . http://www.gotohz.com/pwhz_10815/, accessed March 1, 2015.

Keane, Michael. 2006. "From Made in China to Created in China." *International Journal of Cultural Studies* 9(3): 285-296.

Lin, Chao. 2011. Interview.

Nixon, Sean. 1997. "Circulating Culture." In Production of Culture/Cultures of Production, edited by Paul du Gay, 177-234. London: Sage.

O'Connor, Justin. 2007. *The Cultural and Creative Industries: A Review of the Literature*. London: The University of Leeds.

Pan, Jian (盘剑). 2010. "On the 'Hangzhou Model' of the Development of China's Animation Industries." *Contemporary Cinema* 12: 98-109.

Peirson-Smith, Anne. 2013. "Fashioning the Fantastical Self: An Examination of the Cosplay Dress-up Phenomenon in Southeast Asia." *Fashion Theory* 17(1): 77-112.

Rossiter, Ned. 2006. "Creative Industries in Beijing: Initial Thoughts." *Lenardo* 39(4): 367-370.

Smith Maguire, Jennifer and Julian Matthews. 2012. "Are We All Cultural Intermediaries Now? An Introduction to Cultural Intermediaries in Context." *European Journal of Cultural Studies* 15(5): 551-62.

Throsby, David. 2001. *Economics and Culture*. Cambridge: Cambridge University Press.

Tian. 2012. Interview.

Wang, Jing. 2004. "The Global Reach of a New Discourse: How Far Can 'Creative Industries' Travel?" *International Journal of Cultural Studies* 7 (1): 9-19.

Wen, Wen. 2012. "Realizing 'Four Comforts' in the Urban Fringe: The Case of White Horse Lake Eco-creative City Project, Hangzhou, China." *International Journal of Cultural Studies* 15(3): 273-285.

Yamamura, Takayoshi. 2015. "Why Anime is compatible with Traditional Cultural and Historical Heritage" . *Mahora* 84: 14-15.

Zhao. 2016. Interview.

Zheng, Lin. 2014. "The 10th CICAF Closed Yesterday, and the Run-down for Hangzhou's Cartoon and animation industry" . *Zhe Jiang News*. http://zjnews.zjol.com.cn/system/2014/05/04/020003659.shtml, accessed March 17, 2015.

作者简介

方静文，中国人民大学人类学博士，中国社科院民族学人类学研究所助理研究员，主要研究领域为医学人类学、病痛与日常生活等。

张真瑞，陕西榆林人，华东师范大学人类学硕士，古琴制作人，研究兴趣集中于中国传统民间音乐及其相关日常。

李静，华东师范大学人类学研究所博士生，主要关注仪式、身体、村庄社会生活等，正在展开关于安徽贵池傩的研究。

王海燕，1986 年生，四川省阿坝州人，羌族。2015 年 7 月中央民族大学民族学博士毕业，现为四川省民族研究所助理研究员。研究方向：环境、灾害，旅游观光。

杨思奇，中央民族大学历史学博士，湖北民族学院讲师，主要研究兴趣包括唐代民族史、西南民族史等。

杨漪，华东师范大学人类学研究所博士研究生，主要研究兴趣包括经济人类学、西南民族地区研究、缅甸及东南亚地区等。

高瑜，北京大学人类学博士，大理大学讲师，主要研究领域为宗教人类学、滇西社会研究、新移民与流动等。

阮立，香港中文大学人类学硕士，日本综合研究大学院大学 / 日本国立民族学博物馆博士研究生（人类学）。主要研究方向：全球化时代语境下流行文化的展开与越境。目前关注当代日本“角色扮演”（Cosplay）文化议题，考察该流行文化在日本国内微妙境况的政经结构及其全球传播的张力问题。

编后记

《人类学研究》从 2012 年出版以来，按照一年两卷的频率存活、发展，本辑算来已是第 11 卷。物转星移，人、事均有诸多变化，但学界诸君不计稻粱，支持这样一个不能计入工分系统的同仁出版物，仍是一件需要感怀和书写之事。

本辑收录了 8 篇青年学人的文章，或许从文字还是理论上都还显得有些生涩，但是可以大胆地说，都是用心之作，有着各自的特色、贡献和问题指向。

我们将这 8 篇文章编排为两个部分，试图提示出在他们不同的研究之间隐约呈现的某种共同的关怀，或者说某种时代性的印记。

第一部分题为“身体、生活与意义”（Making Sense of Life through Body），收录的是方静文的《失序与重建——乡村慢性病人的生活世界》、张真瑞的《身体与琴——对一位斫琴僧人身体实践的文化阐释》，李静的《性别与身体——中国僵尸影视中的鬼物形象》，以及王海燕的《穿越两界的“第三者”——岷江上游羌区“毒药猫”信仰研究》。可以说，每篇文章的题目本身就令人产生阅读的兴趣。作为编者，我们也是带着好奇进入这几篇文章的内容，尽管他们探讨的议题完全不同，但“（日常）生活”中的“身体”这几个关键词不时蹦出来。作为研究者，他们力图在文本中展示出报道人如何援用各种的资源来使得生活有意义，或者可以理解（making sense of their lives）。同时，作为人类学家，他们力图去理解报道人的日常生活，甚至一些看似怪异的现实、信仰或行为，从而试图达成对报道人就自己生活的理解的某种理解。从这个意义上来说，尽管他们不一定提及格尔兹，但他们在事实上或隐或显地实践了“深描”及“文化阐释”，且不论其取得了多大程度上的成功。

第二部分题为“历史、行动与意义”（Making Sense of Actions in History），收录了杨思奇的《“边城”之外——一个文学作品经典化的个案研究》、杨漪的《地方社会的复合历史——关于打洞梁子地景、权力与社会空间的个案研究》、高瑜的《在路上——云南大理古城新移民的移动与世代差异》，以及阮立（Ruan Li）的英文作品“Making Hangzhou the City of Cartoons and Animation”。尽管杨思奇的文章是以一个文学作品的历史遭遇来展开，但由于其讨论的文本限定了一个模糊命名为“边城”却又相对明确的地方，因此我们或可从这个角度来阅读这一组文章：人们如何在时间的维度来理解一个地方，从湘西的边城、滇南山地，到大理古城、杭州都市。历史的理解从来不可能被“架空”，一定是在一个具体的“地方”展开，而对一个地方的认识则又一定是在时间的过程中被沉淀、积累、重复、再造。生活于具体时空场景之中的人们则是在“行动”中实践自己对意义的理解，也因此“创造”了意义。

简言之，我们希望这一辑文字一方面提醒我们对于身体和日常生活的关注，另一方面重视历史感和地方感，从而使得这个快速变化的世界可以被理解。姑且结题为“身体、历史与意义”（Making Sense of Ourselves through Body in History）。

编者谨记

2017 年 9 月 28 日

图书在版编目（CIP）数据

人类学研究．第 11 卷 / 庄孔韶主编．—杭州：浙江大学出版社，2018. 11
ISBN 978-7-308-18252-2

Ⅰ.①人… Ⅱ.①庄… Ⅲ.①人类学—研究 Ⅳ.①Q98

中国版本图书馆CIP数据核字（2018）第103058号

人类学研究（第 11 卷）
庄孔韶　主编

责任编辑　王志毅
文字编辑　何啸锋
责任校对　虞雪芬
出版发行　浙江大学出版社
（杭州天目山路148号　邮政编码310007）
（网址：http:// www.zjupress.com）
制　　作　北京大观世纪文化传媒有限公司
印　　刷　浙江新华数码印务有限公司
开　　本　710mm × 1000mm　1/16
印　　张　17.5
字　　数　288千
版 印 次　2018年11月第1版　2018年11月第1次印刷
书　　号　ISBN 978-7-308-18252-2
定　　价　69.00元